É ASSIM QUE PENSAMOS

Como o cérebro trabalha para tomarmos consciência do mundo

Consulte nosso catálogo completo e últimos lançamentos em **www.editoracontexto.com.br**.

STANISLAS DEHAENE

É ASSIM QUE PENSAMOS

Como o cérebro trabalha para tomarmos consciência do mundo

Tradução
Rodolfo Ilari

Capa
Alba Mancini

Diagramação
Gustavo S. Vilas Boas

Coordenação de textos
Luciana Pinsky

Revisão de tradução
Mirna Pinsky

Revisão técnica
Alexander Sperlescu

Revisão
Lilian Aquino

Dados Internacionais de Catalogação na Publicação (CIP)

Dehaene, Stanislas
É assim que pensamos : como o cérebro trabalha para
tomarmos consciência do mundo / Stanislas Dehaene ;
tradução de Rodolfo Ilari. – São Paulo : Contexto, 2024.
384 p. : il.

Bibliografia
ISBN 978-65-5541-533-9
Título original: Consciousness and the Brain:
Deciphering How the Brain Codes Our Thoughts

1. Neurociências 2. Neurociência cognitiva 3. Cérebro
I. Título II. Ilari, Rodolfo

24-3845 CDD 612.82

Angélica Ilacqua – Bibliotecária – CRB-8/7057

Índice para catálogo sistemático:
1. Neurociências

2024

EDITORA CONTEXTO
Diretor editorial: *Jaime Pinsky*

Rua Dr. José Elias, 520 – Alto da Lapa
05083-030 – São Paulo – SP
PABX: (11) 3832 5838
contato@editoracontexto.com.br
www.editoracontexto.com.br

A consciência é a
única coisa real
no mundo e o maior
mistério de todos.

Vladimir Nabokov, *Bend Sinister* (1947)

O cérebro é maior
que o céu,
Pois, colocando-os
lado a lado,
O primeiro conterá o
segundo, com folga
E você junto.

Emily Dickinson (por volta de 1862)

Para meus pais
e para Ann e
Dan, meus pais
americanos.

Sumário

INTRODUÇÃO
A substância do pensamento 9

A consciência entra no laboratório 29

Sondando as profundezas do inconsciente 69

Para que serve a consciência? 127

As marcas distintivas de um pensamento consciente 163

Teorizando a consciência 225

O teste definitivo 277

O futuro da consciência 323

Notas 365

Créditos das ilustrações 379

Agradecimentos 381

O autor 383

INTRODUÇÃO

A substância do pensamento

Bem no fundo da gruta de Lascaux, depois da famosa Sala dos Touros, onde artistas do paleolítico pintaram uma coleção colorida de cavalos, cervos e touros, começa um corredor menos conhecido, chamado "Apse". Ali, no fundo de um poço de 5 metros, perto de belos desenhos de um bisão e de um rinoceronte feridos, encontra-se uma das raras pinturas de um ser humano na arte pré-histórica (Figura 1). O homem está completamente deitado de costas, com as palmas das mãos para cima e os braços estendidos. Ao lado tem um pássaro empoleirado em um galho. Por perto, há uma flecha quebrada, que foi provavelmente usada para estripar o bisão, cujos intestinos estão pendendo para fora.

A pessoa é claramente um homem, porque seu pênis está em plena ereção. E isso, de acordo com o estudioso do sono Michel Jouvet, esclarece o sentido do desenho: o desenho representa um sonhador e seu sonho.[1] Como Jouvet e sua equipe descobriram, sonhar se dá primariamente durante uma fase específica do sono, que eles denominaram "paradoxal" porque não parece sono; durante esse período, o cérebro está quase tão ativo quanto estaria durante a vigília, e os olhos se movimentam sem parar. Nos machos, essa fase é invariavelmente acompanhada por uma forte ereção (mesmo quando o sonho está isento de conteúdo sexual). Embora esse fato fisiológico, digamos, curioso só tenha passado a fazer parte dos conhecimentos da ciência no século XX, Jouvet notou, argutamente, que nossos antepassados o teriam notado facilmente. E o pássaro parece ser a metáfora mais natural para a alma de quem sonha: durante os sonhos, a mente voa para lugares distantes e antigos, tão livre quanto um pardal.

Essa ideia poderia parecer mirabolante, não fosse a notável recorrência das imagens de sono, aves, almas e ereções na arte no simbolismo em culturas de todos os tipos. No antigo Egito, um pássaro com cabeça de humano, frequentemente representado com um falo ereto, simbolizava o Ba, a alma sem corpo. Dizia-se que em todo ser humano agia um Ba imortal que, com a morte, alçava voo para procurar o além. Uma representação convencional do grande deus Osiris, inesperadamente semelhante à pintura do Apse de Lascaux, o representa deitado de costas, com o pênis ereto, enquanto a coruja de Ísis paira sobre seu corpo, apropriando-se de seu esperma para gerar Horus. Nos *Upanishads*, os textos sagrados dos hindus, a alma é representada como uma pomba que sai voando no momento da morte e pode voltar como um espírito. Séculos mais tarde, as pombas e outros pássaros de penas brancas passaram a simbolizar a alma cristã, o Espírito Santo e os anjos da guarda. Desde a fênix egípcia, símbolo da ressurreição, até o Sielulintu finlandês, a alma-pássaro que entrega uma psique aos recém-nascidos e retira essa alma dos moribundos, espíritos voadores aparecem como uma metáfora universal para a autonomia da mente.

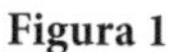

Figura 1

A mente pode voar enquanto o corpo está inerte. Nesta pintura pré-histórica, datada de aproximadamente 18 mil anos atrás, um homem está deitado de costas, provavelmente adormecido e sonhando, como sugere sua forte ereção, característica da fase do sono em que há movimentos rápidos dos olhos, quando os sonhos são mais vívidos. Perto dele, o artista pintou um bisão estripado e um pássaro. De acordo com o pesquisador do sono Michel Jouvet, esta pode ser uma das primeiras representações de um indivíduo adormecido e de seu sonho. Em muitas culturas, o pássaro simboliza a capacidade da mente de sair voando durante o sono – uma premonição do dualismo, a intuição falaciosa de que os pensamentos e o corpo pertencem a domínios diferentes.

Por trás da alegoria do pássaro, reside uma intuição: a matéria de nossos pensamentos difere radicalmente da humilde substância que dá forma a nossos corpos. Durante os sonhos, enquanto o corpo jaz imóvel, os pensamentos vagueiam pelos remotos reinos da imaginação e da memória. Haveria uma prova melhor de que a atividade mental não pode ser reduzida ao mundo da matéria? De que a mente é feita de um material diferente? Como poderia a mente, que é livre para voar, ter surgido de um cérebro tão preso à terra?

O DESAFIO DE DESCARTES

A ideia de que a mente pertence a um domínio separado, distinto do corpo, foi teorizada bem cedo, em grandes textos como o *Fédon* de Platão (IV a.C.) e a *Suma teológica* de Tomás de Aquino (1265-1274), um texto fundador da concepção cristã da alma. Mas foi o filósofo francês René Descartes (1596-1650) quem estabeleceu aquilo que é hoje conhecido como dualismo: a tese de que a mente dotada de consciência é feita de uma substância imaterial que não está sujeita às leis da Física.

Ridicularizar Descartes tornou-se moda em Neurociência. Depois da publicação, em 1994, de *O erro de Descartes,* o *best-seller* de Antonio Damasio,[2] muitos manuais contemporâneos que tratam de consciência passaram a criticar Descartes, alegando que teria atrasado a pesquisa em Neurociência. A verdade, porém, é que Descartes foi um cientista pioneiro, fundamentalmente um reducionista, cuja análise mecânica da mente humana, muito à frente de seu tempo, foi o primeiro exercício de Biologia sintética e de modelagem teórica. O dualismo de Descartes não foi um capricho de momento – fundamentava-se em um argumento lógico que afirmava a impossibilidade, para qualquer máquina, de imitar a liberdade da mente consciente.

O fundador da psicologia moderna, William James, reconhece essa nossa dívida: "Cabe a Descartes o crédito de ter sido o primeiro com coragem suficiente para admitir a existência de um mecanismo nervoso completamente autossuficiente que fosse capaz de realizar atos complicados e aparentemente inteligentes".[3] Na verdade, em obras visionárias – *La Description du corps humain* (Descrição do corpo humano), *Paixões da alma* e *O homem* –, Descartes apresentou uma perspectiva totalmente mecânica sobre o funcionamento interno do corpo. Somos autômatos sofisticados, escreveu esse ousado filósofo. Nossos corpos e cérebros funcionam como uma coleção de "órgãos musicais": instrumentos musicais comparáveis aos encontrados em igrejas antigas, com enormes foles que mandavam um fluido especial chamado "espíritos animais" para um receptáculo e, em seguida, para uma grande variedade de tubos, cujas combinações geravam os ritmos e a música referentes a nossas ações.

> Desejo que vocês considerem que todas as funções que atribuí a essa máquina, tais como a digestão da comida, a pulsação do coração e das artérias, a nutrição e o desenvolvimento das partes do corpo, a respiração, a vigília e o sono, a recepção da luz, do som, dos odores, dos cheiros, do calor e de outras propriedades semelhantes dos órgãos de sentidos externos; as marcas dos sinais deles no mecanismo do consenso e da imaginação, a retenção ou marca desses sinais na memória; os movimentos internos dos apetites e das paixões e, por fim, os movimentos externos de todas as partes do corpo que tão apropriadamente seguem as ações dos objetos apresentados aos sentidos [...]. Essas funções decorrem simplesmente da disposição dos órgãos nessa máquina, de maneira tão natural quanto os movimentos de um relógio – ou outro autômato – decorrem da disposição de seus contrapesos e engrenagens.[4]

O cérebro hidráulico de Descartes não tinha dificuldades para movimentar sua mão em direção a um objeto. As características visuais do objeto, impactando a superfície interna do olho, ativavam um conjunto específico de dutos. Um sistema interno de tomada de decisão, localizado na glândula pineal, inclinava-se em uma determinada direção, fazendo com que os estímulos fluíssem para produzir precisamente o movimento certo dos membros (Figura 2). A memória atuava como reforço seletivo de alguns desses percursos – numa antecipação perspicaz da ideia contemporânea de que o aprendizado se baseia em mudanças das conexões cerebrais ("neurônios que disparam juntos se conectam entre si"). Descartes apresentou inclusive um modelo mecânico do sono, que ele teorizou como sendo uma pressão reduzida dos espíritos. Quando a fonte dos espíritos animais era abundante, circulava por todos os nervos, e essa máquina pressurizada, pronta para responder a qualquer estímulo, fornecia um modelo fidedigno do estado de vigília. Quando a pressão baixava, tornando os espíritos fracos e capazes de movimentar somente uns poucos percursos, a pessoa caía no sono.

Figura 2

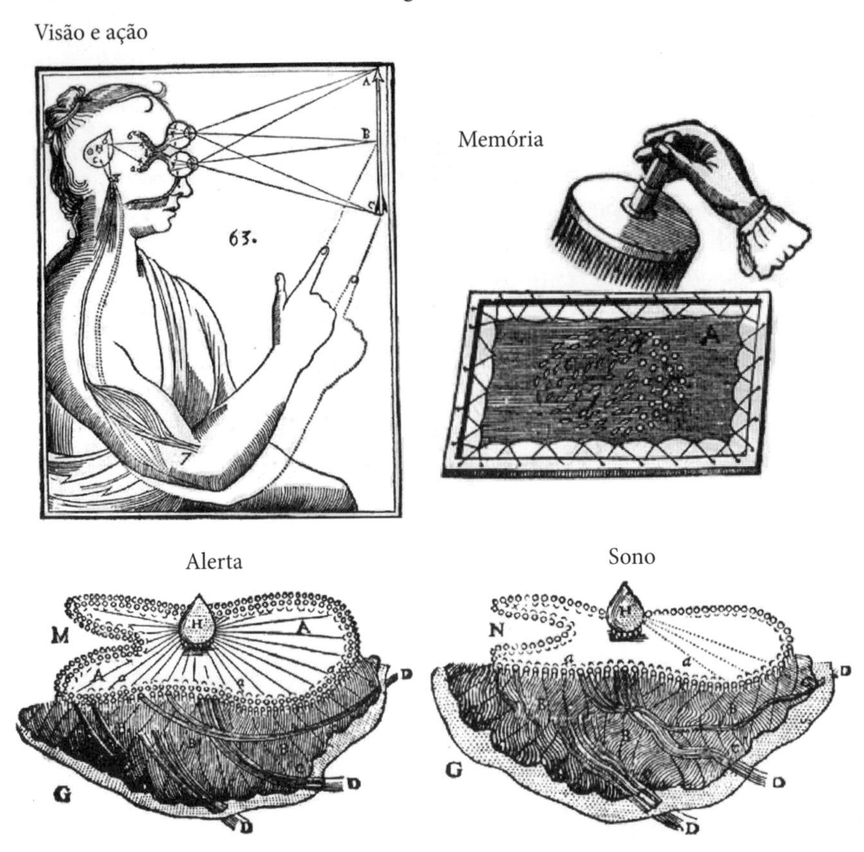

A teoria do sistema nervoso de Descartes chegou perto de uma concepção completamente materialista do pensamento. Em *O homem*, publicado postumamente em 1664, Descartes anteviu que visão e ação poderiam resultar de uma colaboração das conexões entre o olho, a glândula pineal do cérebro e os músculos do braço. Ele representou a memória como o reforço seletivo desses percursos, como a perfuração de buracos em um tecido. Mesmo as flutuações na consciência poderiam ser explicadas como variações na pressão dos espíritos animais que movimentavam a glândula pineal: uma pressão alta levava ao estado de vigília, uma pressão baixa, ao sono. Apesar dessa posição mecanicista, Descartes acreditava que a mente e o corpo eram feitos de diferentes tipos de materiais, que interagiam através da glândula pineal.

Descartes concluiu, com um apelo lírico ao materialismo – algo bastante inesperado, vindo da pena do fundador do dualismo das substâncias:

> Para explicar essas funções, então, não é necessário lançar mão de nenhuma alma vegetativa ou sensível, ou de qualquer outro princípio do movimento ou vida, além de seu sangue e seus humores, que são agitados pelo calor do fogo que queima continuamente em seu coração, e que é da mesma natureza daqueles fogos que ocorrem nos corpos inanimados.

Por que então Descartes afirmou a existência de uma mente imaterial? Porque ele se deu conta de que seu modelo mecânico não conseguia dar uma solução materialista para as capacidades de nível superior da mente humana.[5] Duas funções mentais mais importantes pareciam ficar definitivamente além da capacidade de sua máquina corpórea. A primeira era a capacidade de relatar os pensamentos usando a linguagem. Descartes não conseguia perceber como uma máquina poderia "usar palavras ou outros sinais, compondo-os como nós o fazemos, para declarar nossos pensamentos a outrem". Gritos emitidos por reflexo não eram problema, porque uma máquina poderia sempre ser programada de modo a emitir sons específicos em resposta a um *input* específico; mas como poderia uma máquina responder a uma consulta, "como até a pessoa mais estúpida consegue"?

O raciocínio flexível foi a segunda função mental problemática. Uma máquina é uma engenhoca prefixada que só pode agir de maneira rígida, "de acordo com a disposição de seus órgãos". Como poderia ela gerar uma infinita variedade de pensamentos? "Deve ser moralmente impossível", concluiu nosso filósofo, "que possa existir em qualquer máquina uma diversidade de órgãos suficiente para agir em todas as ocorrências da vida, do mesmo modo que nossa razão nos torna capazes de agir".

Os desafios de Descartes para o materialismo se mantêm até hoje. Como poderia uma máquina como o cérebro expressar-se verbalmente, com todas as sutilezas da linguagem humana, e refletir sobre seus próprios estados mentais? E como poderia tomar decisões racionais de um modo flexível? Qualquer ciência da consciência precisa encarar essas questões-chave.

O ÚLTIMO PROBLEMA

> Como seres humanos, somos capazes de identificar galáxias a anos-luz de distância, estudar partículas menores do que um átomo. Mas ainda não deciframos os mistérios do 1,5 kg de matéria que há entre nossas orelhas.
>
> Barack Obama, anunciando a iniciativa BRAIN – 2 de abril de 2013.

Graças a Euclides, Karl Friedrich Gauss e Albert Einstein temos em nosso poder uma compreensão razoável dos princípios matemáticos que governam o mundo físico. Apoiando-nos como temos feito nos ombros de gigantes como Isaac Newton e Edwin Hubble, compreendemos que nossa Terra nada mais é do que uma mancha de poeira, em meio a uma galáxia que é somente uma entre um bilhão de galáxias que se originaram de uma explosão primitiva, o Big Bang. E Charles Darwin, Louis Pasteur, James Watson e Francis Crick nos mostraram que a vida é feita de bilhões de reações químicas expandidas – tudo não passando de Física elementar.

Somente a história do desenvolvimento da consciência parece ter permanecido na escuridão da Idade Média. Como é que eu penso? O que é este "Eu" que parece ser o agente do pensar? Seria diferente se eu tivesse nascido em outro tempo, outro espaço ou outro corpo? Onde vou parar quando caio no sono, e sonho, e morro? Tudo isso vem do meu cérebro? Ou sou em parte um espírito, feito de coisas distintas do pensamento?

Essas perguntas perturbadoras deixaram perplexas muitas mentes brilhantes. Em 1580, o humanista francês Michel de Montaigne, em um de seus famosos ensaios, lamentou não conseguir encontrar qualquer coerência naquilo que os pensadores do passado haviam escrito sobre a natureza da alma – todos discordavam, tanto a propósito de sua natureza, quanto de sua sede no corpo: "Hipócrates e Hierófilo a localizam no ventrículo do cérebro; Demócrito e Aristóteles, pelo corpo afora, Epicuro no estômago, os estoicos dentro do coração e ao redor dele, Empedocles no sangue, Galeno pensou que cada parte do corpo teria sua própria alma e Strato a localizava entre as sobrancelhas".[6]

Nos séculos XIX e XX, a questão da consciência fica fora dos limites da ciência normal. Era algo nebuloso e mal definido, que devido à sua subjetividade, ficou definitivamente fora do alcance da experimentação objetiva. Por muitos anos, nenhum pesquisador sério se atreveu a tocar nesse problema: especular sobre a consciência foi um passatempo tolerado apenas para cientistas em fase de envelhecimento. Em seu manual *Psychology, the Science of Mental Life* (1962), George Miller, fundador da psicologia cognitiva, propôs um banimento oficial: "Consciência é uma palavra que foi desgastada, tornada escorregadia por um milhão de línguas... Talvez devêssemos banir a palavra por uma década ou duas, até que possamos desenvolver termos mais precisos para os vários usos que 'consciência' hoje torna obscuros".

E banida ela ficou. Quando eu era estudante, no final da década de 1980, fiquei surpreso ao descobrir que, durante as aulas de laboratório, estávamos proibidos de usar a palavra "C...". De um modo ou outro, todos nós pesquisávamos o conceito de consciência, é claro, sempre que pedíamos a sujeitos humanos que categorizassem aquilo que tinham visto ou formassem imagens mentais no escuro, mas a palavra enquanto tal continuava sendo um tabu: nenhuma publicação científica séria a usava. Mesmo quando os pesquisadores obtinham num relance breves representações no limiar da percepção consciente dos participantes, não se interessavam por relatar se os participantes viam ou não os estímulos. Com raras exceções,[7] o sentimento geral era que o uso do termo *consciência* não acrescentava nenhum valor à ciência psicológica. Na ciência positiva do conhecimento, as operações mentais teriam que ser descritas exclusivamente em termos do processamento da informação e de sua implementação molecular e neuronal. A consciência era mal definida, desnecessária e ultrapassada.

E então, no final da década de 1980, tudo mudou. Hoje, o problema da consciência está na vanguarda da pesquisa em Neurociência. Constitui um campo empolgante, com suas próprias entidades científicas e suas próprias publicações periódicas. E começa a enfrentar os principais desafios de Descartes, incluindo o modo como nosso cérebro gera uma perspectiva subjetiva que podemos usar reflexivamente ou relatar a outras pessoas. Este livro conta a história de como o quadro mudou.

DESVENDANDO A CONSCIÊNCIA

Nos últimos 20 anos, os campos da ciência cognitiva, da neurofisiologia e da neuroimagem realizaram sólidos estudos empíricos sobre a consciência. Como resultado, o problema perdeu seu caráter especulativo e se tornou uma questão de engenhosidade experimental.

Neste livro, passarei em revista muito detalhadamente a estratégia que transformou um mistério filosófico num fenômeno de laboratório. Três ingredientes fundamentais tornaram possível essa transformação: a articulação de uma definição melhor de consciência, a descoberta de que a consciência pode ser manipulada* em experimentos e um novo respeito pelos fenômenos subjetivos.

A palavra *consciência*, tal como a usamos na fala do dia a dia, está carregada de significados vagos, que recobrem uma vasta gama de fenômenos complexos. Nossa primeira tarefa, então, consistirá em pôr ordem nesse confuso estado de coisas. Teremos que delimitar nosso objeto de discussão até um ponto específico no qual ele poderá ser submetido a experimentos precisos. Como veremos, a ciência contemporânea da consciência distingue um mínimo de três conceitos: o alerta – estado de vigília, que varia principalmente quando adormecemos ou acordamos; a atenção – o direcionamento de

* N.T.: O autor frequentemente usa *manipulação* e *manipular* neste livro no sentido de manusear em laboratório, de pesquisar. Não, portanto, no sentido de adulterar ou falsear.

nossos recursos mentais para uma informação específica; e o acesso consciente – quando parte da informação procurada é incorporada, tornando-se passível de ser relatada aos outros.

A minha proposta é que a verdadeira consciência é o acesso consciente – o simples fato de que, normalmente, quando estamos acordados, qualquer coisa na qual queiramos nos concentrar pode tornar-se consciente. Nem o alerta nem a atenção são por si só suficientes. Quando estamos completamente acordados e atentos, às vezes conseguimos ver um objeto e descrever nossa percepção para outras pessoas, mas às vezes não – talvez o objeto esteja muito indefinido ou tenha surgido em um instante muito curto para ser visível. No primeiro caso, dizemos que tivemos um *acesso consciente*, mas não no segundo caso (ainda assim, como veremos, nosso cérebro pode estar processando a informação inconscientemente).

Na nova ciência da consciência, o acesso consciente é um fenômeno bem definido, diferente do alerta e da atenção. E é também um fenômeno que pode ser facilmente estudado em laboratório. Agora conhecemos dezenas de maneiras pelas quais um estímulo pode cruzar a fronteira entre o não percebido e o percebido, entre o não visível e o visível, modos esses que nos permitem sondar o que muda no cérebro quando ocorre essa passagem.

O acesso consciente é também a porta de entrada para formas mais complexas de experiências conscientes. Na linguagem do dia a dia, frequentemente fundimos nossa consciência com nosso senso de identidade – o modo como o cérebro cria um ponto de vista, um "Eu" que olha para seu entorno a partir de um ponto específico relevante. A consciência pode também ser recursiva: nosso "Eu" pode olhar para si mesmo, comentar sua própria atuação, e mesmo saber quando não sabe algo. A boa notícia é que mesmo esses sentidos de consciência de nível elevado já não são inacessíveis à experimentação. Em nossos laboratórios, aprendemos a quantificar aquilo que o "Eu" sente e relata, tanto a respeito do seu entorno quanto a seu próprio respeito.

Podemos até mesmo manipular o sentido de identidade de modo que as pessoas podem ter uma experiência externa mesmo estando em um aparelho de ressonância magnética.

Alguns filósofos ainda pensam que nenhuma dessas ideias poderá resolver o problema. O âmago da questão, segundo eles, reside em outro sentido de consciência, que denominam "compreensão fenomênica", o sentimento intuitivo, presente em cada um de nós, de que nossas experiências interiores possuem qualidades exclusivas, *qualia* únicos, tais como a requintada agudeza da dor de dentes ou o verdor inimitável de uma folha fresca. Essas propriedades íntimas, sustentam eles, não podem de maneira alguma ser reduzidas a uma descrição científica neuronal; elas são por natureza pessoais e subjetivas, portanto desafiam qualquer comunicação verbal efetiva com as outras pessoas. Mas eu discordo, e sustentarei que a noção de consciência fenomenal, que é distinta do acesso consciente, é altamente enganadora e abre um caminho escorregadio que leva ao dualismo. Precisamos começar simplesmente por estudar o acesso consciente. Assim que tivermos esclarecido como cada peça de informação sensorial consegue ter acesso a nossa mente, e assim se tornar capaz de ser relatada, o insuperável problema de nossas experiências inefáveis terá desaparecido.

VER OU NÃO VER

O acesso consciente é enganosamente banal: pomos os olhos em um objeto e parece que ficamos instantaneamente conscientes de sua forma e identidade. Por trás desse nosso reconhecimento, contudo, há uma intrincada avalanche de atividades do cérebro, que envolve bilhões de neurônios visuais e pode demandar quase meio segundo para se completar, antes que a conscientização compareça. Como analisar essa longa cadeia de processamentos? Como identificar a parte que corresponde a operações meramente inconscientes e automáticas, e a parte que leva ao nosso sentimento consciente de ver?

É aqui que entra em ação o segundo ingrediente da ciência moderna da consciência: dispomos agora de um sólido domínio científico sobre os mecanismos da percepção consciente. Nos últimos 20 anos, os cientistas da cognição descobriram uma impressionante variedade de meios para manipular a consciência. Qualquer mudança, por menor que seja, no processo experimental pode nos levar a ver ou não. Podemos iluminar uma palavra tão rapidamente que os observadores serão incapazes de vê-la. Podemos criar uma cena visual cuidadosamente embaralhada, na qual um item permanece invisível para um participante porque os outros itens sempre levam a melhor na competição interna pela percepção consciente. Podemos também distrair a atenção de quem observa: como é do conhecimento de qualquer mágico, até mesmo um gesto óbvio pode tornar-se totalmente invisível se a mente do observador é captada por outra linha de pensamento. E podemos até deixar que seu cérebro faça a mágica: quando duas imagens diferentes são apresentadas aos seus dois olhos, o cérebro oscilará espontaneamente, permitindo que ele observe uma imagem, depois a outra, mas nunca as duas ao mesmo tempo.

A diferença entre a imagem percebida (aquela que chega à consciência) e a imagem perdida (que desaparece no esquecimento inconsciente) pode ser mínima quanto ao *input*. Mas, no cérebro, essa diferença precisa ser amplificada porque, em última análise, você pode falar sobre uma dessas imagens, mas não sobre a outra. Descobrir como e quando, exatamente, ocorre essa amplificação é o objeto da nova ciência da consciência.

A estratégia experimental de criar um contraste mínimo entre percepção consciente e inconsciente foi a ideia-chave que escancarou as portas para o santuário supostamente inacessível da consciência.[8] Ao longo dos anos, descobrimos muitos contrastes experimentais bem correspondidos, nos quais uma condição levava à percepção consciente enquanto a outra não. O problema aterrador da consciência foi reduzido à questão experimental de decifrar os mecanismos que distinguem dois conjuntos de tentativas – um problema bem mais manejável.

TRANSFORMANDO SUBJETIVIDADE EM CIÊNCIA

A estratégia de pesquisa era bastante simples, mas dependia de uma iniciativa controversa que eu, pessoalmente, considero o terceiro ingrediente-chave da nova ciência da consciência: levar a sério os relatos subjetivos. Não bastava colocar as pessoas diante de dois tipos de estímulos visuais: como pesquisadores, tínhamos de registrar cuidadosamente aquilo que as pessoas pensavam deles. A introspecção dos participantes era crucial: definia o fenômeno específico que pretendíamos estudar. Se o pesquisador conseguia ver uma imagem, mas o sujeito negava que a estivesse vendo, valeria a última resposta – a imagem teria que ser contada como invisível. Assim, os psicólogos eram forçados a achar novas maneiras de monitorar a introspecção subjetiva, da melhor maneira possível.

Essa ênfase no subjetivo foi uma revolução para a psicologia. Nos inícios do século XX, behavioristas como John Broadus Watson (1878-1958) tinham banido a percepção inconsciente da ciência da psicologia:

> A psicologia, segundo a visão behaviorista, é um ramo rigorosamente objetivo e experimental da ciência natural. Seus propósitos teóricos são a predição e controle do comportamento. A introspecção não constitui uma parte essencial de seus métodos, nem o valor científico de seus dados depende da prontidão com que se prestam à interpretação em termos de consciência.[9]

O próprio behaviorismo acabou sendo rejeitado, mas deixou uma marca duradoura: por todo o século XX, qualquer uso da introspecção permaneceu motivo de desconfiança em psicologia. Todavia, defenderei que essa posição dogmática é totalmente errada. Ela mistura dois problemas distintos: a introspecção enquanto método de investigação e a introspecção enquanto dados brutos. Como método de investigação, a introspecção, evidentemente, não é confiável.[10] É óbvio que não podemos contar com seres humanos ingênuos para nos contarem como funciona sua mente; se fosse assim, nossa ciência seria fácil demais. E não podemos aceitar literalmente suas experiências subjetivas, como quando afirmam ter tido uma vivência extracorpórea e ter voado até o teto, ou ter encontrado sua avó morta durante um sonho. Mas de alguma forma, mesmo essas introspecções extravagantes são dignas de crédito: se os sujeitos não estiverem inventando, elas correspondem a eventos mentais autênticos que precisam ser explicados.

A perspectiva correta consiste em considerar os relatos subjetivos como dados brutos.[11] A pessoa que afirma ter tido uma experiência extracorpórea *se sente* genuinamente transportada, e nós não teremos uma ciência da consciência, a menos que examinemos por que esse sentimento ocorreu. Na realidade, a nova ciência da consciência faz uso de grande quantidade de fenômenos estritamente subjetivos como as ilusões óticas, as imagens incorretamente percebidas, as ilusões psiquiátricas e outras criações da imaginação. Somente esses eventos nos permitem distinguir a estimulação física objetiva da percepção subjetiva, e assim buscar correlatos cerebrais da segunda e não da primeira. Como pesquisadores da ciência da consciência nada nos recompensa mais do que descobrir que, ao exibir uma imagem, ela pode ser subjetivamente vista ou não, ou um som que às vezes é relatado como audível e às vezes como inaudível. Uma vez que registramos cuidadosamente, em cada experimento, aquilo que nossos participantes sentem, estamos no caminho certo, porque só assim podemos separar os resultados em conscientes e inconscientes e procurar padrões de atividades cerebrais que os distingam.

MARCAS DISTINTIVAS DOS PENSAMENTOS CONSCIENTES

Esses três ingredientes – foco no acesso consciente, manipulação da percepção consciente e registro cuidadoso da introspecção – transformaram o estudo da consciência em uma ciência experimental como qualquer outra. Podemos investigar em que grau uma imagem que as pessoas afirmam não terem visto foi de fato processada pelo cérebro.

Como veremos, uma quantidade espantosa de processamentos inconscientes ocorre por baixo da superfície de nossa mente consciente. Pesquisas usando exames de imagem forneceram uma sólida estrutura para estudar os mecanismos da experiência consciente. Exames de imagem modernos do cérebro deram-nos um meio para investigar até onde um estímulo inconsciente pode circular no cérebro, e onde, exatamente, ele para, estabelecendo assim quais padrões de atividade neural são associados exclusivamente com o processamento consciente.

De 15 anos para cá, minha equipe de pesquisadores tem usado todos os meios disponíveis, desde as imagens obtidas por ressonância magnética funcional (RMf) até a eletroencefalografia e a magnetoencefalografia, e até mesmo os eletrodos inseridos em profundidade no cérebro humano, para tentar identificar os fundamentos cerebrais da consciência. Como muitos outros laboratórios pelo mundo afora, o nosso está envolvido numa busca experimental sistemática de padrões da atividade cerebral que aparecem quando e somente quando a pessoa escaneada está tendo uma experiência consciente – e que eu chamo "marcas distintivas da consciência". E nossa pesquisa tem tido sucesso. Experimento após experimento, reaparecem as mesmas marcas: certas marcas da atividade cerebral mudam massivamente sempre que uma pessoa se torna ciente de uma imagem, uma palavra, um número, ou um som. Essas marcas são consideravelmente estáveis e podem ser observadas em uma grande variedade de estimulações visuais, auditivas, táteis e cognitivas.

A descoberta empírica de marcas distintivas da consciência sujeitas à reprodução, que estão presentes em todos os seres humanos em estado consciente, é apenas um primeiro passo. Precisamos trabalhar também no outro extremo: como se originam essas marcas. Por que somente um certo tipo de estado cerebral causa uma experiência interna consciente? No momento, nenhum cientista pode reivindicar ter resolvido esses problemas, mas temos, sim, algumas hipóteses fortes e testáveis. Meus colaboradores e eu elaboramos uma teoria que chamamos de "área de trabalho neuronal global". Propomos que a consciência é uma transmissão de informação global no córtex: surge de uma rede neuronal cuja *raison d'être* é o compartilhamento maciço de informações pertinentes em todo o cérebro.

O filósofo Daniel Dennett, apropriadamente, chama essa ideia de "fama no cérebro". Graças à área de trabalho neuronal global, podemos guardar na mente, por todo o tempo que quisermos, qualquer ideia que nos tenha marcado fortemente, e garantir que ela seja incorporada aos nossos planos futuros, quaisquer que sejam. Portanto, cabe à consciência desempenhar um papel bem definido na economia computacional do cérebro – ela seleciona, amplifica e propaga os pensamentos relevantes.

Que circuito é responsável por essa função de difusão da consciência? Acreditamos que um conjunto especial de neurônios difunde mensagens conscientes pelo cérebro afora: células gigantes cujos longos axônios percorrem o córtex em diferentes direções, interconectando-o num todo integrado. Simulações computacionais dessa arquitetura têm reproduzido nossos principais achados. Quando regiões cerebrais em número suficiente concordam acerca da importância da informação sensorial recebida, elas se sincronizam num estado de comunicação global de larga escala. Uma rede extensa dispara numa descarga de ativação de alto nível – e a natureza dessa explosão explica nossas marcas distintivas da consciência.

Embora o processamento inconsciente possa ser profundo, o acesso consciente cria um patamar adicional de funcionalidade. A função de difusão da consciência permite-nos realizar operações singularmente poderosas. A área de trabalho neuronal global abre um espaço interno para experimentos de pensamento, operações estritamente mentais que podem ser separadas do mundo exterior. Graças a isso, podemos guardar na mente dados importantes por um tempo arbitrariamente longo. Podemos transferir isso para qualquer outro processo mental arbitrário, e assim assegurar a nossos cérebros o tipo de flexibilidade que Descartes estava procurando. Tão logo a informação esteja consciente, pode entrar em uma longa série de operações arbitrárias – já não é processada como um reflexo, mas pode ser ponderada e reorientada à vontade. E graças a uma conexão com as áreas dedicadas à linguagem, podemos relatá-la aos outros.

Igualmente fundamental para a área de trabalho neuronal global é sua autonomia. Estudos recentes revelaram que o cérebro é a sede de uma intensa atividade espontânea. É constantemente percorrido por padrões globais de atividade interna que se originam não do mundo exterior, mas do interior, da capacidade própria dos neurônios para se autoativarem de uma maneira parcialmente aleatória. Como resultado, e contrariando o órgão musical metafórico de Descartes, nossa área de trabalho neuronal global não opera num modo *input-output*, esperando ser estimulado para só depois produzir seus *outputs*. Pelo contrário, mesmo em plena escuridão, ela transmite padrões globais de atividade neural, causando o que William James chamava o "fluxo de consciência" – uma corrente ininterrupta de pensamentos frouxamente conectados, moldados vagamente por nossos objetivos correntes, buscando apenas ocasionalmente informação nos sentidos. René Descartes não poderia ter imaginado uma máquina desse tipo, na qual intenções, pensamentos e planos surgem para dar forma a nosso comportamento. O resultado, no meu entender, é uma máquina de "livre-arbítrio" que resolve o desafio de Descartes, e começa a assemelhar-se a um bom modelo para a consciência.

O FUTURO DA CONSCIÊNCIA

Nosso conhecimento da consciência continua rudimentar. O que nos reserva o futuro? No final deste livro, voltaremos às questões filosóficas fundamentais, mas com melhores respostas científicas. Ali, sustentarei que nossa crescente compreensão da consciência nos ajudará não só a resolver algumas das mais profundas interrogações sobre nós mesmos, mas também encarar difíceis decisões da sociedade, e mesmo desenvolver novas tecnologias que imitam a capacidade computacional da mente humana.

Claro, falta ainda encontrar muitos detalhes, mas a ciência da consciência já é mais do que uma mera hipótese. Aplicações médicas encontram-se atualmente ao nosso alcance. Em inúmeros hospitais pelo mundo afora, milhares de pacientes em coma ou em uma condição vegetativa jazem em um isolamento terrível, sem movimentos, sem fala, com seus cérebros destruídos por um derrame, um acidente automobilístico ou por uma privação provisória de oxigênio. Será que eles recuperarão a consciência? É possível que alguns deles já estejam conscientes, mas completamente "bloqueados" em um mundo interior, e incapazes de nos comunicar isso? Podemos ajudá-los convertendo nossos estudos das imagens cerebrais num monitor em tempo real da experiência consciente?

Neste momento, meu laboratório está desenvolvendo novos testes poderosos que informam de maneira confiável se uma pessoa está ou não consciente. A disponibilidade de marcas objetivas de consciência já está ajudando clínicas que cuidam do coma pelo mundo afora e, em breve, também poderá informar a questão correlata de se e quando os bebês estão conscientes. Estou certo de que, assim que conseguirmos determinar objetivamente se os sentimentos subjetivos estão presentes em pacientes ou bebês, poderemos tomar decisões éticas melhores.

Outra aplicação fascinante da ciência da consciência diz respeito às tecnologias computacionais. Seremos algum dia capazes de imitar *in silico* os circuitos cerebrais? O nosso conhecimento atual é suficiente para construir um computador consciente? Se não, o que falta? Com o aprimoramento da teoria da consciência, deve se tornar possível criar estruturas artificiais de chips eletrônicos que imitem a operação da consciência que ocorre em neurônios e circuitos reais. Seria o passo seguinte a criação de uma máquina consciente de seu próprio conhecimento? Podemos dar a ela a capacidade de se reconhecer como indivíduo e mesmo a experiência do livre-arbítrio?

Convido agora os leitores para uma viagem pela atualíssima ciência da consciência – uma jornada que dará uma significação mais profunda ao lema grego "Conhece-te a ti mesmo".

A consciência entra no laboratório

Como o estudo da consciência se tornou uma ciência? Para começar tivemos que nos concentrar na mais simples definição possível da questão. Deixando para depois as difíceis discussões sobre livre-arbítrio e autoconsciência, nos concentramos na questão do acesso consciente – por que algumas de nossas sensações resultam em percepções conscientes, ao passo que outras permanecem inconscientes. Então, muitos experimentos simples nos permitiram criar contrastes mínimos entre percepção consciente e inconsciente. Hoje, podemos literalmente tornar uma imagem visível ou invisível conforme quisermos, mantendo um controle experimental absoluto. Identificando condições de limite, em que a mesma imagem só é percebida conscientemente na metade do tempo, podemos inclusive manter constante o estímulo e deixar o cérebro fazer a mudança. Torna-se então crucial captar a introspecção do indivíduo que olha, porque ela define os conteúdos da consciência. Chegamos por fim a um simples programa de investigação: uma busca de mecanismos objetivos de estados subjetivos, "marcas" sistemáticas na atividade do cérebro que indexam a transição da inconsciência para a consciência.

Deem uma olhada na ilusão visual presente na Figura 3. Doze pontos, impressos em um tom leve de cinza, cercam uma cruz preta. Agora, olhe atentamente a cruz do centro. Passados alguns segundos, você deverá ver alguns dos pontos cinza aparecer e desaparecer. Por alguns segundos, eles somem de nossa consciência para reaparecer em seguida. Às vezes, todo o conjunto de pontos desaparece, o que lhe deixa temporariamente diante de uma página em branco – para retornar alguns segundos mais tarde com uma tonalidade de cinza.

Uma imagem objetivamente fixa pode aparecer e desaparecer de nossa consciência subjetiva mais ou menos ao acaso. Essa observação profunda constitui a base da moderna ciência da consciência. Nos anos 1990, o cientista Francis Crick, já ganhador de um prêmio Nobel, juntamente com o neurobiólogo Christof Koch, perceberam que essas ilusões visuais davam aos cientistas um recurso para desvendar o mistério dos estímulos conscientes *versus* inconscientes no cérebro.[1]

Figura 3

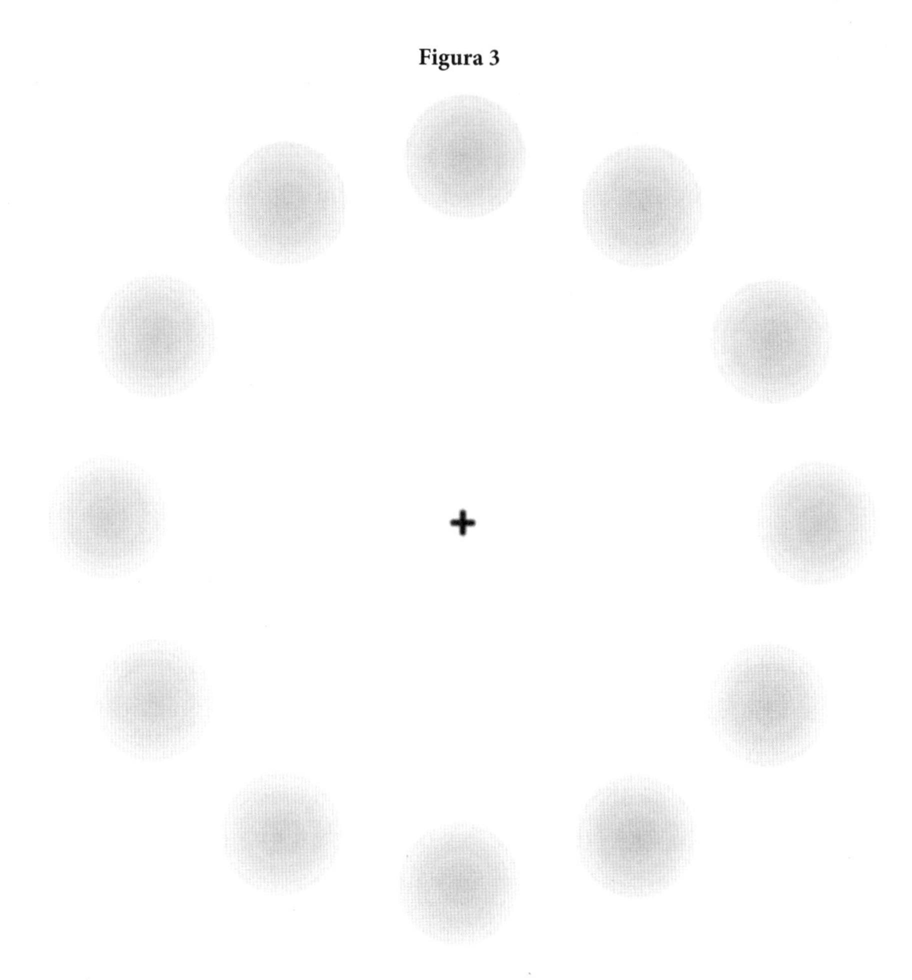

Uma ilusão visual chamada "desaparecimento de Troxler" ilustra um dos muitos modos em que pode ser manipulado o conteúdo subjetivo da consciência. Olhe atentamente para a cruz central. Depois de segundos, alguns dos pontos cinzentos devem desaparecer, e depois voltar em momentos aleatórios. O estímulo objetivo é constante, mas sua interpretação subjetiva continua mudando. Alguma coisa precisa estar mudando no interior de seu cérebro – será que podemos rastrear esse algo?

Pelo menos conceitualmente, esse programa de pesquisa não apresenta a menor dificuldade. Durante o experimento com os 12 pontos cinza, por exemplo, podemos registrar as descargas dos neurônios que partem de diferentes lugares no cérebro durante momentos em que os pontos são vistos, e comparar esses registros com os feitos durante os momentos em que os pontos não são vistos. Crick e Koch selecionaram a visão como um domínio propício para essas investigações não só porque estamos começando a entender com muitos detalhes os caminhos que levam a informação visual da retina ao córtex, mas também porque há uma infinidade de ilusões visuais que podem ser usadas para contrastar estímulos visíveis e invisíveis.[2] Há algo em comum entre esses estímulos? Existe um único padrão de atividade cerebral que subjaz a todos os estados conscientes e que fornece uma "marca" unificadora dos acessos conscientes no cérebro? Encontrar uma tal marca-padrão seria um passo decisivo para a pesquisa sobre consciência.

De modo prático, Crick e Koch tinham solucionado a questão. Seguindo o exemplo deles, dezenas de laboratórios começaram a estudar a consciência baseando-se em ilusões visuais parecidas com aquela pela qual você acabou de passar. Três características desse programa de pesquisa puseram, de uma hora para outra, a percepção consciente no centro da investigação experimental. Em primeiro lugar, as ilusões não exigiam uma noção elaborada de consciência – bastava o ato de ver ou não ver, que chamei de acesso consciente. Em segundo lugar, havia uma grande quantidade de ilusões disponíveis para estudo – como veremos, os cientistas da cognição inventaram dúzias de técnicas para fazer desaparecer a seu bel prazer palavras, imagens, sons e até mesmo gorilas. E, em terceiro lugar, essas ilusões são eminentemente subjetivas – somente quem está sendo testado pode dizer quando e onde os pontos desaparecem na mente dele. Contudo, os resultados são replicáveis: qualquer pessoa que olhe para a figura relata ter tido o mesmo tipo de experiência. Não adianta negar: todos concordaremos que algo real, peculiar e fascinante está acontecendo em nossa consciência. Temos que levar isso a sério.

Entendo que esses três ingredientes cruciais puseram a consciência ao alcance da ciência: enfocando o acesso consciente; usando uma série de artifícios para manipular a consciência à vontade; e tratando os relatos subjetivos como dados científicos autênticos. Agora vamos abordar cada um desses pontos separadamente.

AS MUITAS FACES DA CONSCIÊNCIA

> Consciência: a ocorrência de percepções, pensamentos e sentimentos; estar ciente. O termo é impossível de definir exceto em termos que são ininteligíveis sem um entendimento do que significa consciência. [...]. Nada foi escrito a respeito que valesse ser lido.
>
> Stuart Sutherland, *International Dictionary of Psychology* (1996)

A ciência geralmente progride ao criar novas definições que refinam as categorias imprecisas da linguagem natural. Na história da ciência, um exemplo clássico é a separação dos conceitos de calor e temperatura. A intuição corrente trata esses conceitos como se fossem a mesma coisa. Afinal, se acrescentarmos calor a alguma coisa, estaremos aumentando sua temperatura, certo? Errado – um bloco de gelo, se for aquecido, derreterá mantendo-se em uma temperatura fixa de zero graus Celsius. Um material pode ter uma temperatura alta (por exemplo, uma faísca de fogo de artifício, que pode chegar a alguns milhares de graus Celsius), mas ter um calor tão baixo que não queimará a pele (porque tem uma massa muito pequena). No século XIX, distinguir o calor (a quantidade de energia transferida) da temperatura (a energia cinética média num corpo) teve importância fundamental para os progressos da termodinâmica.

A palavra *consciência*, tal como a usamos na conversa diária, é análoga à palavra *calor* para os leigos: reúne múltiplos significados que causam consideráveis confusões. Para pôr ordem nessa área, precisamos em primeiro lugar separar esses significados. Neste livro, defendo que um deles, *acesso consciente* (*conscious access*), denota uma questão bem definida, suficientemente direcionada para ser estudada segundo métodos experimentais modernos, possuindo uma boa chance de lançar alguma luz sobre a questão como um todo.

Então, o que entendo por acesso consciente? A todo momento, um fluxo maciço de estimulação sensorial alcança nossos sentidos, mas nossa mente consciente parece só acessar uma quantidade muito pequena disso tudo. Toda manhã, enquanto estou dirigindo para o meu trabalho, passo pelas mesmas casas sem sequer perceber a cor dos telhados ou o número de janelas. Quando me sento à mesa e me concentro na redação deste livro, minha retina é bombardeada por informações sobre objetos, fotografias e quadros ao redor, suas formas e cores. Ao mesmo tempo, meus ouvidos são estimulados por músicas, cantos de pássaros, ruídos nas casas vizinhas... Entretanto, todos esses fragmentos de distração permanecem num fundo inconsciente, enquanto me concentro em escrever.

O acesso consciente é, ao mesmo tempo, extraordinariamente aberto e desmedidamente seletivo. Seu repertório *potencial* é vasto. A qualquer momento, com um desvio de minha atenção, posso tornar-me consciente de uma cor, de um cheiro, de um som, de uma lembrança esquecida, de um sentimento, de uma estratégia, de um erro – ou mesmo dos múltiplos significados da palavra *consciência*. Se eu cometer uma asneira, posso até ficar *autoconsciente* – o que significa que minhas emoções, estratégias, erros e arrependimentos entrarão em minha mente consciente. A qualquer momento, porém, o repertório *efetivo* da consciência é drasticamente limitado. Estamos reduzidos basicamente a apenas um único pensamento consciente por vez (embora um único pensamento possa ser um "naco" substancioso, com vários subcomponentes, como quando refletimos sobre o significado de uma sentença).

Devido à sua capacidade limitada, a consciência precisa abandonar um item para ter acesso a outro. Pare de ler por um segundo e note a posição de suas pernas; talvez você sinta um peso aqui ou uma dorzinha ali. Essa percepção é agora consciente. Mas um segundo antes era *pré-consciente* – acessível, mas não acessada, estava adormecida em meio ao vasto repositório de estados inconscientes. Não deixou necessariamente de ser processada: você muitas vezes ajusta sua postura inconscientemente em resposta a esses sinais corporais. Contudo, o acesso consciente tornou isso disponível para sua mente – ela ficou de repente acessível ao seu sistema linguístico e a muitos outros processos, de memória, intenção e planejamento. Essa passagem do pré-consciente para o consciente, que introduz uma peça de informação para seu estado de prontidão, é o que pretendo discutir nos próximos capítulos. O que exatamente acontece nessa passagem é a questão que espero esclarecer neste livro: os mecanismos cerebrais do acesso consciente.

Para fazê-lo, precisarei deixar mais clara a distinção entre o acesso consciente e a simples atenção – uma tarefa delicada, mas importante. O que é a atenção? Em sua obra fundadora, *Princípios da Psicologia* (1890), William James propôs uma famosa definição. A atenção, disse ele, é "a tomada de posse pela mente, em uma forma clara e vívida, de um entre os que parecem ser os vários objetos de pensamento simultaneamente possíveis". Infelizmente, essa definição junta duas noções diferentes cujos mecanismos cerebrais são distintos: *seleção* e *acesso*. A "tomada de posse pela mente" de que fala William James é essencialmente aquilo que eu chamei de acesso consciente. Consiste em trazer a informação para o primeiro plano de nosso pensamento, de modo que ele se torna um objeto mental consciente que nós "mantemos na mente". Esse aspecto da atenção, quase por definição, coincide com a consciência: quando um objeto toma posse de nossa mente a tal ponto que podemos relatar essa ocorrência (verbalmente, gestualmente), então estamos conscientes dele.

Mas a definição de James inclui também um segundo conceito: o isolamento de uma dentre muitas linhas de pensamento, que hoje chamamos "atenção seletiva". A todo momento, nosso entorno sensorial está zumbindo com uma miríade de percepções potenciais. Analogamente, nossa memória está cheia de conhecimentos que poderiam, no instante seguinte, voltar à superfície, em nossa consciência. Para evitar uma sobrecarga de informações, muitos de nossos sistemas cerebrais aplicam um filtro seletivo. Dentre incontáveis pensamentos potenciais, os que chegam à nossa mente consciente são *crème de la crème*, o resultado da complexa peneiragem que chamamos atenção. Nosso cérebro descarta impiedosamente as informações irrelevantes e, em última análise, isola um único objeto consciente, com base em sua saliência ou relevância para nossos objetivos de momento. Esse estímulo torna-se então amplificado e capaz de orientar nosso comportamento.

Fica assim evidente que a maioria, se não a totalidade de nossas funções seletivas da atenção têm que operar fora de nossa percepção. Como poderíamos pensar, se tivéssemos que selecionar conscientemente os objetos candidatos a nossos pensamentos? A escolha da atenção opera principalmente de forma inconsciente – a atenção é separada do acesso consciente. É certo, que no dia a dia, nosso entorno é frequentemente abarrotado com informações estimulantes, que exigem certa atenção para decidir qual acessar. Portanto, a atenção funciona muitas vezes como portão de entrada para a consciência[3]. Contudo, no laboratório, os pesquisadores conseguem criar situações tão simples que somente uma informação está presente – e então a seleção quase não é necessária antes que a informação entre no foco do sujeito.[4] Por outro lado, em muitos casos, a atenção opera secretamente,* amplificando ou esmagando a informação recebida, muito embora o resultado final nunca chegue

* N.T.: O autor usou aqui a expressão latina *sub rosa*, que evoca um episódio da mitologia grega envolvendo a deusa Afrodite e seu filho Eros, e que significava "em segredo". Foi evitado aqui, por não ser de uso corrente em português.

ao nosso conhecimento. Em resumo: a atenção seletiva e o acesso consciente são processos distintos.

Há um terceiro conceito que precisamos definir com cuidado: o alerta, também chamado "consciência intransitiva". Em inglês, o adjetivo *conscious* pode ser transitivo: podemos estar *cônscios*, isto é, conscientes de uma tendência, de um toque ou de um formigamento, ou mesmo de uma dor de dente. Neste caso, a palavra denota "acesso consciente", o fato de que um objeto pode ou não entrar na nossa sensibilidade. Mas *conscious* pode também ser intransitivo, como quando dizemos "O soldado ferido permaneceu consciente". Aqui, a palavra se refere a um estado que admite muitas gradações. Nesse sentido, a consciência é uma faculdade geral que perdemos durante o sono, quando desmaiamos ou passamos por uma anestesia geral.

Para evitar confusões, os cientistas frequentemente se referem a este sentido de consciência como "estado de vigília" ou "alerta". Mesmo entre esses dois termos seria provavelmente necessário fazer uma distinção: estado de vigília se refere primariamente ao ciclo vigília-sono, que tem origem em mecanismos subcorticais, ao passo que o alerta tem a ver com o nível de excitação nas redes cortical e talâmica que sustentam os estados conscientes. Seja como for, os dois conceitos diferem radicalmente do acesso consciente. A condição de estar acordado, o alerta e a atenção são apenas condições para o acesso consciente. São condições necessárias, mas nem sempre suficientes, para nos deixar a par de uma determinada informação. Por exemplo, alguns pacientes, em decorrência de um pequeno derrame no córtex visual, podem ficar cegos para cores. Esses pacientes continuam acordados e atentos: seu alerta continua intacto, e o mesmo vale para sua capacidade de prestar atenção. Mas a perda de um pequeno circuito especializado na percepção da cor os impede de terem acesso a esse aspecto do mundo. No capítulo "O teste definitivo", encontraremos pacientes em estado vegetativo que ainda acordam de manhã e adormecem à noite – e ainda assim não parecem acessar conscientemente nenhuma informação enquanto estão acordados. Seu estado de vigília está intacto, mas seu cérebro lesado já não parece capaz de dar sustentação a estados conscientes.

Em muitas passagens deste livro voltaremos à questão do "acesso": O que acontece durante a consciência *de* algum pensamento? No capítulo "O teste definitivo", porém, voltaremos ao significado de "alerta" da consciência para pacientes em coma ou estado vegetativo, ou desordens correlatas.

A palavra *consciência* tem ainda outros sentidos. Muitos filósofos e cientistas acreditam que a consciência, enquanto estado subjetivo, está intimamente relacionada a "Ser". O "Eu" parece um componente essencial do quebra-cabeças: como poderíamos compreender a percepção consciente sem antes decifrar quem está envolvido na percepção? Num clichê comum, as primeiras palavras que o herói pronuncia, assim que se recupera de um golpe que o derrubou são "Onde estou?". Meu colega, o neurologista António Damásio, define consciência como "o eu no ato de conhecer" – uma definição que infere que não podemos resolver o enigma da consciência sem saber o que é o "eu".

A mesma percepção está por trás do teste clássico de Gordon Gallup, que investiga se crianças e animais se reconhecem em um espelho.[5] O reconhecimento de si é atribuído a uma criança que usa o espelho para acessar partes escondidas de seu corpo – por exemplo, para encontrar um adesivo vermelho colocado disfarçadamente em sua testa. A criança adquire a capacidade de detectar o adesivo mediante uso de um espelho geralmente entre os 18 e os 24 meses. Já foi relatado que chimpanzés, gorilas, orangotangos e até mesmo golfinhos, elefantes e gralhas foram aprovados nesse teste[6] – o que levou um grupo de colegas a afirmar sem rodeios, na Declaração de Cambridge sobre a Consciência (7 de julho de 2012), que "há forte evidência de que os seres humanos não são os únicos a possuir os substratos neurológicos que geram a consciência".

Mais uma vez, porém, a ciência exige que refinemos os conceitos. O reconhecimento diante do espelho não indica necessariamente consciência. Poderia ser realizado por um mecanismo totalmente inconsciente, que apenas prediz como o corpo deveria parecer e movimentar-se e que ajusta seus movimentos com base na comparação dessas previsões com a estimulação visual real - como quando, desatentamente, uso o espelho para me barbear. Pombos podem ser condicionados para passarem no teste - embora isso aconteça apenas após um treinamento considerável que, essencialmente, os transforma em usuários automatizados do espelho.[7] O teste de reconhecimento diante do espelho pode só estar medindo até que ponto um organismo aprendeu o suficiente sobre seu próprio corpo para desenvolver expectativas sobre sua aparência e o suficiente sobre espelhos a ponto de usá-los para comparar a expectativa com a realidade - uma competência sem dúvida interessante, mas que fica longe de um teste decisivo para a adoção de um conceito de si mesmo.[8]

O mais importante é que o vínculo entre percepção consciente e autoconhecimento é desnecessário. Assistir a um concerto ou ver um maravilhoso pôr do sol pode me colocar num estado de consciência elevado sem exigir que eu me lembre constantemente que "*Eu* estou no ato de *me* divertir". Meu corpo e meu "eu" ficam em segundo plano, como sons recorrentes ou uma iluminação de fundo: são tópicos potenciais para minha atenção, que ficam fora do alcance de minha percepção, aos quais posso me atentar trazendo-os para o foco sempre que for necessário. A meu ver, a autoconsciência é muito parecida com a consciência da cor ou do som. O fato de eu me tornar consciente de algum aspecto de mim mesmo pode ser apenas outra forma de acesso consciente, em que a informação acessada não é de natureza sensorial, mas diz respeito a uma das várias representações mentais do "eu" - meu corpo, meu comportamento, meus sentimentos ou meus pensamentos.

O que há de especial e fascinante no que diz respeito à autoconsciência é que ela parece incorporar uma curiosa volta sobre si mesma.[9] Quando reflito sobre mim mesmo o "eu" aparece duas vezes, tanto como o observador quanto como o observado. Como isso é possível? Esse aspecto recursivo da consciência é chamado pelos cientistas cognitivos de *metacognição*: a capacidade de pensar a respeito da própria mente. O filósofo positivista francês Auguste Comte (1798-1857) considera esse fenômeno uma impossibilidade lógica. "O indivíduo pensante", escreveu ele, "não pode dividir-se em dois, um que raciocina e outro que observa o ato de raciocinar. Sendo a parte observada e a parte observadora idênticas neste caso, como poderia a observação ser feita?".[10]

Comte, porém, estava errado: como John Stuart Mill notou imediatamente, o paradoxo se desfaz quando quem observa e quem é observado são codificados em momentos diferentes ou em diferentes sistemas. Um sistema cerebral pode perceber quando o outro falha. Acontece conosco o tempo todo, como quando temos uma palavra na ponta da língua (sabemos que deveríamos saber a palavra), percebemos um erro de raciocínio (percebemos que erramos) ou ficamos remoendo a respeito de um exame em que fomos mal (sabemos que estudamos, pensamos que conhecíamos as respostas e não conseguimos atinar para as razões de nosso fracasso). Algumas áreas do córtex pré-frontal monitoram nossos planos, atribuem confiança a nossas decisões e detectam nossos erros. Trabalhando como um simulador de circuito fechado, em estreita conexão com nossa memória de longo prazo e com nossa imaginação, elas dão apoio a um solilóquio interior que nos permite refletir sobre nós mesmos sem recorrer a ajuda externa (A própria palavra *reflexão* dá uma pista para a função de espelho por meio da qual algumas áreas do cérebro re-apresentam e avaliam o desempenho de outras).

Isso posto, é melhor, para nós cientistas, começarmos pela noção mais simples de consciência: o acesso consciente, ou seja, como nos tornamos cientes de uma informação específica. As questões mais espinhosas do eu e da consciência recursiva devem ser deixadas para um momento posterior. Manter o foco no acesso consciente, tendo o cuidado de não o misturar com os conceitos relacionados de atenção, vigília, alerta, autoconsciência e metacognição, é o primeiro ingrediente em nossa ciência contemporânea da consciência.[11]

CONTRASTES MÍNIMOS

O segundo ingrediente que possibilita a ciência da consciência é o arsenal de manipulações experimentais que afetam os conteúdos de nossa consciência. Nos anos 1990, os psicólogos cognitivos se deram conta repentinamente de que podiam interferir na consciência contrastando estados conscientes e inconscientes. Imagens, palavras e mesmo filmes poderiam ser tornados invisíveis. O que acontecia com essas imagens no cérebro? Delimitando cuidadosamente a força e os limites do processamento do inconsciente, era possível começar a traçar, como num negativo fotográfico, os contornos da própria consciência. Combinada com a neuroimagem, essa simples ideia deu origem a uma base experimental sólida para o estudo dos mecanismos cerebrais da consciência.

Em 1989, o psicólogo Bernard Baars, em seu importante livro ambiciosamente intitulado *A Cognitive Theory of Consciousness* (Uma teoria cognitiva da consciência),[12] sustentou veementemente que existem, de fato, dúzias de experimentos que promovem incursões diretas na natureza da consciência. Baars fez uma observação crucial: muitos desses experimentos levam a um "contraste mínimo": um par de situações experimentais com diferenças mínimas, em que só uma é percebida conscientemente. Esses casos são ideais porque permitem ao cientista tratar a percepção consciente como uma variável experimental que muda consideravelmente, embora o estímulo permaneça quase sempre constante. Concentrando-se nesses contrastes mínimos, e tentando entender o que muda no cérebro, os pesquisadores puderam livrar-se de todas as operações cerebrais irrelevantes, que são comuns aos processamentos conscientes e inconscientes, e concentrar-se exclusivamente nos acontecimentos cerebrais que registram a passagem do modo inconsciente para o consciente.

Considere-se, por exemplo, a aquisição de uma atividade motora como a digitação. Quando começamos a aprender a digitar, somos lentos, atentos e penosamente autoconscientes de qualquer movimento que fazemos. Mas depois de algumas semanas de treino, a digitação se torna tão fluente que podemos realizá-la automaticamente, enquanto falamos ou pensamos em algo diferente, e sem que lembremos conscientemente a localização das teclas. Para os cientistas, estudar o que acontece enquanto o comportamento se automatiza lança uma luz sobre a transição do consciente para o inconsciente. Foi verificado que esse contraste muito simples identifica uma das principais redes corticais, incluindo especificamente regiões do lobo pré-frontal que entram em atividade sempre que ocorre o acesso consciente.[13]

Também é possível estudar a passagem inversa, do inconsciente para o consciente. A percepção visual fornece aos pesquisadores uma profusão de oportunidades para criar estímulos que entram e saem da experiência consciente. Um exemplo é a ilusão que colocamos no início deste capítulo (ver a Figura 3). Por que os pontos em que fixamos nossa atenção ocasionalmente somem da vista? Ainda não compreendemos completamente esse mecanismo, mas a ideia geral é que nosso sistema visual trata uma imagem constante como um transtorno, e não como um autêntico *input*.[14] Quando mantemos os olhos perfeitamente imóveis, cada ponto cria na retina uma mancha imóvel e constante de cinza desfocado – e em um determinado momento nosso sistema visual decide livrar-se desse borrão que não sai. Nossa cegueira para essas manchas pode indicar um sistema avançado que filtra e descarta os defeitos de nossos olhos.

Nossa retina está cheia de imperfeições, como os vasos sanguíneos que ficam na frente dos fotorreceptores, que precisamos aprender a interpretar como vindo do interior e não do exterior (imagine como seria horrível ser constantemente distraído por curvas sangrentas e movediças que cortam nossa visão). A imobilidade perfeita de um objeto é uma pista que nosso sistema visual aproveita para decidir inserir informação ausente, usando uma textura próxima. (Esse "preenchimento" explica por que não percebemos o "ponto cego" na retina, lugar do nervo visual, desprovido de receptores de luz). Ao mover, mesmo que levemente, os olhos, os pontos flutuam sobre a retina. Em suma, o sistema visual se dá conta de que eles provêm do mundo exterior e não do próprio olho – e imediatamente permite que voltem a ser percebidos.

Preencher pontos cegos é somente uma das muitas ilusões visuais que nos permitem estudar a transição do inconsciente para o consciente. Vamos dar uma rápida volta pelos muitos outros paradigmas disponíveis na caixa de ferramentas do cientista cognitivo.

IMAGENS RIVAIS

Historicamente um dos primeiros contrastes produtivos entre visão consciente e inconsciente proveio do estudo da "rivalidade binocular", o curioso cabo de guerra que ocorre no interior de nossos cérebros quando imagens diferentes são mostradas aos dois olhos.

Nossa consciência é totalmente alheia ao fato de que temos dois olhos que se movem constantemente. Embora nosso cérebro nos permita ver um mundo tridimensional estável, ele esconde de nossa visão as operações incrivelmente complexas que estão por trás dessa façanha. A todo momento, cada um de nossos olhos recebe uma imagem ligeiramente diferente do mundo exterior – entretanto, não temos a experiência de uma dupla visão. Em condições naturais, não notamos as duas imagens, simplesmente as juntamos em uma cena visual única e homogênea. Nosso cérebro, inclusive, se vale do pequeno espaço que há entre os dois olhos, o que induz a um leve deslocamento das duas imagens. Como foi observado pela primeira vez pelo cientista inglês Charles Wheatstone em 1838, o cérebro explora essa disparidade para localizar objetos em profundidade, dando-nos assim uma sensação vívida da terceira dimensão.

O que aconteceria, perguntou-se Wheatstone, se os dois olhos recebessem imagens completamente diferentes, como a representação de um rosto num olho e uma casa no outro? As imagens ainda seriam fundidas? Seríamos capazes de ver ao mesmo tempo duas cenas sem relação entre si?

Para descobrir, Wheatstone construiu uma engenhoca que denominou estereoscópio (logo desencadeando uma febre por imagens estéreo, que iam de paisagens a pornografia, e que perdurou ao longo de toda a era vitoriana e além). Dois espelhos, colocados em frente aos olhos direito e esquerdo, permitiam apresentar duas imagens distintas (Figura 4). Para surpresa de Wheatstone, quando as duas imagens não tinham relação entre si (por exemplo, um rosto e uma casa), a visão se tornava completamente instável. Em vez de fundir as cenas, a percepção do observador alternava sem parar entre uma imagem e outra, com apenas breves transições entre as duas. Por alguns segundos, aparecia o rosto; depois ele se decompunha e sumia, dando lugar à casa; e assim sucessivamente, numa alternância que somente o cérebro poderia ter criado. Como observou Wheatstone, "Não parece estar ao alcance do poder da vontade determinar o aparecimento" de nenhuma das imagens. Em vez disso, o cérebro, quando defrontado com um estímulo totalmente implausível, parece oscilar entre as duas interpretações: rosto ou casa. As duas imagens incompatíveis parecem disputar entre si uma percepção consciente – daí o termo *rivalidade binocular*.

Para um pesquisador, a rivalidade binocular é um sonho, porque proporciona um teste limpo de percepção subjetiva: embora o estímulo seja constante, quem vê relata que sua visão muda. Além disso, com o passar do tempo, a imagem – sempre a mesma – muda de *status*: em certos momentos é perfeitamente visível, ao passo que em outros some completamente da percepção consciente. O que acontece nesse caso? Ao registrar dados de neurônios do córtex visual de macacos, os neurofisiologistas David Leopold e Nikos Logothetis foram os primeiros a observar o destino cerebral das imagens vistas e não vistas.[15] Eles treinaram os macacos para comunicar sua percepção usando uma alavanca; em seguida mostraram que os macacos tinham uma experiência de alternâncias parcialmente aleatórias das duas imagens, exatamente como nós; finalmente, identificaram as respostas de neurônios específicos, à medida que a imagem preferida pelos macacos desaparecia ou voltava na/para a experiência consciente. Os resultados foram claros. No primeiro estágio do processamento, no córtex visual primário que funciona como porta de entrada para o córtex, muitas células refletiam os estímulos objetivos; seu disparo dependia simplesmente de quais imagens eram apresentadas aos dois olhos, e não mudavam quando o animal relatava que sua percepção tinha mudado. À medida que o processamento visual avançava para um nível mais avançado, entrando nas assim chamadas "áreas visuais mais altas", tais como a área V4 e o córtex ínfero-temporal, mais e mais neurônios começaram a concordar com o relato do animal: eles disparavam fortemente quando o animal comunicava estar vendo sua imagem preferida, e muito menos ou nada quando essa imagem era suprimida. Esse foi, literalmente, o primeiro vislumbre de um correlato neuronal de uma experiência consciente (ver Figura 4).

Figura 4

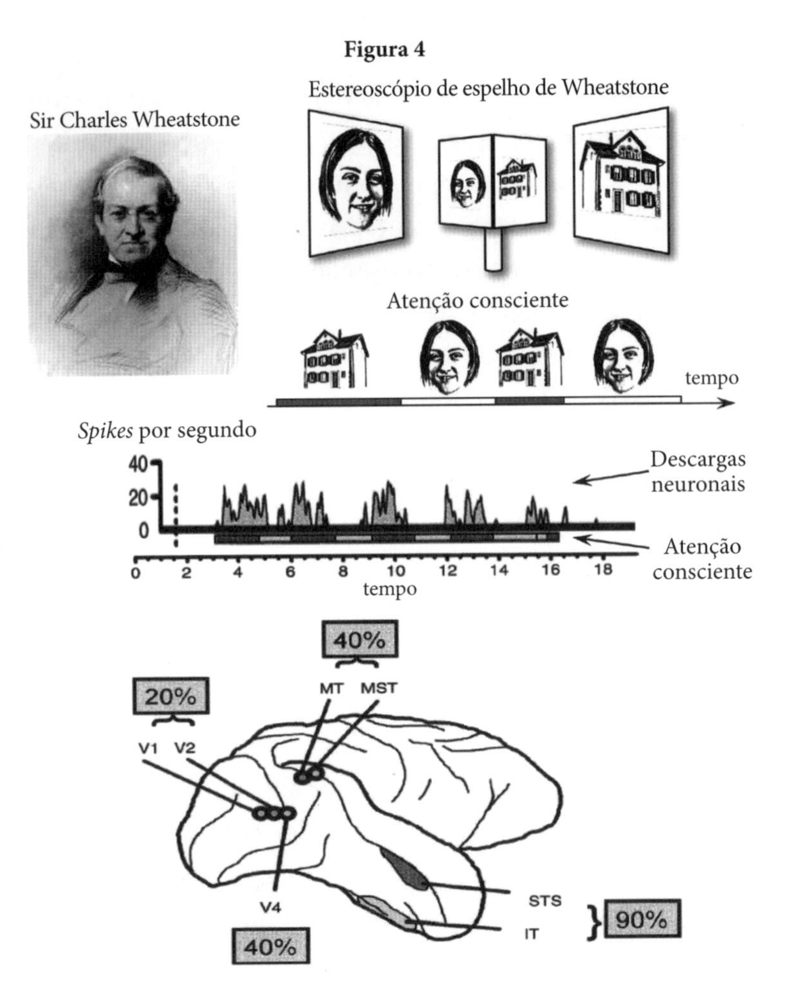

A rivalidade binocular é uma poderosa ilusão visual descoberta por Charles Wheatstone em 1838. Duas imagens distintas são apresentadas aos dois olhos, mas a cada momento dado, vemos apenas uma única imagem. Aqui, uma face é apresentada ao olho esquerdo e uma casa ao olho direito. Em vez de ver duas imagens misturadas, vemos intermináveis alternâncias entre rosto e casa, rosto e casa... Nikos Logothetis e David Leopold treinaram macacos para usarem uma alavanca para comunicarem o que viam. Esses pesquisadores mostraram que os macacos também experimentam essa ilusão, e, numa etapa seguinte, passaram a registrar a atividade dos neurônios nos cérebros dos animais. A ilusão não aparecia nos primeiros estágios de processamento visual, nas áreas V1 e V2, onde a maioria dos neurônios codificavam de maneira fiel ambas as imagens. Todavia, em níveis mais elevados da hierarquia cortical, particularmente nas áreas do cérebro IT (córtex ínferotemporal) e STS (sulco temporal superior), a maioria das células se correlacionava com a consciência subjetiva: a frequência das descargas neuronais predizia qual imagem era vista subjetivamente. Os números indicam a porcentagem de tais células em diferentes regiões do cérebro. Esta pesquisa inovadora sugere que a percepção consciente se baseia predominantemente, no córtex, em associações de alto nível.

Até hoje, a rivalidade binocular continua sendo um modo privilegiado de acessar os mecanismos neurais que subjazem às experiências conscientes. Centenas de experimentos foram dedicados a esse paradigma, e muitas variantes foram inventadas. Por exemplo, graças a um novo método chamado "supressão de um flash contínuo" é agora possível manter uma das duas imagens permanentemente fora da vista, piscando continuamente uma corrente de retângulos coloridos brilhantes para dentro do olho, de modo tal que somente essa corrente dinâmica seja vista.[16]

Qual é a importância dessas ilusões binoculares? Elas demonstram que uma imagem visual pode ser apresentada fisicamente no olho por uma longa duração, avançando nas áreas do cérebro dedicadas ao processamento visual, e ser ainda assim suprimida da experiência consciente. Injetando simultaneamente, nos dois olhos, imagens potencialmente perceptíveis, sendo que apenas uma acaba sendo percebida, a rivalidade binocular prova que o que conta para a consciência não é o estágio inicial de processamento visual periférico (onde ambas as alternativas ainda estão disponíveis), mas sim um estágio mais tardio (no qual emerge uma única imagem vencedora). Como nossa consciência não pode apreender simultaneamente dois objetos na mesma localização, nosso cérebro é palco de uma feroz competição. Sem que saibamos, não apenas duas, mas incontáveis percepções potenciais competem sem cessar por nossa percepção consciente – e ainda assim a qualquer momento, apenas uma delas entra em nossa mente consciente. A rivalidade é, na verdade, uma metáfora apropriada para essa luta constante pelo acesso consciente.

QUANDO A ATENÇÃO PISCA

Essa rivalidade é um processo passivo ou podemos decidir conscientemente qual das duas imagens será a vencedora da briga?

Quando percebemos duas imagens em competição, nossa impressão subjetiva é que estamos passivamente submetidos a essas alternâncias incessantes. Essa impressão, porém, é falsa: a atenção desempenha, sim, um papel importante no processo da competição cortical. Antes de mais nada, se dermos vivamente atenção a uma das imagens - por exemplo, a do rosto e não a da casa –, a percepção da imagem do rosto durará um pouco mais.[17] Esse efeito, porém, é fraco: a luta entre as duas imagens começa em estágios que estão fora de nosso controle.

No entanto, o mais importante é que a própria existência de um único vencedor depende de darmos a ele nossa atenção. A própria arena da briga, por assim dizer, é criada pela mente consciente.[18] Quando afastamos nossa atenção do ponto em que as duas imagens são apresentadas, elas param de competir.

O leitor poderia perguntar: Como sabemos disso? Não se pode perguntar a uma pessoa distraída o que ela vê e se ela ainda tem a percepção de que as imagens estão se alternando, pois, para responder, ela teria de prestar atenção a esse aspecto. À primeira vista, a tarefa de determinar o quanto uma pessoa consegue captar sem prestar atenção parece algo circular, exatamente como tentar controlar como nossos olhos se movem em um espelho: sem dúvida, nossos olhos se movem constantemente, mas sempre que os observamos em um espelho, esse mesmo ato os força a permanecer imóveis. Por muito tempo, tentar estudar a rivalidade sem a atenção pareceu uma estratégia contraproducente, como perguntar que som produz uma árvore que cai quando não há ninguém ao redor para ouvir, ou como nos sentimos no exato momento em que caímos no sono.

A ciência, porém, consegue realizar com frequência o impossível. Peng Zhang e colaboradores na Universidade de Minnesota descobriram que não precisavam perguntar ao observador e as imagens ainda estavam se alternando quando ela não estava prestando atenção.[19] Tudo que precisavam fazer era descobrir marcadores cerebrais da rivalidade, que indicariam se as duas imagens ainda competiam entre si. Já sabiam que, durante a rivalidade, os neurônios disparam alternadamente por uma ou outra imagem (ver a Figura 4). Será que conseguiriam medir essas alternâncias na ausência de atenção? Zhang usou uma técnica chamada "marcação de frequência", pela qual cada imagem foi "marcada" de acordo com o cintilar específico de seu ritmo específico. As duas marcações de frequência puderam então ser facilmente detectadas em um eletroencefalograma, gravadas por eletrodos colocados na cabeça. Foi possível constatar, então, que, durante a rivalidade, as duas frequências se excluem reciprocamente. Se uma oscilação é forte, a outra é fraca, refletindo o fato de que percebemos somente uma imagem de cada vez. Assim que paramos de prestar atenção, porém, as alternâncias param, e as duas etiquetas ocorrem independentemente uma da outra: a desatenção impede a rivalidade.

Um outro experimento confirma essa conclusão usando a mera introspecção: quando a atenção é desviada das imagens rivais durante um tempo fixo, a imagem que é percebida ao retornar é diferente daquela que se fixaria, se as imagens tivessem continuado a alternar-se durante o período de desatenção.[20] Portanto, a rivalidade binocular depende da atenção: na ausência de uma mente conscientemente atenta, as duas imagens são processadas em conjunto e param de competir. A rivalidade requer um observador ativo e atento.

Em suma, a atenção impõe um limite nítido para o número de imagens que podem ser consideradas simultaneamente. Esse limite, por sua vez, leva a novos contrastes mínimos para o acesso consciente. Há um método apropriadamente chamado de "piscadela atencional" que consiste em criar um breve período de invisibilidade de uma imagem, saturando a mente consciente de forma transitória.[21] A Figura 5 ilustra as condições típicas em que ocorre essa "piscadela".

Uma corrente de símbolos aparece na mesma localização em uma tela de computador. A maioria de símbolos são algarismos, mas alguns são letras, que o participante é solicitado a memorizar. A primeira letra é lembrada facilmente. Se uma segunda letra ocorre meio segundo ou mais depois da primeira, ela também é registrada com precisão na memória. Se as duas letras aparecem em uma sequência muito próxima, porém, a segunda é muitas vezes completamente perdida. O observador relata ter visto somente uma letra, e fica muito surpreso ao ser informado de que havia duas. É exatamente esse ato de atentar para a primeira letra que cria uma temporária "piscadela da mente" que anula a percepção da segunda.

Figura 5

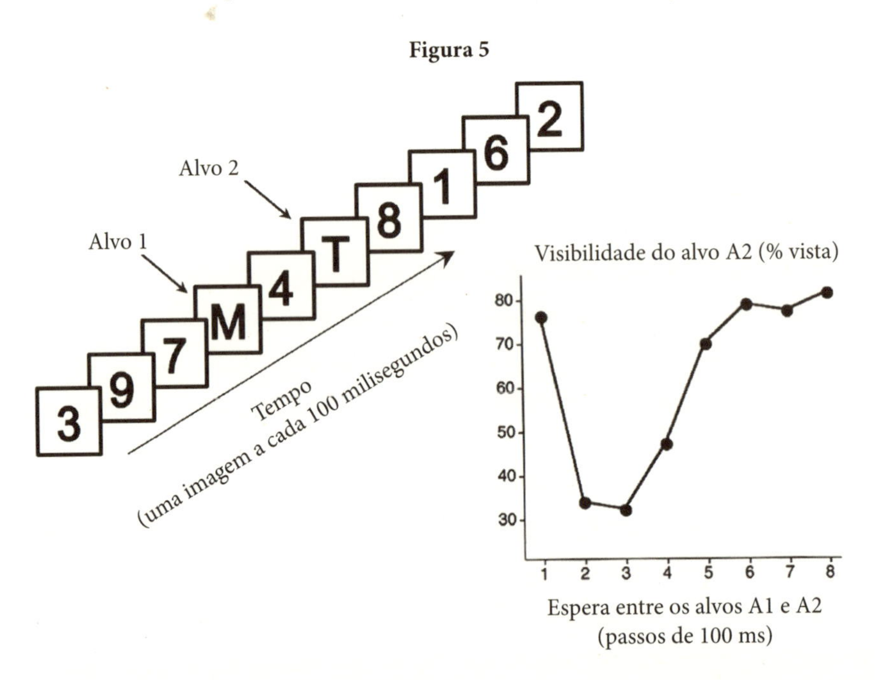

A "piscadela atencional" ilustra as limitações temporais da percepção consciente. Quando olhamos uma sequência de algarismos interpolados com uma letra ocasional, identificamos facilmente a primeira letra (aqui, um M), mas não a segunda (aqui, um A). Enquanto estamos mandando a primeira letra para a memória, nossa consciência temporal "pisca", e nós fracassamos em perceber um segundo estímulo apresentado no instante seguinte.

NOTA: ms = milissegundos (em todas as ocorrências dessa sigla)

Usando a neuroimagem, vemos que as letras, mesmo as inconscientes, entram no cérebro. Todas elas alcançam as áreas visuais e podem mesmo avançar mais profundamente no sistema visual, a ponto de serem classificadas como um alvo: parte do cérebro "sabe" quando uma letra-alvo se apresentou.[22] Mas de certa forma essa informação nunca chega ao nosso conhecimento consciente. Para ser percebida conscientemente, a letra precisa alcançar um estágio de processamento que a registre dentro de nossa consciência.[23] Esse registro é bem limitado: a cada momento, somente um fragmento de informação consegue passar por ele. Enquanto isso, tudo mais na cena visual fica imperceptível.

A rivalidade binocular revela uma competição entre duas imagens simultâneas. Durante a piscadela atencional, uma competição semelhante ocorre por um período entre duas imagens que são apresentadas na mesma localidade. Nossa consciência é, muitas vezes, lenta demais para acompanhar a rápida apresentação de imagens na tela. Embora pareça que "vemos" todos os algarismos e letras se olharmos para eles passivamente, basta o ato de mandar uma letra para a memória para ocupar nossos recursos conscientes e criar um tempo de invisibilidade para os outros. A fortaleza da mente consciente tem uma ponte levadiça estreita, que força as representações mentais a competirem entre si. O acesso consciente impõe um gargalo estreito.

O leitor poderia objetar que nós, às vezes, vemos duas letras sucessivas (cerca de um terço do tempo, segundo os dados da Figura 5). Além disso, em muitas outras situações da vida real, aparentemente não temos dificuldade em perceber duas coisas que aparecem simultaneamente. Por exemplo, podemos ouvir a buzina de um carro enquanto observamos numa imagem. Os psicólogos chamam situações desse tipo de "tarefa dual", porque a pessoa é instada a fazer duas coisas ao mesmo tempo. Então, o que acontece nessas circunstâncias? Acaso o desempenho na tarefa dual refuta a ideia de que nossa percepção consciente seja limitada estruturalmente a uma porção de cada vez? Não. A evidência mostra que, mesmo nesses casos, continuamos fortemente limitados. De fato, nós nunca processamos conscientemente, no momento exato, dois itens que não tenham relação entre si. Quando tentamos lidar com duas coisas de uma vez, a impressão de que nossa consciência é imediata e "online" para os dois estímulos não passa de uma ilusão. Na verdade, a mente subjetiva não percebe as duas coisas simultaneamente. Uma delas consegue ser acessada e acessa nossa consciência, mas a outra precisa esperar.

Esse gargalo cria um atraso de processamento facilmente mensurável, que é denominado "o período psicológico refratário".[24] Enquanto está processando um primeiro item num nível consciente, a mente consciente parece ser momentaneamente refratária a outros *inputs* – sendo assim muito lenta em processá-los. Enquanto está processando o primeiro item, o segundo fica suspenso, num "hiato" inconsciente. E aí permanece até que o processamento do primeiro item tenha se completado.

Esse tempo de espera nos passa despercebido: mas poderia ser diferente? Nossa consciência está ocupada com outra coisa, de modo que não temos como sair do sistema e dar conta de que nossa percepção consciente do segundo item ficou adiada. Como consequência, sempre que estamos mentalmente preocupados, nossa percepção subjetiva do *timing* dos eventos pode ser sistematicamente errada.[25] Estando envolvidos em uma primeira tarefa e, então, somos questionados sobre quando um segundo item apareceu, cometemos o erro de estimar um momento posterior ao que ele de fato entrou em nossa consciência. Mesmo quando os dois inputs são objetivamente simultâneos, cometemos o erro de não perceber a simultaneidade e temos sistematicamente a impressão de que o primeiro que percebemos apareceu antes do outro. Na verdade, esse atraso subjetivo não é senão o resultado da lentidão de nossa consciência.

A piscadela atencional e o período refratário são fenômenos psicológicos intimamente relacionados. Sempre que a mente consciente está ocupada, todos os outros candidatos à consciência, têm que esperar num hiato inconsciente – o que é arriscado: a qualquer momento, decorrente de um ruído interior, como pensamentos que distraem ou de outros estímulos, um item em espera pode ser apagado e desaparecer da consciência (a "piscadela"). Na realidade, os experimentos confirmam que, durante a tarefa dual, ocorrem tanto o fenômeno de "refratariedade" quanto as piscadas. A percepção consciente do segundo item é sempre postergada, e a probabilidade de um blecaute completo aumenta com a duração da protelação.[26]

Durante a maioria dos experimentos de tarefa dual, a piscadela dura somente uma fração de segundo. Transferir uma letra à memória, afinal, requer apenas um breve momento. Mas o que acontece quando realizamos uma tarefa perturbadora muito mais longa? A resposta surpreendente é que podemos nos tornar totalmente alheios ao mundo externo. Leitores ávidos, jogadores de xadrez concentrados e matemáticos focados sabem muito bem que ficar mentalmente absortos pode criar períodos de isolamento mental, durante os quais perdemos toda a consciência daquilo que nos cerca. Esse fenômeno, chamado "cegueira por desatenção", é facilmente demostrado em laboratório. Em um experimento,[27] os participantes olham para o centro de uma tela de computador, mas são orientados a observar a parte superior: são informados de que logo deve aparecer ali uma letra, e que terão de lembrá-la. Treinam a tarefa em dois testes. Na terceira tentativa, simultaneamente com a letra periférica, uma forma inesperada aparece no centro. Pode ser uma grande mancha escura, um número ou mesmo uma palavra – e essa forma pode ficar ali por quase um segundo. Surpreendentemente, até dois terços dos participantes não conseguem percebê-la. Relatam ter visto a letra periférica e nada mais. Somente depois de a experiência ser reapresentada percebem, surpresos, que tinham deixado passar um evento visual importante. Em resumo, a desatenção alimenta a invisibilidade.

Outra demonstração clássica é o extraordinário experimento de Dan Simons e Christopher Chabris conhecido como "o gorila invisível" (Figura 6).[28] Um filme mostra duas equipes – uma delas vestindo camisetas brancas, outra camisetas pretas – treinando basquete. Os sujeitos do experimento são instruídos a contar os passes feitos pelos jogadores do time de camiseta branca. O filme dura cerca de 30 segundos e, com um pouco de concentração, quase todos contam 15 passes. Nesse ponto, o experimentador pergunta: "Vocês viram o gorila?". Claro que não! O filme é novamente projetado e, no meio dele, um ator vestido de gorila entra em cena, bate no peito várias vezes de maneira perfeitamente visível e sai. A maioria dos sujeitos do experimento não viu o gorila na primeira apresentação: juram que não havia gorila nenhum. Estão tão seguros que acusam o experimentador de mostrar um filme diferente na segunda apresentação! O ato de se concentrarem nos jogadores de camiseta branca fez com que o gorila passasse desapercebido.

Em psicologia cognitiva, o estudo do gorila é um marco. Quase ao mesmo tempo, os pesquisadores descobriram dúzias de situações em que a desatenção leva a uma cegueira passageira. As pessoas se saem como péssimas testemunhas. Manipulações simples podem tornar-nos inconscientes até mesmo das partes mais gritantes de uma cena visual. Kevin O'Regan e Ron Rensink descobriram a "cegueira à mudança",[29] uma impressionante incapacidade para detectar qual parte de uma imagem tinha sido apagada. Duas versões da imagem, com ou sem o apagamento, alternam-se em uma tela a cada segundo mais ou menos, separadas por um rápido espaço em branco. Os observadores juram que as duas imagens são idênticas – mesmo quando a mudança é enorme (um jato perde o motor) ou muito relevante (numa cena que representa alguém guiando um carro, a linha central muda de quebrada para contínua).

Dan Simons demonstrou haver cegueira à mudança em um experimento realizado em um palco com atores ao vivo. Um ator pergunta a um estudante como chegar no *campus* da Universidade de Harvard. A conversa é brevemente interrompida pela passagem de trabalhadores, e quando é retomada, dois segundos mais tarde, um dos atores foi substituído por outro. Embora as duas pessoas tenham cabelos e estilos de roupas diferentes, a maioria dos estudantes não consegue perceber a troca.

FIGURA 6

A falta de atenção pode causar cegueira. Nossa percepção consciente é rigidamente limitada, por isso o simples fato de dar atenção a um certo item pode impedir-nos de perceber outros. No clássico filme do gorila (primeira imagem), os observadores devem contar quantas vezes os jogadores de camiseta branca passam a bola de basquete a um companheiro. Concentrados no time que veste branco, os observadores deixam de perceber que um ator vestido de gorila entra em cena e bate com força em seu próprio peito antes de sair. Em outro filme (segunda e terceira imagens) nada menos que 21 itens principais da cena do crime mudam sem que os observadores percebam. Quantos "gorilas entre nós" passam despercebidos em nossa vida diária?

Um caso ainda mais notável é o do estudo de Peter Johansson sobre a "cegueira por escolha".[30] Nesse experimento, são mostrados a um sujeito do sexo masculino dois cartões, cada um com a imagem de um rosto feminino, e o sujeito escolhe o que prefere. O cartão que traz a imagem preferida é passado a ele, mas durante um breve período em que ela é mantida com a face voltada para baixo, o pesquisador troca discretamente as duas cartas. Com isso, o participante acaba segurando a imagem do rosto que *não* escolheu. Metade dos participantes não se dão conta dessa manipulação. Passam a defender alegremente a escolha que, afinal, não fizeram, inventando razões para justificar por que aquele rosto é o mais atraente...

Se você quiser ver a demonstração mais espetacular de desatenção visual, conecte-se ao YouTube e procure o *Whodunnit?*, um filme curto de detetive encomendado pelo departamento de transportes de Londres.[31] Um distinto detetive inglês interroga três suspeitos e acaba prendendo um deles. Nada para suspeitar... até que o filme é rebobinado, a câmera vai para trás e nós de repente nos damos conta de que deixamos escapar enormes anomalias. No espaço de um minuto, nada menos do que 21 elementos da cena visual foram trocados incoerentemente, bem diante de nossos olhos. Cinco assistentes trocaram os móveis, substituíram um enorme urso empalhado por uma armadura medieval e ajudaram os atores a mudar de roupa e trocar os objetos que carregavam. Um espectador incauto deixa escapar tudo isso.

O impressionante filme de cegueira à mudança termina com as palavras moralizadoras do prefeito de Londres: "É fácil deixar escapar qualquer coisa que você não está procurando. Em uma estrada movimentada, isso poderia ser fatal – cuidado com os ciclistas!". E o prefeito está certo. Estudos sobre a simulação de voos têm mostrado que pilotos treinados, quando em comunicação com o controle da torre, ficam tão absorvidos que podem até mesmo se chocar com um avião que não haviam detectado.

A lição é clara: a desatenção pode fazer desaparecer de nossa consciência praticamente qualquer objeto. Isso nos aponta uma ferramenta essencial para contrastar percepção consciente e inconsciente.

MASCARANDO A PERCEPÇÃO CONSCIENTE

No laboratório, testar a cegueira por desatenção tem um problema: os experimentos exigem replicação acima de centenas de tentativas, mas a desatenção é um fenômeno muito instável. Na primeira tentativa, a maioria dos observadores incautos deixam escapar até mesmo uma mudança gigante, mas o menor indício de possibilidade de manipulação é suficiente para torná-los vigilantes. Assim que eles entram em alerta, a invisibilidade da mudança fica comprometida.

Além disso, embora estímulos não observados possam criar um poderoso sentimento subjetivo de inconsciência, os cientistas acham bastante difícil provar, com toda segurança, que os participantes estejam verdadeiramente inconscientes das mudanças que dizem não ter visto. É possível interrogá-los depois de cada teste, mas esse procedimento é lento e os põe em alerta. Outra possibilidade é adiar o questionamento até o final do experimento como um todo, mas isto é igualmente problemático, porque então o esquecimento se torna uma questão: depois de alguns minutos, os sujeitos podem subestimar o que tinham percebido.

Alguns pesquisadores sugerem que, durante os experimentos de cegueira à mudança, os participantes estão sempre conscientes da cena como um todo, mas simplesmente não conseguem passar a maioria dos detalhes à memória.[32] Portanto, a cegueira à mudança pode surgir não de uma falta de percepção, mas por uma incapacidade para comparar a cena antiga com a nova. Uma vez eliminados os sinas de alteração, até mesmo a passagem de um segundo pode tornar difícil para o cérebro a comparação de duas imagens. Por inércia, o participante responderia que nada mudou; de acordo com essa interpretação, ele percebeu conscientemente todas as cenas, e simplesmente não notou a diferença entre elas.

Pessoalmente, duvido que o esquecimento explique toda a desatenção e cegueira à mudança – afinal de contas, um gorila num jogo de basquete ou um urso empalhado em uma cena de crime deveria ser algo bastante difícil de esquecer. Mas fica uma dúvida persistente. Para um estudo inquestionavelmente científico, é necessário um paradigma no qual a imagem seja 100% invisível – e não importa o quanto os participantes se informem, não importa o quanto tentem discernir a imagem ou quantas vezes assistam ao filme, eles ainda assim não a verão. Felizmente, essa forma completa de invisibilidade existe. Os psicólogos a denominam "mascaramento"; o resto do mundo a conhece como "imagens subliminares". Uma imagem subliminar é aquela apresentada abaixo do limiar de consciência (literalmente – *limen* significa "limiar, soleira" em latim), de modo que ninguém pode vê-la, mesmo com considerável esforço.

Como se cria uma tal imagem? Uma possibilidade é fazê-la de maneira muito tênue. Infelizmente, essa solução deteriora a imagem a ponto de produzir muito pouca atividade cerebral. Um método mais interessante consiste em piscar a imagem por um breve momento, colocada entre duas outras imagens. A Figura 7 mostra como podemos "mascarar" uma imagem da palavra *radio* (rádio). Para começar, fazemos exibir a palavra em um *flash* de 33 milésimos de segundo, aproximadamente a duração de um fotograma de filme. Por si só, essa duração não basta para levar à invisibilidade – na escuridão completa até mesmo um clarão luminoso com duração de um microssegundo iluminará a cena, congelando-a. O que torna a imagem de *radio* invisível, porém, é a ilusão visual chamada "mascaramento". A palavra é precedida e seguida por formas geométricas que aparecem na mesma posição. Quando o *timing* está correto, o observador enxerga somente os padrões que piscam. Ensanduichada entre eles, a palavra se torna absolutamente invisível.

Figura 7

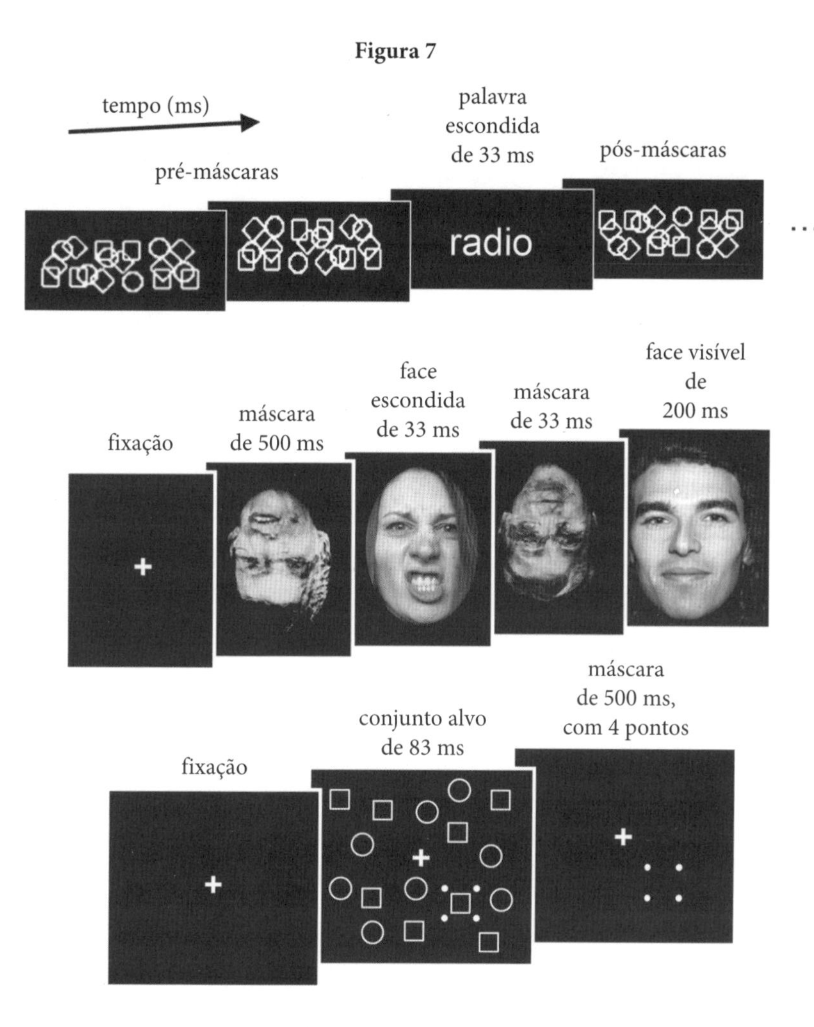

É possível tornar invisível uma imagem mascarando-a. Essa técnica consiste em fazer piscar uma imagem precedida e seguida no tempo por formas semelhantes que agem como máscaras, impedindo assim que seja percebida conscientemente. No exemplo mais acima, uma única palavra que piscou brevemente no meio de uma série de formas geométricas aleatórias, permanece invisível para o observador. No exemplo do meio, uma face que piscou, embora carregue forte emoção, pode ser tornada inconsciente se for cercada de figuras aleatórias: o observador vê somente as máscaras e a face final. No exemplo de baixo, o conjunto inteiro de formas serve como alvo. Paradoxalmente, a única forma que não pode ser percebida é aquela assinalada por quatro pontos que a cercam. Durando mais tempo do que a série inicial, os quatro pontos atuam como máscaras.

Eu mesmo tenho criado muitos experimentos de mascaramento subliminar e, embora tenha muita confiança em minha habilidade para codificar, quando assisto à tela do computador, duvido dos meus próprios olhos. Parece, realmente, que não há nada entre duas máscaras. Contudo, uma fotocélula pode ser usada para verificar que a palavra efetivamente piscou por um momento real: seu desaparecimento é um fenômeno puramente subjetivo. A palavra reaparece invariavelmente quando é mostrada por tempo suficiente.

Em muitos experimentos, o limite entre ver e não ver é relativamente nítido: uma imagem é flagrantemente invisível se for apresentada por 40 milissegundos, mas é facilmente vista, na maioria dos testes, quando a duração sobe para 60 milissegundos. Essa descoberta justifica o uso das palavras *subliminar* (abaixo do limiar) e *supraliminar* (acima do limiar). Metaforicamente, a barreira para a consciência é um limiar bem definido, e uma imagem que piscou está dentro ou fora dele. A duração do limiar varia entre os indivíduos, mas fica sempre perto dos 50 milissegundos. Nesta duração, percebe-se a imagem que piscou por cerca da metade do tempo. Portanto, a apresentação de estímulos visuais no limiar oferece um paradigma experimental extremamente controlado: o estímulo objetivo é constante, porém sua percepção subjetiva varia de uma tentativa para outra.

Numerosas variantes de mascaramento podem ser usadas para modular a consciência conforme o gosto. Uma imagem inteira pode sumir da vista quando está ensanduichada entre imagens disparatadas. Quando uma imagem é um rosto sorridente ou assustado (ver a Figura 7), podemos investigar a percepção subliminar de uma emoção dos participantes que eles nunca perceberam conscientemente – num nível inconsciente, a emoção transparece. Uma outra versão do mascaramento consiste em iluminar um conjunto de formas e marcar uma delas colocando ao seu redor quatro pontos de longa duração (ver a Figura 7).[33] Surpreendentemente, somente a forma marcada desaparece da experiência consciente; todas as outras continuam claramente visíveis. Como os quatro pontos permanecem por mais tempo que o resto do conjunto, eles e o espaço em branco que cercam parecem substituir e eliminar qualquer percepção consciente de uma forma ali localizada, por isso esse método é chamado "mascaramento por substituição".

O mascaramento é uma boa ferramenta de laboratório, porque nos permite estudar o destino de um estímulo visual inconsciente com grande precisão temporal e com controle completo dos parâmetros experimentais. As melhores condições envolvem o lampejo de um único estímulo-alvo, seguido por uma única máscara. Em um determinado momento, "injetamos" no cérebro do observador uma dose bem controlada de informação visual (por exemplo, uma palavra). Em princípio, essa dose deveria bastar para que o observador percebesse conscientemente a palavra, porque se removermos a máscara que segue, ele vai continuar vendo a palavra. Mas quando a máscara está presente, ela de certo modo se sobrepõe à imagem anterior, sendo a única coisa que o observador percebe. Uma estranha competição deve estar acontecendo no cérebro: embora a palavra tenha entrado antes, a máscara que veio depois parece alcançá-la e excluí-la da percepção consciente. Uma possibilidade é que o cérebro esteja agindo como um estatístico, pesando a evidência antes de decidir se um ou dois itens estiveram presentes. Quando a apresentação da palavra é suficientemente breve, e a máscara suficientemente potente, então o cérebro do observador recebe uma evidência preponderante em favor da conclusão de que somente a máscara estava presente, e se esquece da palavra.

PRIMAZIA DO SUBJETIVO

Podemos garantir que as palavras mascaradas e as imagens são mesmo inconscientes? Nos últimos experimentos de meu laboratório, perguntamos aos participantes, depois de cada teste, se eles conseguiram ver a palavra ou não.[34] Muitos de nossos colegas implicam com esse procedimento, julgando-o "demasiadamente subjetivo". Mas esse ceticismo parece descabido: por definição, na pesquisa sobre consciência, a subjetividade está no âmago de nosso campo de estudo.

Felizmente temos também outros meios para convencer os céticos. Em primeiro lugar, o mascaramento é um fenômeno subjetivo que produz um considerável grau de acordo entre os observadores. Abaixo da duração de 30 milissegundos, todos os participantes, em todos os experimentos, negam ter visto uma palavra; somente a mínima duração necessária para perceber algo varia em alguma medida.

Mas mais importante é que a invisibilidade subjetiva tem consequências objetivas durante o mascaramento. E isso é fácil de verificar. Nas tentativas em que os sujeitos relatam não ter visto nada, geralmente não conseguem nomear a palavra. (Somente quando são forçados a responder, têm um desempenho ligeiramente superior ao acaso – uma descoberta que indica o grau de percepção subliminar, à qual voltaremos no próximo capítulo). Poucos segundos depois, são incapazes de fazer até mesmo avaliações mais simples, como decidir se um número que foi mascarado é maior ou menor do que o 5. Em um de meus experimentos de laboratório,[35] apresentamos repetidamente a mesma lista de 37 palavras por até 20 vezes, mas com máscaras que as tornavam invisíveis. No final do experimento, pedimos aos observadores que selecionassem essas palavras, que estavam misturadas com outras que não tinham sido apresentadas. Eles foram absolutamente incapazes de fazê-lo, e isso sugere que as palavras mascaradas não tinham deixado nenhum vestígio em sua memória.

Todas essas evidências apontam para uma conclusão importante, o terceiro ingrediente-chave em nossa ciência da consciência: *pode-se e deve-se confiar nos relatos subjetivos*. Embora a invisibilidade causada pelo mascaramento seja um fenômeno subjetivo, ela tem consequências muito reais para nossa capacidade de processar informações. Em particular, ela reduz drasticamente nossa capacidade de nomeação e memória. Perto do limiar de mascaramento, os testes que o observador distingue como "conscientes" vêm acompanhados de uma enorme mudança na quantidade de informação disponível, que se reflete não somente em um sentimento subjetivo de estar consciente, mas também em uma multiplicidade de melhorias no processamento do estímulo.[36] Qualquer que seja a informação de que estamos conscientes, podemos nomeá-la, classificá-la, julgá-la ou memorizá-la muito melhor do que quando ela é subliminar. Em outras palavras, os observadores humanos não são nem "chutadores", nem caprichosos acerca de seus julgamentos subjetivos: quando dão sua palavra de honra sobre o que relataram acerca do que sentiram ou viram, esse acesso consciente corresponde a uma grande mudança no processamento da informação que resulta quase sempre em uma performance melhorada.

Em resumo, contrariamente a um século de suspeita behaviorista e cognitiva, a introspecção é uma fonte de informações respeitável. Ela não só fornece dados valiosos, que podem ser confirmados objetivamente por meio de procedimentos behavioristas ou de imagens cerebrais, mas também *define* a própria essência do que é a ciência da consciência. Estamos procurando uma explicação objetiva de relatos subjetivos: marcas distintivas da consciência ou conjuntos de eventos neuronais que se sucedem sistematicamente no cérebro de uma pessoa, sempre que ela vivencia um determinado estado consciente. Por definição, somente essa mesma pessoa pode nos falar a esse respeito.

Em uma resenha de 2001 que se tornou um manifesto da área, meu colega Lionel Naccache e eu resumimos essa posição assim: "Os relatos subjetivos são os principais fenômenos que uma neurociência cognitiva da consciência se propõe a estudar. Como tais, eles constituem os dados primários que precisam ser medidos e registrados, juntamente com outras observações psicofisiológicas".[37]

Dito isso, não podemos ser ingênuos sobre a introspecção: se é certo que proporciona dados brutos para o psicólogo, não é uma vitrine direta para as operações que ocorrem na mente. Quando um paciente neurológico ou psiquiátrico nos diz que vê rostos no escuro, nós não entendemos isso ao pé da letra – mas também não deveríamos negar que ele tenha tido essa experiência. Apenas precisamos explicar por que a teve – talvez devido a uma ativação espontânea, possivelmente epilética, dos circuitos relacionados à identificação de rostos em seu lobo temporal.[38]

Mesmo em pessoas normais, a introspecção pode estar demonstravelmente errada.[39] Por definição, não temos acesso aos nossos numerosos processos inconscientes – mas isso não nos impede de criar histórias a respeito deles. Por exemplo, muitos informantes pensam que quando leem uma palavra, a reconhecem instantaneamente "como um todo", baseados em sua forma geral; mas, na realidade, uma sofisticada série de análises de cada letra da palavra ocorre em nosso cérebro, sobre as quais não fazemos nenhuma ideia.[40] Como um segundo exemplo, considere-se o que acontece quando tentamos dar um sentido às nossas ações passadas. As pessoas, frequentemente, inventam todo tipo de interpretações distorcidas depois do fato – inconscientes das motivações verdadeiras. Em um experimento clássico, foram mostrados a alguns clientes de uma loja quatro pares de meias de náilon e lhes foi perguntado qual dos pares era o de melhor qualidade. Na realidade, todas as meias eram idênticas, mas ainda assim as pessoas mostraram uma forte preferência por quaisquer meias exibidas do lado direito da prateleira. Quando lhes foi perguntado o motivo da escolha, nenhum deles mencionou a questão da localização na estante; em vez disso, comentaram com certa insistência a qualidade do material! Nesse caso, a introspecção foi claramente enganosa.

Nesse sentido, os behavioristas estavam certos: como método, a introspecção fornece uma base instável para a ciência da psicologia, porque não será a introspecção que nos dirá como a mente funciona. Todavia, enquanto medida, a introspecção ainda constitui a plataforma perfeita – na realidade a única – em que se pode construir a ciência da consciência, porque ela fornece uma parte crucial da equação – a saber, como os sujeitos se sentem a respeito de qualquer experiência (não importando quão errados estejam sobre a verdade elementar).

Para alcançar uma compreensão científica da consciência, nós, neurocientistas cognitivos, "só" precisamos determinar a outra parte da equação: que eventos neurobiológicos objetivos subjazem sistematicamente à experiência subjetiva de uma pessoa.

Às vezes, como acabamos de ver em relação aos mascaramentos, os relatos subjetivos podem ser corroborados imediatamente por evidências objetivas: uma pessoa diz que viu uma palavra mascarada, e comprova imediatamente essa afirmação nomeando-a em voz alta. Os pesquisadores da consciência não devem, porém, desconfiar dos muitos outros casos em que os sujeitos relatam um estado apenas interno que, ao menos superficialmente, parece inaveriguável. Mesmo nesses casos, deve haver eventos neurais objetivos que explicam a experiência da pessoa – e, como essa experiência está desvinculada de qualquer estímulo físico, pode ser mais fácil para os pesquisadores isolar sua fonte cerebral, porque eles não a confundirão com outros parâmetros sensoriais. Portanto, quem estuda a consciência atualmente está sempre à caça de situações "puramente subjetivas", nas quais a estimulação sensorial é constante (às vezes é inclusive ausente), e ainda assim a percepção subjetiva varia. Esses casos ideais transformam a experiência consciente em uma variável experimental pura.

Um caso pertinente é a incrível série de experimentos sobre experiências extracorporais do neurologista suíço Olaf Blanke. Pacientes cirúrgicos relatam ocasionalmente ter saído de seus corpos durante a anestesia. Relatam uma irreprimível sensação de pairar no teto e até mesmo de ter observado do alto o seu corpo inerte. Deveríamos levá-los a sério? O voo extracorporal realmente acontece?

A fim de verificar os relatos dos pacientes, alguns pseudocientistas escondem objetos no alto dos armários, onde somente um paciente voador poderia vê-los. Claro que essa abordagem é ridícula. A atitude correta é perguntar como a experiência subjetiva poderia surgir de uma disfunção do cérebro. Que tipo de representação cerebral, perguntou Blanke, está por trás da nossa adoção de um ponto de vista específico aplicado ao mundo exterior? Como o cérebro avalia a localização do corpo? Depois de investigar muitos pacientes neurológicos e cirúrgicos, Blanke descobriu que uma região cortical na junção temporoparietal direita, quando lesada ou perturbada eletricamente, causava repetidamente uma sensação de transporte para fora do corpo.[41] Essa região se situa em uma zona de alto nível em que convergem muitos sinais: os provenientes da visão; dos sistemas somatossensoriais e cinestéticos (os mapas que nosso cérebro tem dos toques corporais, musculares e dos sinais de ação); e do sistema vestibular (a plataforma biológica inercial localizada no interior do ouvido, que monitora os movimentos da cabeça). Juntando essas várias pistas, o cérebro gera uma representação integrada da localização do corpo relativamente ao seu entorno. No entanto, esse processo pode dar errado se os sinais se contradizem ou se tornam ambíguos em decorrência de uma avaria do cérebro. O voo fora do corpo acontece "de verdade", ou seja, é um evento físico real, mas fica limitado ao cérebro do paciente e, consequentemente, à sua experiência subjetiva. O estado extracorporal é, em geral, uma forma exacerbada da vertigem que todos nós provamos quando nossa visão discorda do nosso sistema vestibular, por exemplo, quando estamos num barco que balança.

Blanke foi além e mostrou que qualquer ser humano pode sair de seu corpo: ele criou a quantidade exata de estimulação, por meio de sinais visuais e tácteis sincronizados, mas em diferentes locais, para provocar uma experiência fora do corpo no cérebro normal.[42] Usando um robô inteligente, conseguiu inclusive recriar a ilusão num aparelho de imagens por ressonância magnética. E enquanto a pessoa que estava sendo escaneada experimentava a ilusão, seu cérebro se iluminava na junção temporoparietal – muito perto de onde se localizavam as lesões do paciente.

Ainda não sabemos exatamente como essa região trabalha para gerar uma sensação de localização do próprio corpo. No entanto, a incrível história de como o estado de estar fora do corpo passou da curiosidade parapsicológica para neurociência dominante gera uma mensagem de esperança. Até mesmo fenômenos subjetivos bizarros podem ser rastreados até suas origens neurais. O segredo é tratar essas introspecções com a devida seriedade. Elas não dão *insights* que levam diretamente aos nossos mecanismos cerebrais; antes, constituem o material bruto em que uma ciência da consciência sólida pode fundamentar-se.

* * *

No final desta breve análise das abordagens contemporâneas da consciência, chegamos a uma conclusão otimista. Nos últimos 20 anos, apareceram muitos recursos experimentais sofisticados, que permitem aos pesquisadores manipular a consciência à vontade. Usando esses recursos, podemos fazer com que palavras, imagens e mesmo filmes inteiros desapareçam da consciência – e então, com mudanças mínimas ou, às vezes, nenhuma torná-los novamente visíveis.

Com essas ferramentas em mãos, agora podemos fazer todas as perguntas que René Descartes adoraria ter feito. Em primeiro lugar: o que acontece com as imagens não vistas? Elas continuam sendo processadas no cérebro? Por quanto tempo? Até onde elas chegam no córtex? As respostas dependem do modo como o estímulo foi tornado inconsciente? [43] E, em seguida, o que muda quando um estímulo passa a ser percebido conscientemente? Existem eventos cerebrais únicos que aparecem somente quando um item consegue entrar na consciência? Podemos identificar essas marcas da consciência e usá-las para teorizar sobre que é a consciência?

No próximo capítulo, começaremos com a primeira dessas perguntas: o fascinante problema de saber se as imagens subliminares influenciam nossos cérebros, pensamentos e decisões de modo profundo.

Sondando as profundezas do inconsciente

Em que profundidade pode uma imagem invisível penetrar no cérebro? Ela pode alcançar nossos centros corticais mais altos e influenciar as decisões que tomamos? Responder a essas perguntas é crucial para delinear os contornos únicos do pensamento consciente. Experimentos recentes em psicologia e neuroimagem rastrearam o destino das imagens inconscientes no cérebro. Reconhecemos e categorizamos as imagens mascaradas inconscientemente, e chegamos a decifrar e interpretar palavras não vistas. Imagens subliminares disparam motivações e recompensas – tudo isso sem que percebamos. Até mesmo operações complexas que ligam a percepção à ação podem desdobrar-se veladamente, demonstrando quão frequentemente nos entregamos a um "piloto automático" inconsciente. Alheios a essa mistura fervilhante de processos inconscientes, superestimamos o poder de nossa consciência nas tomadas de decisão – quando, na verdade, nossa capacidade de controle consciente é limitada.

"O tempo passado e o tempo futuro permitem
apenas uma pequena consciência."

(T. S. Eliot, *Burnt Norton*, 1935)

Durante a campanha presidencial de 2000, um comercial maldoso, criado pela equipe de George W. Bush, continha uma versão do plano econômico de Al Gore acompanhada pela palavra RATS em letras maiúsculas enormes (Figura 8). Embora não fosse subliminar, a imagem passou largamente despercebida, pois apareceu discretamente, no final da palavra *bureaucrats* (burocratas). A qualificação ofensiva suscitou um debate: será que o cérebro do espectador registrou o sentido oculto? Quão longe esse sentido tinha avançado no cérebro? Poderia ter alcançado o centro emocional do eleitor, influenciando uma decisão eleitoral?

Figura 8

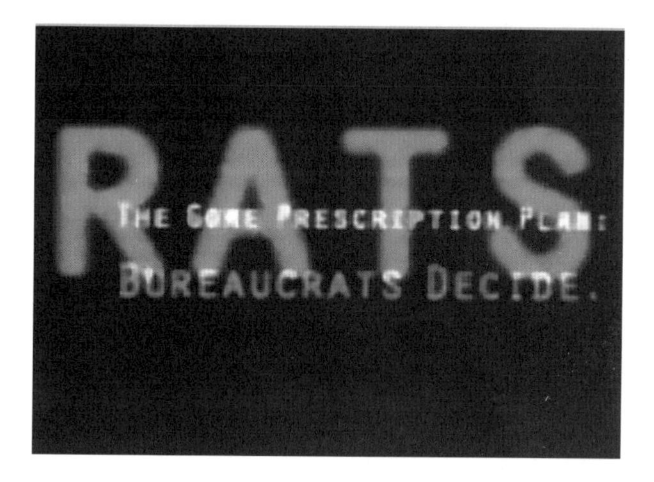

Imagens subliminares são ocasionalmente usadas na mídia. Durante a campanha presidencial francesa de 1988, o rosto do presidente e candidato François Mitterand passou por um breve instante no interior do logotipo do programa de maior audiência da TV pública. Em 2000, em um dos comerciais de George W. Bush, o plano econômico de Al Gore foi dissimuladamente rotulado com a palavra *RATS*. Essas imagens inconscientes são processadas pelo cérebro? E influenciam nossas decisões?

As eleições francesas, 12 anos antes, tinham sido palco de um uso ainda mais controverso de imagens subliminares. O rosto do candidato à presidência François Mitterand apareceu brevemente no logotipo do principal programa da televisão estatal (Figura 8). Essa imagem invisível aparecia todo dia na abertura do noticiário das oito da noite, um programa popular para os telespectadores franceses. Isso influenciou as votações? Até mesmo uma pequena mudança, em um país de 55 milhões de pessoas, significaria milhares de votos.

O antepassado de todas as manipulações subliminares é a (tristemente) famosa inserção de um fotograma com as palavras *Drink* Coca-Cola (Beba Coca-Cola), em um filme de 1957. Todos conhecem a história e seu resultado: um aumento maciço na venda de refrigerantes. No entanto, esse mito fundador da pesquisa subliminar foi uma invenção completa. James Vicary armou a história e admitiu mais tarde que o experimento era uma farsa. Somente o mito persiste, e com ele persiste a questão científica: imagens invisíveis podem influenciar nosso modo de pensar? Isso não é apenas um importante problema para a liberdade e a manipulação de massas, mas também uma pergunta fundamental para nossa compreensão científica do cérebro. Precisamos estar conscientes de uma imagem para processá-la? Ou nós percebemos, categorizamos e decidimos sem estar conscientes?

A questão ficou ainda mais preocupante agora que existe uma variedade de métodos que permitem apresentar informações ao cérebro de maneira inconsciente. As imagens binoculares, a desatenção, o mascaramento e muitas outras situações nos tornam alheios a muitos aspectos dos ambientes que nos cercam. Estamos apenas cegos para esses aspectos? Quando atentamos para um determinado objeto, paramos de perceber os elementos do entorno a que não damos atenção? Ou continuamos processando esses elementos, mas de um modo subliminar? E se o fazemos assim, até onde podem avançar no cérebro os elementos do entorno sem receber o clarão da consciência?

Responder a essas perguntas é crucial para nosso objetivo científico de identificar as marcas cerebrais da experiência consciente. Se o processo subliminar for profundo, e se pudermos sondar essa profundidade, compreenderemos a natureza da consciência de um modo muito melhor. Por exemplo, a constatação de que os estágios iniciais da percepção podem operar sem nos darmos conta disso, autoriza-nos a excluí-los de nossa pesquisa da consciência. E estendendo esse processo de eliminação às operações de nível mais alto, aprenderemos cada vez mais sobre as especificidades da mente consciente. Delineando os contornos do inconsciente, estaremos compondo aos poucos um negativo fotográfico da mente consciente.

PIONEIROS DO INCONSCIENTE

A descoberta de que uma quantidade considerável dos processamentos mentais ocorre fora de nossa consciência costuma ser atribuída a Sigmund Freud (1856-1939). Contudo, isso é um mito, criado em grande parte pelo próprio Freud.[1] Como foi observado pelo historiador e filósofo Marcel Gauchet, "Quando Freud declara, em síntese, que antes da psicanálise a mente era sistematicamente identificada com a consciência, temos de afirmar que essa afirmação é rigorosamente falsa".[2]

Na verdade, a constatação de que muitas de nossas operações mentais ocorrem em segredo, e que a consciência é somente uma fina camada que recobre uma variedade de processadores inconscientes precede Freud em décadas e mesmo séculos.[3] Na Antiguidade romana, o médico Galeno (aproximadamente 129-200 d.C.) e o filósofo Plotino (aproximadamente 204-270 d.C.) já tinham percebido que algumas das operações do corpo, como por exemplo andar e respirar, ocorrem independentemente de atenção. Muito desse conhecimento médico tinha sido herdado, na realidade, de Hipócrates (460-377 a.C.), um cuidadoso observador de doenças, cujo nome permanece como um emblema da profissão médica. Hipócrates escreveu todo um tratado sobre a epilepsia, chamada *O mal sagrado*, no qual observou que o corpo, repentinamente, começa a funcionar contrariando a própria vontade. Concluiu que o cérebro constantemente nos controla e às escondidas tece a estrutura de nossa vida mental:

> Os homens precisariam saber que do cérebro, e somente do cérebro, nascem nossos prazeres, nossas alegrias, nossas risadas e nossas brincadeiras, assim como nossas tristezas, dores, mágoas e lágrimas. Por meio dele, em especial, nós pensamos, vemos, ouvimos e distinguimos o feio do belo, o mau do bom, o agradável do desagradável.

Na Idade das Trevas, que se seguiu à queda do Império Romano, os estudiosos indianos e árabes preservaram parte da sabedoria médica da Antiguidade. No século XI, o cientista árabe conhecido como Alhazen (Ibn-al-Haytham, 965-1040 d.C.) descobriu os princípios fundamentais da percepção visual. Antecipando-se por séculos a Descartes, compreendeu que o olho opera como uma câmara obscura, um receptor (não um emissor) de luz, e anteviu que diferentes ilusões poderiam enganar nossa percepção consciente.[4] E concluiu: não é sempre que a consciência está no controle. Ele foi o primeiro a postular um processo automático para a inferência inconsciente: sem que saibamos, o cérebro pula para as conclusões, passando por cima dos dados sensoriais disponíveis, fazendo às vezes com que vejamos coisas que não existem.[5] Oito séculos mais tarde, o físico Hermann von Helmholtz, em seu livro de 1867, *Phsysiological Optics* (Óptica fisiológica), usaria exatamente a mesma expressão, *inferência inconsciente*, para descrever o modo como nossa visão computa automaticamente a melhor interpretação compatível com os dados sensoriais que estão sendo recebidos.

Acima do problema da percepção inconsciente existe uma questão maior: a origem de nossos motivos e desejos mais profundos. Séculos antes de Freud, muitos filósofos – incluindo Santo Agostinho (354-430), Tomás de Aquino (1225-1274), Descartes (1596-1650), Espinosa (1632-1677) e Leibniz (1646-1716) – notaram que o curso das ações humanas é guiado por uma ampla série de mecanismos que são inacessíveis à introspecção, desde os reflexos sensório-motores até os motivos que nos são imperceptíveis e os desejos ocultos. Espinosa citou uma miscelânea de tendências inconscientes: o desejo da criança por leite, a vontade de vingar-se de um agressor, a ânsia do bêbado pela garrafa e a fala incontrolável dos tagarelas.

Durante os séculos XVIII e XIX, os primeiros neurologistas descobriram, uma após outra, provas da onipresença de circuitos inconscientes no sistema nervoso. Marshall Hall (1790-1857) foi pioneiro no que diz respeito ao conceito de "arco reflexo", ligando *inputs* sensoriais específicos a *outputs* motores determinados, e enfatizou nossa falta de controle voluntário sobre movimentos básicos originados na medula espinhal. Seguindo seus passos, John Hughlings Jackson (1832-1911) sublinhou a organização hierárquica do sistema nervoso, do tronco encefálico ao córtex cerebral, e das operações automáticas às operações crescentemente voluntárias e conscientes. Théodule Ribot (1839-1916), Gabriel Tarde (1843-1904) e Pierre Janet (1859-1947) acentuaram a ampla variedade de automatismos humanos, desde o conhecimento prático armazenado em nossa memória (Ribot) até a imitação inconsciente (Tarde) e os alvos subconscientes que datam da primeira infância e se tornam facetas definidoras de nossa personalidade (Janet).

Os cientistas franceses estavam tão adiantados que quando um Freud ambicioso publicou o que foi sua primeira reivindicação de notoriedade, Janet protestou escrevendo que era dele a paternidade de muitas das ideias freudianas. Já em 1868, o psiquiatra inglês Henry Maudsley (1835-1918) tinha escrito que a parte mais importante da ação mental, o processo essencial do qual depende a ação de pensar, é uma atividade mental inconsciente"[6]. Outro neurologista da época disse em 1899: "Não deveríamos dizer 'eu penso', 'eu sinto' mas antes 'pensa-se em mim' [*es denkt in mir*], 'sente-se em mim' [*es fühlt in mir*] – duas décadas antes das reflexões de Freud em *O Eu e o Id* (*Das Ich und das Es*), publicado em 1923.

Na virada do século, a onipresença dos processos inconscientes era tão bem aceita que, em seu principal tratado – *Princípios da psicologia* (1890) –, o grande psicólogo americano William James podia afirmar corajosamente que "todos esses fatos, tomados em seu conjunto, formam inquestionavelmente o começo de uma investigação destinada a lançar uma nova luz sobre os abismos de nossa natureza... Eles provam de maneira conclusiva que não podemos jamais tomar o depoimento de uma pessoa, por mais sincero que seja, de que ela não sentiu nada, como prova positiva de que não houve sentimento ali".[7] Qualquer ser humano, concluiu ele, "fará todo tipo de coisas incongruentes das quais não tomará conhecimento de maneira alguma".

Quanto a essa enxurrada de observações neurológicas e psicológicas, que demonstravam claramente que os mecanismos inconscientes guiam muito de nossas vidas, a própria contribuição de Freud parece especulativa. Não seria exagero dizer que, em seus trabalhos, as ideias que são sólidas não são originais, enquanto as ideias originais não são sólidas. Em retrospecto, é particularmente decepcionante que Freud nunca tenha tentado submeter suas ideias a um teste empírico. O final do século XIX e o início do século XX assistiram ao nascimento da psicologia experimental. Novos métodos empíricos floresceram, incluindo a compilação sistemática de erros e intervalos de resposta precisos. Mas Freud pareceu satisfeito em propor modelos metafóricos da mente, sem testá-los a sério. Um de meus escritores preferidos, Vladimir Nabokov, não tinha paciência com o método de Freud, e resmungou de forma mal-humorada: "Deixem que os incautos e incultos continuem acreditando que todas as desgraças mentais podem ser curadas por uma aplicação diária dos mitos da Grécia antiga a seus casos particulares. Pra mim tanto faz".[8]

A SEDE DAS OPERAÇÕES INCONSCIENTES

A despeito dos grandes avanços por que passou a medicina nos séculos XIX e XX, quando meus colegas e eu começamos a aplicar técnicas de neuroimagem à percepção subliminar, na década de 1990, uma enorme quantidade de confusões ainda cercava o problema das imagens invisíveis no cérebro. Muitos relatos conflitantes de uma divisão de trabalho vinham sendo propostos. A ideia mais simples era de que o córtex – as camadas dobradas de neurônios que formam a superfície de nossos dois hemisférios cerebrais – era consciente, ao passo que os outros circuitos não. O córtex, a parte mais evoluída do cérebro dos mamíferos, abriga as operações avançadas que estão por trás da atenção, do planejamento e da fala. Portanto, era uma hipótese bastante natural considerar que qualquer informação que chegasse ao córtex teria que ser consciente. Em contrapartida, acreditava-se que as operações inconscientes ocorriam apenas em núcleos cerebrais especializados, como a amígdala ou os colículos, que teriam evoluído para executar funções especializadas, como a detecção de estímulos de medo ou o movimento dos olhos. Esses grupos de neurônios formam circuitos "subcorticais", assim chamados porque se localizam abaixo do córtex.

Uma proposta diferente, mas igualmente ingênua, introduziu uma dicotomia entre os dois hemisférios do cérebro. O hemisfério esquerdo, que abriga os circuitos da linguagem, poderia relatar o que fazia. Portanto, seria consciente, ao passo que o hemisfério direito não.

Uma terceira hipótese era de que alguns circuitos corticais eram conscientes e outros não. Especificamente, qualquer informação veiculada através do cérebro pela via ventral, que reconhece a identidade de objetos e rostos, seria necessariamente consciente; entretanto, as informações veiculadas pela via dorsal, que passa pelo córtex parietal e usa a forma dos objetos e a localização para guiar nossas ações, ficaria para sempre no lado escuro, inconsciente.

Nenhuma dessas dicotomias simplistas resistiu a um exame minucioso. Com base no que sabemos hoje, praticamente todas as regiões do cérebro podem participar tanto no pensamento consciente como no inconsciente. Para chegar a essa conclusão, porém, foram necessários experimentos engenhosos para expandir progressivamente nossa compreensão do alcance do inconsciente.

Inicialmente, experimentos simples em pacientes com lesões no cérebro sugeriram que as operações inconscientes foram geradas no subsolo oculto do cérebro, abaixo do córtex. Por exemplo, a amígdala, um conglomerado de neurônios em forma de amêndoa localizada abaixo do lobo temporal, sinaliza situações importantes e emocionalmente carregadas da vida cotidiana. É especialmente importante para codificar o medo. Estímulos assustadores, como a visão de uma cobra, podem ativá-la rapidamente a partir da retina, bem antes de registrarmos a emoção em um nível cortical consciente.[9] Muitos experimentos têm indicado que essas avaliações emocionais são feitas de um modo extraordinariamente rápido e inconsciente, mediado pelos circuitos da amígdala. Já em 1900, o neurologista suíço Édouard Claparède comprovou a existência de memória emocional inconsciente: enquanto apertava a mão de uma paciente amnésica, ele a espetou com uma agulha; no dia seguinte, a amnésia da mulher impediu que ela o reconhecesse, mas ela se recusou enfaticamente a aceitar dele um aperto de mão. Experimentos desse tipo forneceram uma primeira prova de que operações emocionais complexas poderiam acontecer abaixo do nível de consciência, e que elas sempre pareceram surgir de um conjunto de núcleos subcorticais especializados em processamentos emocionais.

Uma outra fonte de dados sobre o processamento subliminar foram os pacientes "*blindsight*" (literalmente *visão cega*), pessoas com lesões no córtex visual primário, a principal fonte de *inputs* visuais com destino ao córtex. O oximoro contido no termo *blindsight* pode parecer estranho, mas descreve cuidadosamente a condição shakespeariana desses indivíduos, que é de "ver mas não ver". Uma lesão no córtex visual primário tornaria cegas essas pessoas, e isso efetivamente priva esses pacientes de sua visão *consciente* – eles garantem a você que não conseguem enxergar nada em uma parte específica do campo visual (que corresponde precisamente à área do córtex destruída) e comportam-se como se fossem cegos. Por mais que pareça incrível, porém, quando um pesquisador lhes mostra objetos ou faz brilhar uma luz, eles apontam corretamente para essas imagens.[10] À maneira de zumbis, direcionam a mão para lugares que não veem – uma verdadeira *visão cega*.

Quais vias anatômicas intactas sustentam a visão nesses pacientes? Claramente, nesses pacientes, alguma informação visual ainda abre caminho da retina até a mão, superando a lesão que os torna cegos. Como o acesso ao córtex visual dos pacientes tinha sido destruído, os pesquisadores inicialmente suspeitaram que seu comportamento inconsciente derivava inteiramente de circuitos subcorticais. Um principal suspeito foi o colículo superior, um núcleo do mesencéfalo especializado no registro cruzado da visão, nos movimentos dos olhos e em outras respostas espaciais. De fato, os primeiros estudos por IRM feitos sobre *blindsights* demonstraram que alvos não vistos disparavam uma forte ativação no colículo superior.[11] Mas esse estudo também continha evidências de que os estímulos não vistos evocavam ativações no córtex, e efetivamente as pesquisas posteriores confirmaram que estímulos invisíveis poderiam ativar tanto o tálamo como as áreas visuais de alto nível do córtex, contornando de algum modo a área visual primária danificada.[12] Claramente, os circuitos envolvidos em nosso inconsciente zumbi interno que guiam os movimentos de nossos olhos e mãos incluem muito mais do que apenas as velhas vias subcorticais.

Uma outra paciente, estudada pelo psicólogo canadense Melwyn Goodale, reforçou o argumento em favor de uma participação do córtex no processamento inconsciente. Aos 34 anos, D.F. sofreu uma intoxicação por monóxido de carbono.[13] A falta de oxigênio causou danos graves e irreversíveis em seus córtices visuais laterais esquerdo e direito. Por causa disso, perdeu alguns dos aspectos mais básicos da visão consciente, desenvolvendo aquilo que os neurologistas chamam de "agnosia visual". Para efeito de reconhecimento visual, D.F. estava essencialmente cega – não conseguia distinguir um quadrado de um retângulo alongado. Seu déficit era tão sério que não reconhecia a orientação de uma linha inclinada (vertical, horizontal ou oblíqua). Ainda assim, seu sistema gestual continuava consideravelmente funcional: quando solicitada a colocar um cartão em uma fenda inclinada, cuja orientação ela não conseguia perceber, sua mão se comportava com perfeita precisão. Seu sistema motor sempre parecia "ver" inconscientemente as coisas melhor do que ela conseguia ver conscientemente. Ela também adaptava o tamanho da pegada de sua mão ao segurar os objetos que conseguia alcançar – mas era totalmente incapaz de fazer isso por vontade própria, usando a distância entre dois dedos para indicar simbolicamente o tamanho.

A capacidade inconsciente de D.F. para realizar ações motoras parecia ultrapassar em muito a sua capacidade para perceber conscientemente as mesmas formas visuais. Goodale e seus colaboradores sustentaram que o desempenho dela não podia ser explicado explicado apenas pelas vias motoras subcorticais, mas devia envolver também os lobos parietais. Embora D.F. ignorasse isso, informações sobre o tamanho e a orientação dos objetos ainda avançavam inconscientemente nos lobos occipitais e parietais. Nesses lugares, circuitos intactos extraíam informações visuais sobre tamanho, localização e até mesmo forma, que ela não poderia ver conscientemente.

Desde então, a *visão cega* severa e a agnosia têm sido estudadas em muitos pacientes semelhantes. Alguns deles poderiam transitar por um corredor movimentado sem esbarrar em objetos, ainda que se declarando totalmente cegos. Outros experimentaram uma forma de inconsciência chamada "negligência espacial". Nessa condição fascinante, uma lesão no hemisfério direito, geralmente nas proximidades do lobo parietal inferior, impede o paciente de prestar atenção ao lado esquerdo do espaço. Por isso, muitas vezes ele não sabe o que se passa em toda metade esquerda de uma cena ou de um objeto. Um dos pacientes se queixava intensamente de não receber comida suficiente: tinha comido tudo que havia do lado direito do prato, mas não percebera que o lado esquerdo ainda estava cheio.

Os pacientes com negligência espacial, embora estejam radicalmente limitados em seus juízos e relatos conscientes, não são verdadeiramente cegos em seu campo visual esquerdo. Suas retinas e o córtex visual antigo são perfeitamente funcionais, mas alguma lesão de nível mais elevado os impede de atentar para essa informação e registrá-la em nível consciente. Essa informação não aproveitada é totalmente perdida? A resposta é *não*: o córtex ainda processa a informação não considerada, mas o faz num nível inconsciente. John Marshall e Peter Halligan demonstraram esse ponto de forma elegante ao mostrar a um paciente com negligência espacial uma imagem com duas casas, uma das quais estava pegando fogo do lado esquerdo (Figura 9).[14] O paciente insistia energicamente que não via diferença alguma entre elas, sustentando que as casas eram idênticas. Mas quando lhe foi perguntado em qual das duas preferiria morar, evitou escolher a casa incendiada. Obviamente, seu cérebro continuava processando informações visuais numa profundidade tal que lhe permitia categorizar o incêndio como um perigo a ser evitado. Alguns anos mais tarde, exames de neuroimagem mostraram que, em pacientes com negligência espacial, um estímulo invisível continua ativando as regiões do córtex visual ventral que respondem a imagens de casas e rostos.[15] Até mesmo significados de palavras negligenciadas e números invisíveis penetram no cérebro dos pacientes.[16]

O LADO OBSCURO DO CÉREBRO

Todas essas evidências provinham, inicialmente, de pacientes com lesões graves e às vezes generalizadas que possivelmente alteraram a separação entre consciente e inconsciente. E será que cérebros normais, sem lesões, também processariam imagens inconscientemente num nível visual profundo? Seria nosso córtex capaz de operar na ausência de consciência? Poderiam as requintadas habilidades adquiridas na escola, como leitura e matemática, ser executadas inconscientemente? Meu laboratório foi um dos primeiros a responder positivamente a essas importantes questões; com exames de neuroimagem, demonstramos que palavras e algarismos invisíveis atingem as profundezas do córtex.

Como expliquei no primeiro capítulo, podemos iluminar uma imagem por várias dúzias de milissegundos e ainda assim mantê-la despercebida. O truque consiste em mascarar o evento que queremos esconder da consciência com outras formas imediatamente antes e depois dele (ver Figura 7). Mas até onde essa imagem mascarada viaja no cérebro? Meus colegas e eu obtivemos uma indicação usando a engenhosa técnica chamada "preparação subliminar". Iluminamos brevemente uma palavra ou imagem subliminar (que chamamos "preparação") imediatamente seguida por um item visível (o alvo). Em testes sequenciais, o alvo poderá ser idêntico à palavra principal ou diferente dela. Por exemplo, iluminamos a palavra "preparadora" *house* (casa) tão brevemente que os participantes não a viam e, em seguida, a palavra alvo *radio* (rádio) por tempo suficiente para ser visível conscientemente. Os participantes nem perceberam que havia uma palavra escondida. Eles se concentraram na palavra-alvo visível, e nós medimos o tempo gasto para reconhecê-la, pedindo que apertassem uma tecla se ela se referisse a um ser vivo e outra tecla se se referisse a um objeto (em princípio, qualquer tarefa serviria).

Figura 9

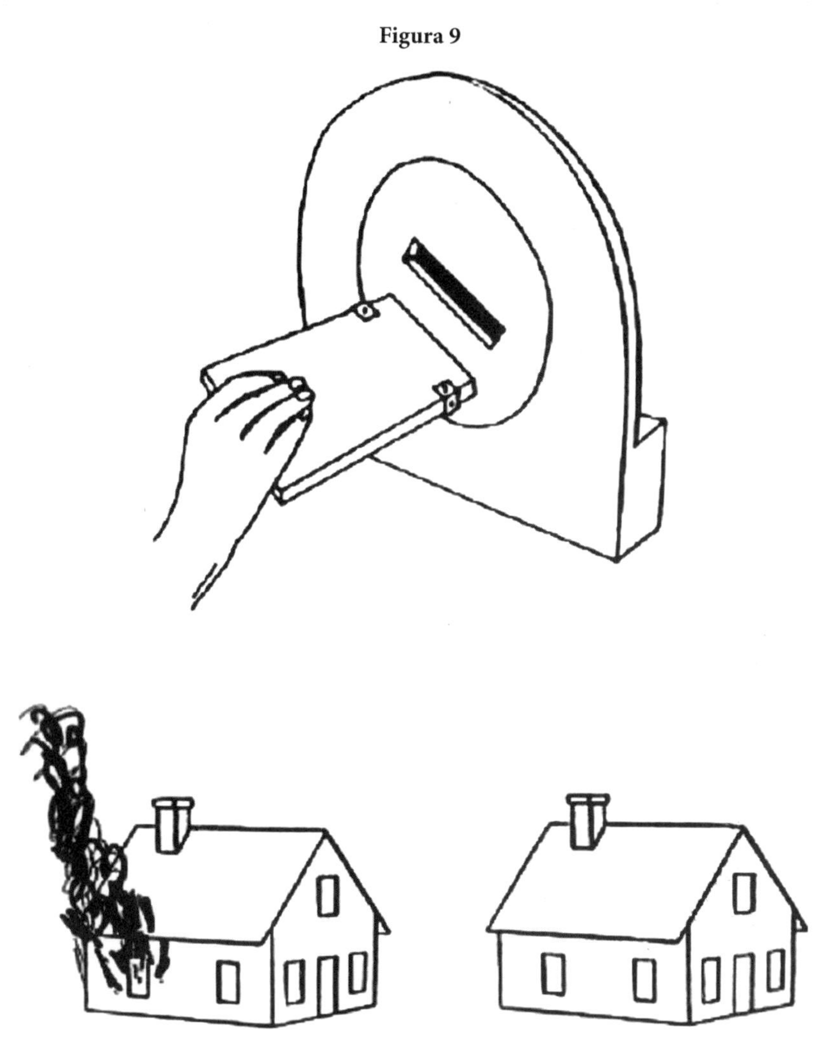

Pacientes com lesões cerebrais forneceram a primeira evidência sólida de que imagens inconscientes são processadas no córtex. Após uma lesão cerebral, a paciente D.F. de Goodale e Milner (1991) perdeu todas as capacidades de reconhecimento visual e ficou absolutamente incapaz de perceber e descrever formas, mesmo uma tão simples quanto uma fenda inclinada (ver a imagem acima). Todavia, ela conseguia enviar corretamente uma carta por essa abertura, sugerindo que os movimentos complexos da mão podem ser guiados inconscientemente. O paciente de Marshall e Halligan (1988), P.S., que sofria de total falta de percepção do que acontecia do lado esquerdo do espaço, foi incapaz de perceber quaisquer diferenças entre as duas casas acima. Mas quando lhe perguntaram em qual ele preferiria viver, evitou em todos os testes a casa que estava pegando fogo; isso sugeria que ele compreendia inconscientemente o sentido do desenho.

A descoberta fascinante, replicada em dúzias de experiências, é que a exibição prévia de uma palavra, mesmo inconsciente, acelera seu processamento quando essa mesma palavra reaparece conscientemente.[17] Sempre que as duas exibições forem separadas por menos de um segundo, a repetição levará à facilitação - mesmo quando ocorrer de modo totalmente despercebido. Portanto, as pessoas respondem mais rapidamente e erram menos quando *radio* precede *radio*, do que quando uma palavra não relacionada, como *house*, é apresentada. Essa descoberta é chamada de "preparo por repetição subliminar", isto é, podemos preparar o circuito para o processamento de palavras por meio de uma palavra invisível.

Sabemos hoje que a informação preparadora enviada ao cérebro pode ser bastante abstrata. É quando, por exemplo, a palavra preparadora está em minúscula *(radio)* e o alvo em maiúscula *(RADIO)*. Visualmente, essas formas são bem diferentes. O *a* minúsculo não se parece em nada com o *A* maiúsculo. Somente uma convenção cultural liga as duas formas à mesma letra. De modo surpreendente, os experimentos mostram que, em leitores experientes, esse conhecimento se tornou completamente inconsciente e está compilado no primeiro sistema visual: a preparação subliminar é tão poderosa na repetição física da palavra (*radio-radio*) quanto na mudança de maiúscula para minúscula e vice-versa (*radio-RADIO* ou *RADIO-radio*).[18] Portanto, a informação inconsciente faz todo o caminho até uma representação abstrata de sequências de letras. A partir de um simples vislumbre de uma palavra, o cérebro consegue identificar rapidamente as letras, independentemente das diferenças superficiais na forma delas.

O próximo passo foi compreender onde essa operação ocorre. Como meus colegas e eu provamos, a imagem cerebral é sensível o suficiente para identificar a pequena ativação provocada por uma palavra inconsciente.[19] Usando ressonância magnética funcional (RMf), fizemos imagens de áreas afetadas pela preparação subliminar no cérebro todo. Os resultados mostraram que uma grande porção do córtex visual ventral poderia ser ativada inconscientemente. O circuito incluía uma região chamada giro fusiforme, que abriga mecanismos avançados de reconhecimento da forma, e implementa os primeiros estágios da leitura.[20] Aqui, a preparação não dependeu da forma da palavra: essa área do cérebro era claramente capaz de processar a identidade abstrata de uma palavra independentemente de estar em maiúscula ou minúscula.[21]

Antes desses experimentos, alguns pesquisadores tinham postulado que o giro fusiforme intervinha no processamento consciente. Ele formava a chamada "via visual ventral", que nos permite ver as formas. Eles pensavam que a "via dorsal", que liga o córtex visual occipital aos sistemas da ação do córtex parietal, era a única sede das operações inconscientes.[22] Com a demonstração de que a via ventral, que trata da identidade das imagens e palavras, também poderia operar em um modo inconsciente, nossos experimentos e outros ajudaram a dissipar a ideia simplista de que a via ventral era consciente ao passo que a dorsal não seria.[23] Esses dois circuitos, embora se situem em uma posição elevada no córtex, demonstraram-se capazes de operar abaixo do nível da experiência consciente.

CONEXÃO SEM CONSCIÊNCIA

Ano após ano, a pesquisa sobre preparação subliminar nos levou a descartar muitos mitos sobre o papel exercido pela consciência em nossa visão. Uma ideia hoje descartada era a de que a intervenção da consciência, embora desnecessária para processar elementos individuais de uma cena visual, seria exigida para juntá-los em um todo. Sem a atenção consciente, traços como o movimento e a cor flutuariam livres e não seriam ligados entre si apropriadamente.[24] Os vários locais do cérebro teriam que juntar a informação, formando um único "arquivo" ou uma única "pasta de objetos", antes que uma percepção global pudesse surgir. Segundo alguns pesquisadores, esse processo de ligação, tornado possível por sincronia neuronal[25] ou reintegração,[26] era a marca distintiva da consciência.

Sabemos agora que isso não procede: algumas ligações visuais podem ocorrer sem a intervenção da consciência. Considere-se como as letras se juntam em uma palavra. Elas precisam claramente ligar-se umas às outras em uma determinada disposição da esquerda para a direita, de modo a não se confundir *RANGE* ("alcance", "extensão") com *ANGER* ("raiva"), onde o deslocamento de uma simples letra faz uma diferença enorme. Nossos experimentos demonstraram que uma tal ligação é realizada inconscientemente.[27] Vimos que a preparação por repetição subliminar ocorria quando a palavra RANGE era precedida por *range*, mas não quando RANGE era precedida por *anger* – indicando que o processamento subliminar é altamente sensível, não só à presença das letras, mas também ao modo como estão ordenadas. De fato, as respostas para *RANGE* precedida por *anger* não eram mais rápidas do que as respostas a *RANGE* precedidas por palavras sem qualquer relação, por exemplo, *tulip* ("tulipa"). A percepção subliminar não é enganada por palavras que têm 80% de suas letras em comum: uma única letra pode alterar radicalmente o padrão da preparação subliminar.

Nos últimos anos, essas demonstrações de percepção subliminar foram replicadas centenas de vezes – não só para palavras escritas, mas também para rostos, imagens e desenhos.[28] A conclusão foi que aquilo que experimentamos como uma cena visual consciente é uma imagem altamente processada, bem diferente da informação bruta que recebemos dos olhos. Nunca vemos o mundo como o vê nossa retina. Na realidade, seria uma visão bem horrível: um conjunto altamente distorcido de pixels claros e escuros que explodem em direção ao centro da retina, mascarados por vasos sanguíneos, com um grande buraco no lugar do "ponto cego" de onde partem cabos para o cérebro; a imagem ficaria constantemente desfocada e mudaria à medida que nosso olhar se movesse ao redor. O que vemos em vez disso é uma cena tridimensional, corrigida quanto aos defeitos, remendada no ponto cego, estabilizada quanto aos movimentos dos nossos olhos e da cabeça, e profundamente reinterpretada com base em nossa experiência com cenas semelhantes. Todas essas operações se sucedem inconscientemente – embora muitas delas sejam tão complicadas que desafiam a modelização pelo computador. Por exemplo, nosso sistema visual detecta a presença de sombras na imagem e as remove (Figura 10). Num relance, nosso cérebro infere inconscientemente as fontes de luzes e deduz a forma, opacidade, refletância e luminosidade dos objetos.

Sempre que abrimos os olhos, uma operação paralela se realiza em nosso córtex visual – mas nós não temos consciência dela. Desinformados sobre o funcionamento interno de nossa visão, acreditamos que o cérebro trabalha pesado somente quando nós *sentimos* que estamos trabalhando pesado – por exemplo, quando estamos fazendo cálculos matemáticos ou jogando xadrez. Não fazemos ideia de quão custoso é trabalhar fora das cenas para criar a simples impressão de um mundo visual homogêneo.

JOGAR XADREZ INCONSCIENTEMENTE

Para mais uma demonstração da força de nossa visão inconsciente, consideremos o jogo de xadrez. Quando o grande mestre Garry Kasparov se concentra em um jogo de xadrez, ele precisa atentar conscientemente para a configuração das peças para dizer, por exemplo, que uma torre preta está ameaçando a rainha branca? Ou ele pode focar o plano maior, enquanto seu sistema visual processa automaticamente essas relações bastante triviais entre as peças?

Figura 10

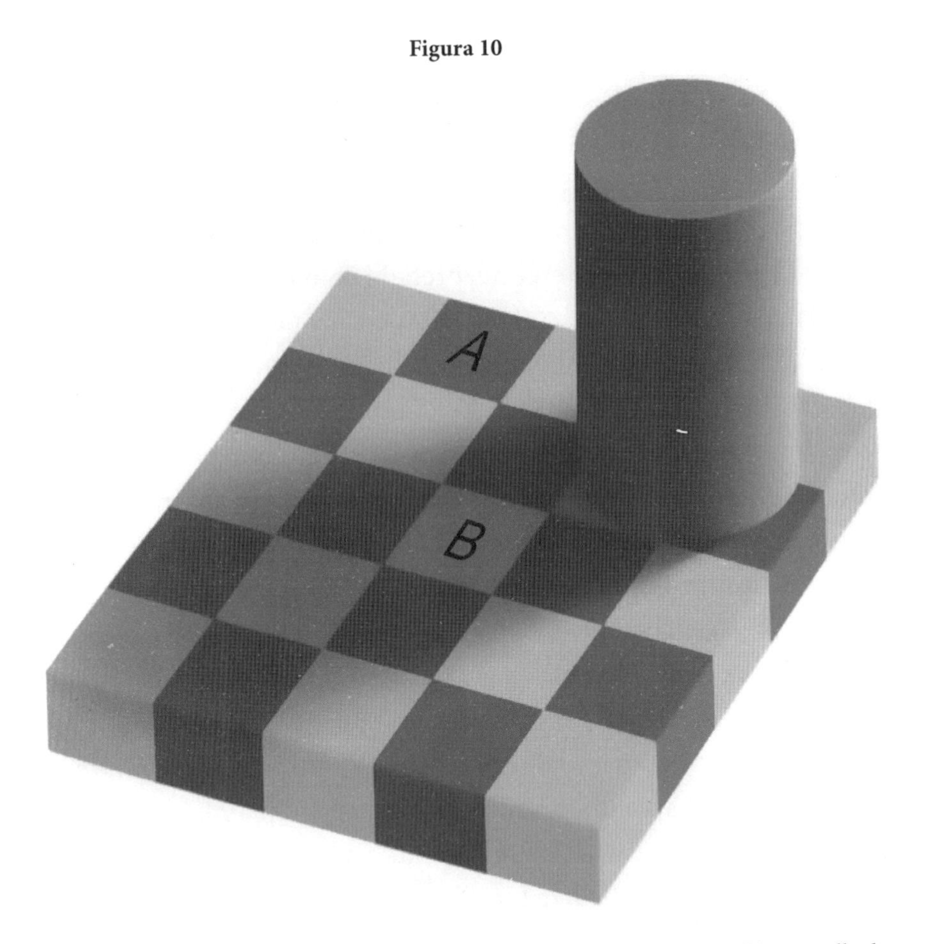

Poderosas análises inconscientes encontram-se por trás de nossa visão. Dê uma olhada nesta imagem, e verá um tabuleiro de xadrez comum. Você não tem dúvida de que o quadrado A é escuro e o quadrado B é claro. Mas, curiosamente, eles foram impressos na mesma exata tonalidade de cinza (Confira isso mascarando a imagem por meio de uma folha de papel). Como podemos explicar essa ilusão? Numa fração de segundo, seu cérebro inconscientemente analisa a cena pelos objetos, decide que a luz chega do alto, detecta que o cilindro projeta uma sombra no tabuleiro, e subtrai essa sombra da imagem, mostrando que aquilo que ele deixa inferir são as cores verdadeiras do tabuleiro por baixo dele. Somente os resultados finais dessas complexas considerações entram na percepção consciente que você experimenta.

Intuímos que no caso dos grandes enxadristas a análise dos tabuleiros se torne um reflexo. De fato, está provado que basta uma olhada para um grande mestre avaliar uma situação de tabuleiro e lembrar sua configuração em detalhes, pois a analisa automaticamente em porções significativas.[29] Um experimento recente indica que esse processo de segmentação é de fato inconsciente: uma partida simples pode ser iluminada por 20 milissegundos, ensanduichada entre máscaras que a tornam invisível, e ainda assim influenciar a decisão de um mestre do xadrez.[30] O experimento funciona somente com jogadores de xadrez experientes, e só quando estão resolvendo um problema importante, como um xeque-mate. Isso implica o sistema visual considerar a identidade das peças (torre ou cavalo) e suas localizações, em seguida juntar rapidamente essas informações para formar um bloco significativo ("rei preto em xeque"). Essas operações são sofisticadas e ocorrem inteiramente fora de qualquer constatação consciente.

ENXERGAR VOZES

Até aqui nossos exemplos dizem respeito à visão. Poderia a consciência juntar nossas diferentes modalidades sensoriais formando um todo coerente? Precisaríamos estar conscientes para fundir sinais visuais e auditivos, como quando gostamos de um filme? Mais uma vez, a resposta surpreendente é *não*. Até mesmo a informação multissensorial pode ser juntada em um todo inconscientemente – ficamos conscientes só do resultado. Devemos essa conclusão a uma notável ilusão chamada "efeito McGurk", descrita pela primeira vez por Harry McGurk e John MacDonald em 1976.[31] O vídeo, que pode ser encontrado na internet,[32] mostra uma pessoa falando, e parece óbvio que ela fala *da da da da*. Nada de surpreendente – até que você fecha os olhos e se dá conta de que o verdadeiro estímulo auditivo é a sílaba *ba ba ba*! Como funciona a ilusão? Visualmente, a boca da pessoa se movimenta para dizer *ga* – mas como os nossos ouvidos recebem a sílaba *ba*, nosso cérebro esbarra num conflito e o resolve, inconscientemente, fundindo as duas informações em uma única percepção intermediária: a sílaba *da*, um meio-termo entre o auditivo *ba* e o visual *ga*.

A ilusão auditiva nos mostra mais uma vez o quanto nossa experiência consciente é tardia e fruto de reconstrução. Por mais surpreendente que isso possa parecer, nós não ouvimos o som das ondas que alcançam nossos ouvidos, nem vemos os fótons que entram pelos olhos. Aquilo a que temos acesso não é a uma sensação bruta, mas uma reconstrução especializada do mundo exterior. Nos bastidores, nosso cérebro funciona como um detetive inteligente avaliando uma a uma todas as peças da informação sensorial recebidas, pesando-as de acordo com sua confiabilidade e reunindo-as num todo coerente. Subjetivamente, não sentimos que houve uma reconstrução. Nós não temos a impressão de *estar inferindo* a identidade do som *da* que foi fundido – apenas o *ouvimos*. Todavia, durante o efeito McGurk, o que ouvimos é comprovadamente proveniente da visão, assim como do som.

Em que lugar do cérebro é preparado esse caldo multissensorial consciente? As imagens cerebrais sugerem que é no córtex frontal que o efeito consciente da ilusão de McGurk é definitivamente compreendido, e não nas áreas sensoriais auditivas ou visuais iniciais.[33] O conteúdo de nossa percepção consciente é primeiramente destilado nas nossas áreas superiores, e depois mandado de volta às primeiras regiões sensoriais. Claramente, muitas operações sensoriais complexas se desenvolvem em segredo, reunindo a cena que no final aparece perfeita no olho de nossa mente, como se tivesse vindo diretamente de nossos órgãos dos sentidos.

Quaisquer informações poderiam ser juntadas inconscientemente? Provavelmente não. A visão, o reconhecimento da fala e o xadrez dos especialistas têm algo em comum: são extremamente automáticos, além de resultar de um longo aprendizado. Provavelmente por isso aquelas informações podem ser juntadas sem a intervenção de uma atenção consciente. O neurofisiologista Wolf Singer sugeriu distinguirmos dois tipos de ligações.[34] As ligações rotineiras seriam codificadas por neurônios especializados, comprometidos com combinações específicas de *inputs* sensoriais. As ligações não rotineiras, ao contrário, requereriam a criação reiniciada de combinações nunca antes vistas, podendo ser mediadas por um estado mais consciente da sincronia do cérebro.

Esta visão mais nuançada de como nosso córtex sintetiza nossas percepções parece mais correta. Desde que nascemos, o cérebro recebe um treinamento intenso a respeito de como o mundo se parece. Anos de interação com o entorno permitem que ele compile estatísticas pormenorizadas de quais partes dos objetos tendem a ocorrer com frequência. Através dessa intensa experiência, os neurônios visuais tornam-se dedicados a combinações específicas das partes que caracterizam um objeto familiar.[35] Depois desse aprendizado, eles continuam a responder à combinação apropriada mesmo durante uma anestesia – o que prova que essa forma de ligação não requer um funcionamento consciente. Nossa capacidade de reconhecer palavras escritas provavelmente deve muito a esse aprendizado estatístico inconsciente: chegado à idade adulta, o leitor médio já viu milhões de palavras, e é provável que seu córtex visual contenha neurônios especializados em identificar sequências frequentes de letras, tais como *the*, *un* e *tion* (o/a, não-, -ção).[36] Analogamente, nos enxadristas mais experientes, uma fração dos neurônios pode ficar afinada com as configurações das peças no tabuleiro. Esse tipo de ligação automática, compilada no interior de circuitos cerebrais específicos, é bastante diferente, por exemplo, da ligação entre palavras novas no interior de uma sentença. Você ri ao ouvir a citação de Groucho Marx "*Time flies* *like an arrow; fruit flies like a banana*"*, mas a relação entre essas palavras é nova em seu cérebro, portanto pelo menos uma parte dessa combinação deve exigir uma atitude consciente. Na verdade, exames de imagem mentais mostram que, durante a anestesia, nossa capacidade de integrar palavras em sentenças fica fortemente reduzida.[37]

SIGNIFICADO INCONSCIENTE?

Nosso sistema visual é esperto o suficiente para juntar inconscientemente várias letras e formar uma palavra – mas o significado da palavra também pode ser processado na ausência de consciência? Ou a consciência é necessária até para a compreensão de uma única palavra? Essa pergunta enganosamente simples é diabolicamente difícil de responder. Duas gerações de cientistas se digladiaram a esse respeito como cães raivosos – cada um dos grupos convencido de que sua resposta era óbvia.

Como poderia a compreensão das palavras *não* exigir uma mente consciente? Se a consciência for definida como "a percepção do que passa pela mente de um homem", como fez John Locke em seu célebre *Ensaio acerca do entendimento humano* (1690), então fica difícil vislumbrar como a mente poderia captar o significado de uma palavra sem ter consciência dele. Compreensão (etimologicamente, "pegar junto", ou seja, juntar fragmentos do significado tais como os entende o "senso comum") e a consciência ("saber junto") estão tão intimamente ligadas em nossa mente que são quase sinônimas.

* N.T.: As duas frases se traduzem respectivamente, "O tempo voa como uma flecha" e "as moscas da fruta gostam de banana". A ambiguidade explica-se pelo duplo sentido em inglês das palavras *flies*, que pode ser uma voz do verbo *to fly* ("voar") ou o plural do substantivo *fly* ("mosca"), e *like*, que pode ser uma voz do verbo *to like* ("gostar") ou um advérbio de comparação ("como").

Ainda assim, como poderia a linguagem operar, se o processo elementar da compreensão da palavra exigisse uma atitude consciente? Enquanto lê esta sentença, acaso você explicita conscientemente o sentido de cada palavra, antes de juntar todas elas para estabelecer uma mensagem coerente? Não: sua mente consciente está interessada na ideia geral, na lógica do argumento. Um vislumbre de cada palavra é suficiente para contextualizá-la na estrutura global do discurso. Não fazemos uma reflexão sobre como um signo evoca um significado.

Então, quem está certo? Trinta anos de pesquisa das imagens cerebrais acabaram resolvendo o problema. A história de como isso aconteceu é interessante, uma valsa selvagem de conjeturas e refutações que convergiram progressivamente para uma verdade estável.

Tudo começou nos anos 1950 com os estudos sobre o efeito "*cocktail party*".[38] Imagine que você está em uma festa barulhenta. À sua volta, misturam-se dúzias de conversas, mas você consegue se concentrar em uma. Sua atenção opera como um filtro que seleciona uma voz e despreza as outras. Ou será que não? O psicólogo britânico Donald Broadbent postulou que a atenção funciona como um primeiro filtro que interrompe o processamento num nível baixo: vozes que não são objeto de atenção são bloqueadas num nível perceptivo – supôs esse autor – antes que tenham qualquer influência na compreensão.[39] Essa visão não sobrevive a um exame atento. Imaginemos que, de repente, um dos convidados da festa, atrás de você, fale acidentalmente de você e pronuncie seu nome, mesmo que em voz baixa. Imediatamente, você passa a prestar atenção nesse falante. Isso implica que seu cérebro, de fato, processou o tempo todo palavras sem interesse, até uma representação com significado, seu nome próprio.[40] Uma pesquisa cuidadosa confirma esse efeito e chega mesmo a mostrar que palavras em que não se prestou atenção podem enviesar o julgamento do ouvinte sobre a conversa da qual participava.[41]

O experimento da *cocktail party* e outros envolvendo atenção dividida sugerem a existência de um processo de compreensão inconsciente, mas será que oferecem a esse respeito uma evidência cristalina? Não. Nesses experimentos, os ouvintes negam ter dividido a atenção e juram não ter ouvido a conversa lateral (isto é, antes que seu nome fosse pronunciado), mas podemos acreditar? Os céticos destroem facilmente esses experimentos negando que o fluxo da fala lateral tenha passado inconsciente. É possível que a atenção do ouvinte transite muito rapidamente de um fluxo para outro, ou talvez uma ou duas palavras passem durante um período silencioso. O efeito *cocktail party*, embora impressionante no contexto da vida real, foi difícil de ser transformado em teste de laboratório para o processamento inconsciente.

Nos anos 1970, o psicólogo de Cambridge Anthony Marcel deu mais um passo. Usou a técnica de mascaramento para iluminar palavras abaixo do limite da percepção consciente. Com esse método, ele conseguiu a invisibilidade completa: cada participante, em cada tentativa, negou que estivesse vendo qualquer palavra. Mesmo quando eram informados da presença de uma palavra escondida, não conseguiram percebê-la. Quando instados a arriscar uma resposta, continuavam incapazes de dizer se a sequência escondida era uma palavra do inglês ou uma mera sucessão de consoantes. Ainda assim, Marcel conseguiu mostrar que os cérebros dos participantes processavam a palavra escondida inconscientemente, indo diretamente para seu significado.[42] Em um experimento-chave, ele iluminou palavras como *blue* (azul) ou *red* (vermelho). Os participantes negaram ter visto a palavra, mas, logo em seguida, ao serem solicitados a escolher um adesivo da cor correspondente, eles o faziam mais rapidamente (por uma diferença de cerca um vigésimo de segundo) do que quando tinham sido expostos a qualquer outra palavra, não relacionada. Ou seja: a palavra do nome de uma cor não vista podia prepará-los para escolher essa cor. Isso parecia implicar que seus cérebros haviam registrado inconscientemente o sentido da palavra escondida.

Os experimentos de Marcel revelaram um outro fenômeno impressionante: o cérebro parecia processar inconscientemente todos os sentidos possíveis das palavras, mesmo quando ambíguos ou irrelevantes.[43] Imagine que eu tenha sussurrado em seu ouvido a palavra *bank**. Em sua mente aparece uma instituição financeira, mas pensando melhor é possível que eu quisesse falar da margem de um rio. Conscientemente, parece que chegamos a evocar um sentido de cada vez. Qual dos sentidos é selecionado depende claramente do contexto: a palavra *bank* no contexto do maravilhoso filme de Robert Redford *A River Runs Through It* (*Nada É Para Sempre* na tradução brasileira) aproxima o sentido que tem a ver com água. No laboratório, pode-se mostrar que mesmo uma única palavra, como *river* (rio), basta para fazer com que a palavra *bank* seja selecionada para a palavra *water* (água), ao passo que *save* (poupança) de *bank* seja selecionada para a palavra *money* (dinheiro).[44]

E essa adaptação ao contexto parece ocorrer somente num nível consciente. Quando a palavra foi mascarada num nível subliminar, Marcel observou uma ativação conjunta de ambos os sentidos. Depois de fazer brilhar a palavra *bank*, tanto *money* como *water* foram ativadas – mesmo quando o contexto favorecia o sentido "rio". Ou seja, nossa mente inconsciente é suficientemente capaz de armazenar e recuperar, em paralelo, todas as possíveis associações semânticas de uma palavra, mesmo quando ela é ambígua, e mesmo quando somente um dos sentidos realmente se ajusta ao contexto. A mente inconsciente propõe, ao passo que a mente consciente seleciona.

* N.T.: A palavra inglesa *bank* tem esses dois sentidos correntes: "banco", ou seja, "casa de crédito, instituição financeira" e "beira, margem de um rio".

AS GRANDES GUERRAS DO INCONSCIENTE

Os experimentos semânticos de Marcel foram muito criativos. Eles sugeriram poderosamente que o processamento sofisticado do sentido de uma palavra poderia ocorrer inconscientemente. Mas eles não foram cristalinos, e os céticos ficaram inabaláveis.[45] Esse ceticismo deu início a uma luta pesada entre os campeões e os detratores do processo semântico inconsciente.

A descrença destes últimos não era inteiramente injustificada. Afinal, a influência subliminar que Marcel tinha descoberto era tão pequena que chegou perto de ser insignificante. Iluminar uma palavra facilitava o processamento numa medida muito pequena, às vezes menor do que um centésimo de segundo. Talvez esse efeito tenha surgido de uma ínfima quantidade de experimentos nos quais a palavra escondida havia, de fato, sido vista – embora tão rapidamente a ponto de deixar na memória somente uma marca muito pequena, ou marca nenhuma. As apurações levantadas por Marcel – assim arguiram seus detratores – nem sempre eram inconscientes. Na opinião deles, o mero depoimento verbal dos participantes, dizendo "Eu não vi palavra alguma", registrado somente no fim do experimento, não era evidência convincente de que realmente nunca tinham visto as palavras preparadoras. Um cuidado muito maior foi exigido para medir a consciência tão objetivamente quanto possível, num experimento separado em que se pedia aos sujeitos, por exemplo, que arriscassem um nome para a palavra escondida, ou que a categorizassem com base em algum critério. Somente uma performance aleatória nesta tarefa secundária, defendiam os céticos, indicaria se eram realmente invisíveis. E essa tarefa de controle teria que ser rodada exatamente nas mesmas condições que o experimento principal. Nos experimentos de Marcel, diziam eles, ou essas condições não eram preenchidas ou, quando eram, havia de fato uma fração significativa de respostas sugerindo que os sujeitos poderiam ter visto algumas palavras.

Em resposta a essas críticas, os defensores do processamento inconsciente tornaram mais rígidos seus paradigmas experimentais. Notavelmente, os resultados ainda confirmaram que as palavras, os números e mesmo as imagens poderiam ser compreendidos inconscientemente.[46] Em 1996, o psicólogo de Seattle Anthony Greenwald publicou no conceituado periódico científico *Science* um estudo que parecia comprovar definitivamente que o sentido emocional das palavras era processado inconscientemente. Ele tinha pedido aos participantes de suas pesquisas para que classificassem palavras como emocionalmente positivas ou negativas, clicando em uma de duas teclas-resposta; sem que eles soubessem, cada alvo visível era precedido por uma preparação invisível. Os pares de palavras eram ora congruentes, reforçando reciprocamente seus sentidos (ambos positivos ou ambos negativos, como *happy* (feliz) seguido por *joy* (alegria)), ora incongruentes (por exemplo, *rape* (estupro) seguido por *joy*). Quando os participantes respondiam de modo extremamente rápido, tinham um desempenho melhor nas tentativas congruentes do que nas incongruentes. Os sentidos emocionais evocados pelas duas palavras pareciam superpor-se inconscientemente, facilitando a decisão final quando evocavam a mesma emoção e dificultando-a na hipótese contrária.

Os resultados de Greenwald foram amplamente replicados. A maioria dos sujeitos não apenas jurou não conseguir ver as preparações escondidas, mas foram incapazes de determinar sua identidade ou emoção de maneira que não fosse o puro acaso. Além disso, o desempenho dos participantes nessas tarefas de adivinhação não tinha relação com o grau de congruência que eles apresentavam. O efeito de preparo não pareceu ser usado pelo pequeno grupo de pessoas que conseguiram ver as palavras preparadoras. Ao fim e ao cabo, essa foi uma demonstração autêntica de que um sentido emocional podia ser ativado inconscientemente.

Mas era mesmo? Embora os severos avaliadores da revista *Science* tivessem aprovado a publicação, Tony Greenwald era um crítico severo de seu próprio trabalho, e alguns anos mais tarde, tendo como colaborador seu aluno Richard Abrams, apareceu com uma interpretação alternativa a pesquisa.[47] Ele apontou que o experimento usara somente um pequeno conjunto de palavras repetidas. Possivelmente, segundo ele, os participantes teriam reagido tantas vezes às mesmas palavras, e sob uma pressão de tempo tão intensa, que acabaram por associar as próprias letras, e não os sentidos, com as categorias-respostas – contornando assim os sentidos. A explicação não era absurda, porque no experimento da *Science*, os sujeitos viram repetidamente as mesmas palavras como preparações e como alvos e sempre as classificaram de acordo com a mesma regra. Depois de classificar conscientemente *happy* vinte vezes como uma palavra positiva, percebeu Greenwald, era possível que seus cérebros criassem uma ligação elétrica direta não semântica entre as letras sem sentido *h-a-p-p-y* e a resposta "positivo".[48]

Infelizmente, esse palpite acabou se revelando correto: nesse experimento, a preparação era de fato subliminar, mas passava ao largo do sentido. Em primeiro lugar, Greenwald mostrou que preparações misturadas e sem sentido eram exatamente tão eficazes quanto as palavras reais – *hypap* era uma preparação tão poderosa quanto *happy*. Em segundo lugar, ele manipulou cuidadosamente a semelhança das palavras que as pessoas viam conscientemente com aquelas que serviam como preparações escondidas. Em um importante experimento, duas das palavras conscientes eram *tulip* e *humor*, e os participantes, obviamente, classificaram como positivas. Então, Greenwald recombinou suas letras para criar uma palavra negativa, *tumor*, que ele apresentou somente de maneira inconsciente.

A descoberta fascinante foi que, inconscientemente, a palavra negativa *tumor* preparou uma resposta positiva. Subliminarmente, o cérebro dos participantes juntou *tumor* com as palavras *tulip* e *humor*, das quais tinha sido derivada – muito embora a diferença de sentido fosse enorme. Isso provou definitivamente que a preparação dependia de uma associação superficial entre conjuntos específicos de letras e sua resposta correspondente. O experimento de Greenwald envolveu percepção inconsciente, mas não os sentidos mais profundos das palavras. Nessas condições experimentais, pelo menos, o processamento inconsciente não era nem um pouco inteligente; em vez de interessar-se pelo significado das palavras, simplesmente dependia de um mapeamento entre letras e respostas.

Anthony Greenwald destruiu, assim, a interpretação semântica do artigo que publicara na revista *Science*.

ARITMÉTICA INCONSCIENTE

Por volta de 1998, embora o processamento semântico inconsciente continuasse ainda obscuro, meus colegas e eu percebemos que os experimentos de Greenwald talvez não fossem a última palavra. Uma característica incomum desses experimentos é que se pedia aos participantes que respondessem num prazo máximo e inegociável de 400 milissegundos. Esse prazo pareceu- nos excessivamente curto para computar o significado de uma palavra não tão usada como *tumor*. Com um prazo tão exíguo, o cérebro só tinha tempo para associar as letras com as respostas; com um prazo mais relaxado, o cérebro poderia, talvez, analisar inconscientemente o significado da palavra. Então Lionel Naccache e eu partimos para alguns experimentos que provariam definitivamente que o significado de uma palavra pode ser ativado inconscientemente.[49]

Para maximizar nossas chances de obter um efeito inconsciente expressivo, nós nos fixamos na mais simples das categorias de palavras significativas: os números. Os números abaixo de 10 são especiais: são palavras curtas, de uso frequente, extremamente familiares e assimiladas desde a primeira infância; seu significado é de uma simplicidade transparente. Podem ser apresentados em uma forma particularmente compacta – por meio de um único algarismo. Portanto, em nosso experimento, nós iluminamos os números 1, 4, 6 e 9, precedidos e seguidos por uma sequência de letras aleatórias que os tornavam completamente invisíveis. Imediatamente depois, mostrávamos um segundo número, desta vez claramente visível.

Pedimos que nossos participantes seguissem a instrução mais simples possível: "por favor, diga-nos, o mais depressa que puder, se o número que está vendo é maior ou menor que 5". Eles nem sequer imaginavam que havia um número escondido; em um teste separado, no final do experimento, mostramos que mesmo quando sabiam da existência de um número, eles não conseguiam ver esse número, ou classificá-lo como grande ou pequeno. Ainda assim, os números invisíveis geraram um preparo semântico. Quando os números eram congruentes com o alvo (isto é, ambos maiores que 5), os participantes respondiam mais rapidamente que quando eram incongruentes com o alvo (isto é, um menor e o outro maior). Por exemplo, lançando luz no algarismo subliminar 9, acelerava a resposta para 9 e 6, mas retardava a resposta para 4 e 1.

Com imagens cerebrais, detectamos uma marca desse efeito na área cortical. Observamos uma ativação muito sutil no córtex motor responsável por comandar a mão, o que teria sido uma resposta apropriada para o estímulo invisível. Decisões inconscientes estavam atravessando o cérebro desde a percepção até o controle motor (Figura 11). Esse efeito só poderia derivar de uma categorização inconsciente do sentido de palavras ou números invisíveis.

Figura 11

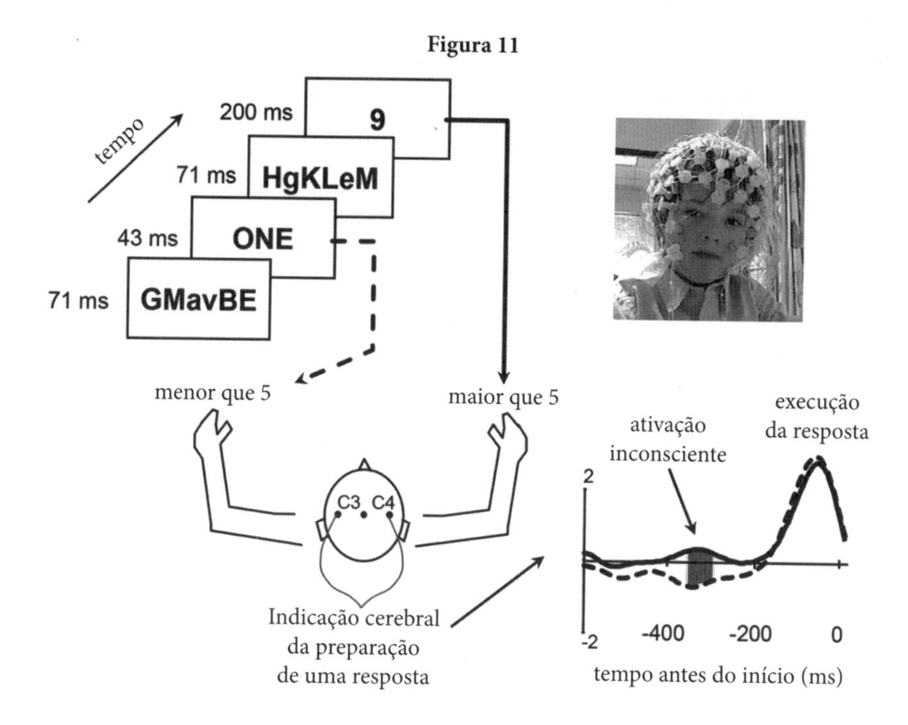

Nosso córtex motor pode preparar uma resposta para um estímulo que não vemos. Aqui, pediu-se a um voluntário que classificasse números como maiores ou menores que 5. Neste exemplo, o alvo visível era 9. Imediatamente antes do alvo, um número invisível foi iluminado (a palavra *one* (um)). Embora esse número estivesse oculto, ainda assim ele mandou uma pequena ativação inconsciente para o córtex motor, comandando a mão que deveria ter respondido a ele. Ou seja, um símbolo invisível pode ser identificado, processado de acordo com instruções arbitrárias e propagado até o córtex motor.

O trabalho seguinte pôs o último prego no caixão dos céticos. Nosso efeito subliminar era totalmente independente da notação usada para os números: *four* (quatro) preparava *4* exatamente como uma repetição exata de *4* preparando *4*, sugerindo que todo o efeito surgia no nível do significado abstrato. Mais tarde, mostramos que o efeito de preparação persiste quando o preparo é um número invisível *visual*, e o alvo é um número consciente *falado*.[50]

Em nosso experimento inicial, o efeito poderia ter sido causado por uma associação direta entre formas visuais e respostas – o mesmo problema que tinha contaminado o experimento de Greenwald sobre palavras emocionais. Todavia, a preparação subliminar com números evitava essa crítica. Provamos que os números escondidos, nunca vistos conscientemente durante todo o experimento, ainda causavam o preparo semântico.[51] Por meio de imagens da ativação cerebral obtidas com a ressonância magnética funcional, pudemos encontrar evidências diretas de que as regiões do cérebro "sensíveis a número", nos lobos parietais direito e esquerdo, eram influenciadas pelo número não visto.[52] Essas regiões codificam o sentido "quantidade" dos números[53] e supõe-se que codificam neurônios afinados com quantificadores específicos.[54] Durante a preparação subliminar, sua atividade baixou sempre que mostramos o mesmo número duas vezes (por exemplo, *nine* (nove) seguido por *9*). Esse é um fenômeno clássico chamado "supressão por repetição" ou "adaptação", que indica que os neurônios reconhecem que o mesmo item foi mostrado duas vezes. Aparentemente, os neurônios que codificam a quantidade estavam se habituando a ver o mesmo número duas vezes, mesmo quando a primeira apresentação acontecia de maneira inconsciente. A evidência tinha se elevado: uma área mais alta do cérebro cuidava de um significado específico e podia ser ativada sem intervenção da consciência.

O nocaute final veio quando nossos colegas demonstraram que o efeito da preparação realizada por meio de números varia em decorrência direta da sobreposição do significado dos números.[55] A preparação mais forte foi obtida mostrando a mesma quantidade duas vezes (por exemplo, mediante um *four* subliminar precedendo um *4*). A preparação diminuiu levemente para números próximos (*three* (três) precedendo *4*), ficou ainda menor para números com uma diferença de dois (*two* (dois) precedendo *4*), e assim por diante. Esse efeito da distância semântica é a marca registrada do significado dos números. Só poderia surgir porque o cérebro codifica que 4 é mais parecido com 3 do que com 2 ou 1 – argumento definitivo em favor de uma extração inconsciente do significado desse número.

COMBINANDO CONCEITOS SEM (A INTERVENÇÃO DA) CONSCIÊNCIA

O último recurso dos céticos foi aceitar nossa demonstração, mas ponderando que os números eram especiais. Adultos têm tanta experiência com esse conjunto fechado de números que não chega a ser surpreendente, argumentavam eles, que sejam capazes de compreendê-los automaticamente; seria diferente com outras categorias de palavras, cujo significado não seria representado de maneira inconsciente. Essa última tentativa de resistência também caiu por terra quando técnicas de preparação semelhantes revelaram efeitos semânticos congruentes com palavras não vistas, sem conexão com o campo numérico.[56] Por exemplo, decidir que o alvo *piano* (piano) não é um animal, mas um objeto, pode ser facilitado pela introdução subliminar da palavra congruente *chair* (cadeira) e prejudicado pela palavra incongruente *cat* (gato) – mesmo que os preparadores nunca sejam vistos durante o experimento.

As tecnologias de neuroimagem também confirmaram as conclusões cognitivas do cientista. Os registros de atividades neurais forneceram evidências diretas de que as regiões cerebrais envolvidas no processamento semântico poderiam ser ativadas independentemente da consciência. Em um dos estudos, meus colegas e eu nos valemos de eletrodos implantados em profundidade no cérebro, em regiões subcorticais especializadas em processamentos emocionais.[57] Evidentemente, essas gravações não foram feitas em voluntários sadios, mas em pacientes com epilepsia. Em muitos hospitais pelo mundo afora tornou-se uma rotina clínica inserir eletrodos em profundidade no crânio dos pacientes, com o objetivo de identificar a origem das descargas epiléticas e, em última análise, extirpar o tecido problemático. No intervalo entre as crises, se o paciente concordava, podíamos usar os mesmos eletrodos com objetivos científicos. Assim tem-se acesso à atividade regular de uma pequena região do cérebro e, às vezes, até mesmo ao sinal emitido por um único neurônio.

Em nosso caso, os eletrodos tinham chegado fundo na amígdala, uma estrutura do cérebro envolvida com a emoção. Como expliquei anteriormente, a amígdala responde por todo tipo de material que causa medo, desde serpentes e aranhas até músicas assustadoras e fisionomias desconhecidas - mesmo uma cobra ou rosto subliminares podem disparar a amígdala.[58] Nossa pergunta era: "Poderia essa região ativar-se inconsciente diante de uma palavra assustadora? Então, iluminamos palavras subliminares com sentido perturbador, como *rape*, *danger* ou *poison* (estupro, perigo, veneno) - e para nossa grande satisfação, apareceu um sinal elétrico que estava ausente para palavras neutras como *fridge* ou *sonata* (geladeira, sonata). A amígdala "via" palavras que permaneciam invisíveis aos próprios pacientes.

Esse efeito foi consideravelmente lento: levava meio segundo ou mais até que uma palavra invisível causasse um mergulho emocional inconsciente. Mas a ativação era completamente inconsciente: a amígdala disparava, mas o participante negava que estivesse vendo qualquer palavra e, se lhe pedissem um palpite, não tinha ideia do que se tratava. Portanto, uma palavra escrita poderia caminhar lentamente descendo pelo cérebro, ser identificada e mesmo compreendida, tudo isso sem intervenção da consciência.

A amígdala não é parte do córtex, talvez isso a torne especial e mais automática. Mas será que o córtex dedicado à linguagem pode disparar para um significado inconsciente? Experimentos posteriores deram uma resposta positiva. Eles se baseavam em uma onda cortical que marca a resposta do cérebro a um sentido inesperado. "*At breakfast, I like my coffee with cream and socks*" ("Na primeira refeição da manhã, eu gosto de meu café com creme e meias"): quando você ouve essa sentença tola, o sentido estranho da última palavra gera uma onda cerebral particular, conhecida como N400 (O N se refere à sua forma, que apresenta uma voltagem negativa no alto da cabeça, e 400 para seu pico de latência, cerca de 400 milissegundos depois que a palavra aparece).

O N400 reflete um nível operacional sofisticado, em que se avalia como uma determinada palavra se encaixa no contexto de uma sentença. Seu tamanho varia de acordo com o grau de absurdo; as palavras com significados ligeiramente inapropriados causam um N400 muito pequeno, ao passo que palavras totalmente inesperadas geram um N400 maior. Cabe notar que esse evento ocorre no cérebro mesmo com palavras que não vemos, porque foram tornadas invisíveis por mascaramento[59] ou por desatenção.[60] Redes de neurônios em nosso lobo temporal processam automaticamente não só os vários sentidos de palavras invisíveis, mas também sua compatibilidade com o contexto consciente anterior.

Em um trabalho recente, Simon van Gaal e eu mostramos inclusive que a onda N400 pode refletir uma combinação inconsciente de palavras.[61] Nesse experimento, duas palavras apareciam em sequência, ambas mascaradas abaixo do limiar de consciência. Elas haviam sido selecionadas para formar combinações de significados positivos e negativos: "not happy" (não feliz), "very happy" (muito feliz), "not sad" (não triste) e "very sad" (muito triste). Imediatamente depois dessa sequência subliminar, os sujeitos viam uma palavra positiva ou negativa (por exemplo, *war* (guerra) ou *love* (amor). A onda N400 emitida por essa palavra consciente foi modulada pelo contexto inconsciente global. Não só *war* evocou um N400 maior quando precedido pela palavra incongruente *happy*, mas esse efeito foi fortemente modulado, para mais ou para menos, pelo intensificador *very* ou pela negação *not*. Inconscientemente, o cérebro registrou a desconformidade de uma "*very happy war*", e julgou "*not happy war*" ou "*very sad war*" como combinações melhores. Esse experimento é o que chega mais perto de provar que o cérebro pode processar inconscientemente a sintaxe e o sentido de uma sequência bem formada de palavras.[62]

Provavelmente, o aspecto mais notável desses experimentos é que a onda N400 tem exatamente o mesmo tamanho independentemente de as palavras serem conscientes ou invisíveis. Essa descoberta é rica em implicações. Significa que, para certos efeitos, a consciência é irrelevante para a semântica – nosso cérebro às vezes realiza exatamente as mesmas operações, atingindo altos níveis de sentido, quer tenhamos consciência delas ou não. Também significa que os estímulos inconscientes nem sempre geram eventos limitados no cérebro. A atividade cerebral pode ser intensa mesmo que os estímulos que a causam permaneçam invisíveis.

Concluímos que uma palavra invisível é perfeitamente capaz de provocar uma ativação de ampla escala nas redes de significado do cérebro. Todavia, cabe aqui uma importante advertência. A reconstrução cuidadosa das fontes das ondas cerebrais semânticas mostra que a atividade inconsciente fica confinada a um circuito cerebral estreito e especializado. Durante o processamento inconsciente, a atividade cerebral fica confinada no lobo temporal esquerdo, que é primariamente a sede das redes linguísticas que processam o significado.[63] Veremos mais adiante que as palavras conscientes, por sua vez, passam a dominar redes cerebrais mais amplas que invadem os lobos frontais e que fundamentam o sentido subjetivo específico de ter a palavra "em mente". O que isso significa, em última análise, é que as palavras inconscientes não são tão influentes quanto as conscientes.

ATENTO MAS INCONSCIENTE

A descoberta de que uma palavra ou um número pode viajar pelo cérebro adentro, enviesar nossas decisões e afetar nossas redes referentes à linguagem, tudo isso sem terem sido vistos, foi um alerta para muitos cientistas cognitivos. Tínhamos subestimado o poder do inconsciente. Ficou claro que nossas intuições não eram confiáveis:

não tínhamos como saber que processos cognitivos poderiam ou não funcionar sem nos darmos conta. O problema era totalmente empírico. Precisaríamos submeter, uma por uma, cada faculdade mental a uma exaustiva inspeção de seus processos componentes, e decidir qual dessas faculdades recorria ou não a uma mente consciente. Somente uma experimentação cuidadosa poderia decidir isso – e tendo em mãos técnicas como o mascaramento e as piscadelas de atenção, testar as profundezas e os limites do processamento do inconsciente nunca tinha sido tão fácil.

Os últimos anos trouxeram uma enxurrada de novos resultados que desafiaram nossa representação do inconsciente humano. Consideremos a atenção. Nada parece mais intimamente relacionado à consciência do que a capacidade de prestar atenção nos estímulos. Sem a atenção, permanecemos completamente alheios aos estímulos externos – como deixaram claro o gorila do filme de Dan Simons, além de um zilhão de outros efeitos da cegueira decorrente da desatenção. Onde quer que haja múltiplos estímulos competindo entre si, a atenção parece ser um caminho necessário para a experiência consciente.[64] Surpreendentemente, porém, a alegação contrária resulta ser falsa: vários experimentos recentes demonstram que nossa atenção também pode ser acionada inconscientemente.[65]

Na realidade, seria estranho se o ato de prestar atenção exigisse a supervisão do estado de consciência. O papel da atenção, como já notado por William James, consiste em selecionar "um dentre vários objetos de pensamento possíveis". Seria estranhamente ineficiente para nossa mente ser distraída a todo instante por dezenas ou mesmo centenas de pensamentos possíveis e examinar cada um conscientemente antes de decidir qual o merecedor de uma segunda olhada. A determinação de quais objetos são relevantes e deveriam ser ampliados é entregue, em vez disso, a processos automáticos que operam em surdina, de modo paralelo.

Não é surpresa verificar que nosso holofote atencional é operado por exércitos de trabalhadores inconscientes que peneiram, em silêncio, montes de entulho até que um deles esbarre em ouro, e nos avise da descoberta.

Nos últimos anos, uma sequência de experimentos tem mostrado a operação da atenção seletiva sem a consciência estar presente. Suponhamos fazer brilhar um estímulo no canto de seu olho tão brevemente que você sequer perceba. Muitos experimentos têm mostrado que, embora esse estímulo permaneça inconsciente, o fato de ter brilhado ainda pode ter chamado sua atenção: você ficará mais atento e, portanto, mais rápido e mais minucioso na resposta a outros estímulos apresentados na mesma localização, embora não suspeite que algo oculto tocou seu olho.[66] Pelo processo inverso, uma imagem escondida pode deixar você mais lento quando seu conteúdo for irrelevante para a tarefa em que está envolvido. Curiosamente, esse efeito funciona *melhor* quando o estímulo com poder de distração permanece inconsciente do que quando é visível: uma distração consciente pode ser eliminada voluntariamente, ao passo que uma distração inconsciente preserva todo seu potencial de transtorno, porque somos incapazes de aprender a controlá-la.[67]

Barulhos altos, luzes piscando e outras ocorrências sensoriais inesperadas, como todos sabemos, podem atrair irreprimivelmente nossa atenção. Por mais que nos esforcemos para ignorá-los, invadem nossa privacidade mental. Por quê? São, até certo ponto, um mecanismo de alerta, que nos mantém atentos a possíveis perigos. Enquanto nos concentramos em fazer a declaração de imposto de renda ou jogar um videogame preferido, não seria seguro ficarmos completamente desligados. É preciso que estímulos inesperados, tais como um grito ou alguém nos chamando, continuem sendo capazes de interromper nossos pensamentos correntes – por isso o filtro chamado "atenção seletiva" precisa continuar ligado sem que percebamos, permitindo-nos decidir quais, dentre os *inputs* que nos chegam, devem mobilizar nossos recursos mentais. A atenção inconsciente age como um cão de guarda que nunca dorme.

Os psicólogos pensaram por muito tempo que esses processos automáticos da mente, orientados de baixo para cima (*bottom-up*), eram os únicos que operavam inconscientemente. A metáfora preferida dos psicólogos para o processamento inconsciente era de uma "ativação que se espalha": uma onda que parte do estímulo e se propaga passivamente pelos circuitos cerebrais. Um estímulo oculto ascendeu nas camadas das áreas visuais entrando progressivamente em contato com os processos de reconhecimento, atribuição de sentido e programação motora, ao mesmo tempo que acompanhava, sem nunca ser afetado pela vontade, a intenção e atenção conscientes do sujeito. Portanto, os resultados dos experimentos subliminares eram encarados como independentes das estratégias e expectativas dos participantes.[68]

Foi então uma grande surpresa quando nossos experimentos abalaram esse consenso. Provamos que a preparação subliminar não é um processo passivo que opera num sentido ascendente, independente de atenção e instruções. Na realidade, a atenção determina se um estímulo inconsciente é ou não processado.[69] Uma preparação inconsciente que é apresentada em um momento ou lugar inesperado não produz praticamente nenhuma preparação capaz de incidir sobre um alvo subsequente. Mesmo o mero efeito de repetição – a resposta acelerada a *radio* seguida por *radio* – varia de acordo com o grau de atenção destinado a esses estímulos. O ato de prestar atenção causa um ganho que amplia consideravelmente as ondas cerebrais evocadas pelos estímulos apresentados no tempo e lugar considerados. E veja-se: os estímulos inconscientes gozam desse foco de atenções exatamente na mesma proporção em que os estímulos conscientes. Em outras palavras, a atenção pode ampliar um estímulo visual e ainda assim esse estímulo poderá continuar fraco demais para entrar na nossa consciência.

As intenções conscientes podem inclusive afetar a orientação de nossa atenção inconsciente. Imagine que alguém mostre a você um conjunto de formas e pede que aponte somente os quadrados, ignorando os círculos. Em um determinado experimento, um quadrado aparece à direita e um círculo à esquerda – mas as duas formas estão mascaradas, de modo que você não consegue detectá-las. Você aperta as teclas ao acaso, não sabendo em qual lado o quadrado foi apresentado. Mas um marcador de ativação do lobo parietal chamado N2pc revela uma orientação inconsciente de sua atenção em direção ao lado correto.[70] Sua atenção visual é secretamente levada ao alvo correto, mesmo em testes totalmente invisíveis e mesmo que você acabe selecionando o lado da resposta errada. Da mesma forma, durante a piscadela atencional, em um fluxo contínuo de letras, o símbolo que é apontado arbitrariamente como alvo evoca uma atividade maior de caráter cerebral, muito embora permaneça despercebido.[71] Nesses experimentos, a atenção começa a peneirar inconscientemente as formas com base em sua relevância, embora esse processo fique aquém de trazer o estímulo alvo à percepção consciente dos participantes.

O VALOR DE UMA MOEDINHA INVISÍVEL

Como nossa atenção decide se um estímulo é relevante? Um componente fundamental do processo de seleção é atribuir um valor para cada objeto de pensamento potencial. Para sobreviver, os animais precisam dispor de um modo muito rápido de atribuir um valor positivo ou negativo a cada situação. Paro ou ando? Devo me aproximar, ou me afastar? Isto é uma boa surpresa ou é uma armadilha venenosa? A avaliação é um processo especializado que apela para redes neurais avançadas, localizadas em um conjunto de núcleos de gânglios chamados basais (porque estão localizados perto da base do cérebro). E, como você deve ter adivinhado, eles também operam fora de nossa sensibilização consciente. Mesmo um valor simbólico como uma moeda pode ser avaliado inconscientemente.

Em um experimento, uma imagem da moeda de um centavo ou de uma libra esterlina foi usada como incentivo subliminar (Figura 12).[72] A tarefa dos participantes consistia em apertar uma tecla e, se conseguissem ultrapassar determinada força, ganhariam uma moeda. No começo de cada tentativa, a imagem de uma moeda indicava quanto dinheiro estava em jogo – e algumas dessas imagens eram projetadas rápido demais para serem percebidas conscientemente. Embora os participantes negassem ter visto qualquer indício da imagem de ambas as moedas, aplicaram uma força maior quando seu ganho potencial era de uma libra e não de um centavo. Além disso a expectativa de ganhar uma libra fez com que os sujeitos suassem nas mãos, antecipando essa recompensa inconsciente – e os circuitos cerebrais da recompensa foram ativados secretamente. Os sujeitos não tinham consciência da razão pela qual o seu comportamento variava de uma tentativa para outra: não tinham ideia de que sua motivação estava sendo manipulada inconscientemente.

Em um outro estudo, os valores dos estímulos subliminares não eram conhecidos de antemão, mas foi possível demonstrar que foram aprendidos no decorrer do experimento.[73] Os sujeitos, ao verem um "sinal", tinham que adivinhar se deveriam apertar um botão ou não. Depois de cada tentativa, eles eram informados se tinham perdido ou ganhado dinheiro pela decisão de terem ou não apertado o botão. Sem que eles soubessem, uma forma subliminar, projetada dentro do sinal, indicava a resposta correta; uma dessas formas dava a indicação "vai", a outra dava a indicação "agora não", e uma terceira era neutra – quando esta última aparecia, havia 50% de chance de que uma ou outra resposta seria recompensada.

Figura 12

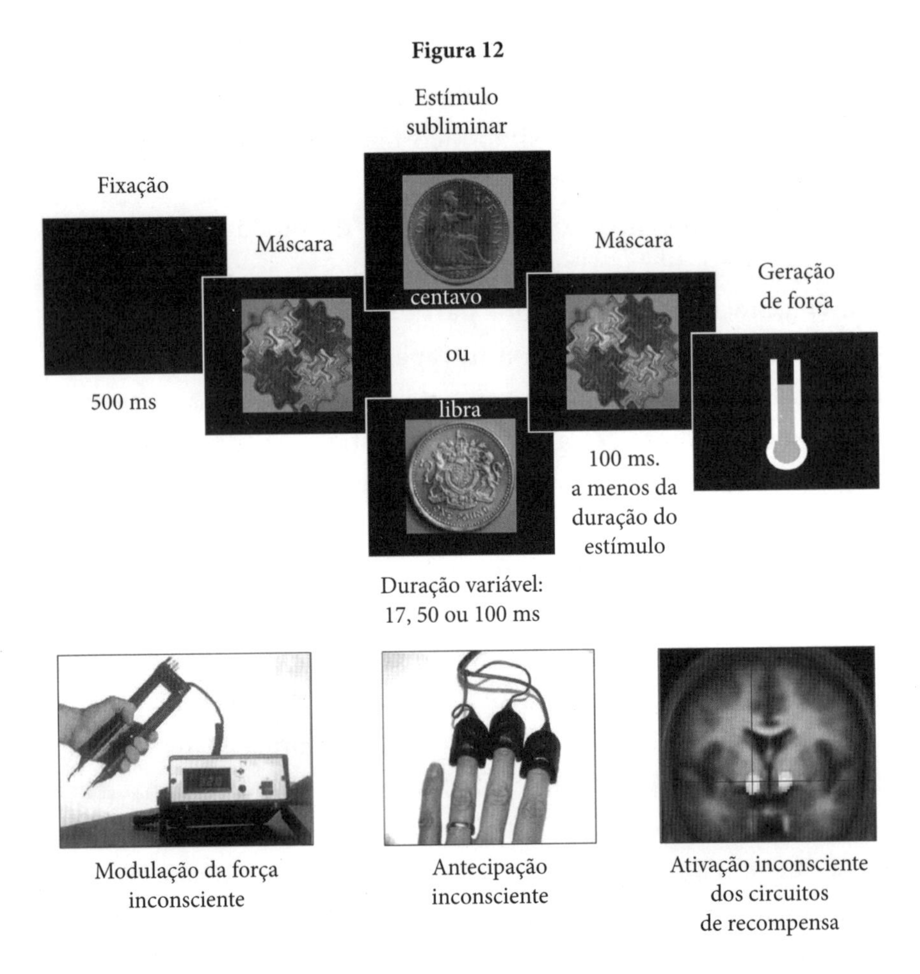

Incentivos inconscientes podem afetar nossas motivações. Neste experimento, pediu-se aos participantes que apertassem uma barra com toda a força possível, com o objetivo de ganhar dinheiro. Quando uma imagem projetada especificava que o prêmio do jogo era uma libra esterlina e não um centavo, as pessoas reagiam como mais força. Elas continuaram a fazer isso mesmo quando a imagem foi mascarada, impedindo que soubessem qual moeda era apresentada. Os circuitos de recompensa do cérebro estavam inconscientemente pré-ativados, inclusive as mãos suavam na antecipação do ganho. Portanto, uma imagem inconsciente pode acionar os circuitos da motivação, emoção e recompensa.

Depois de jogar esse jogo por alguns minutos, os sujeitos ficavam inexplicavelmente melhores nessa tarefa. Continuavam não vendo as formas escondidas no sinal, mas tinham a "mão boa", e passaram a ganhar uma soma significativa de dinheiro. Seu sistema de valor inconsciente tinha entrado em ação: a forma positiva "vai" começou a disparar apertos na tecla, ao passo que o "esta não" refreava o gesto. As imagens cerebrais mostravam que uma região específica dos gânglios basais, chamada corpo estriado ventral, tinha indicado a ação. Em poucas palavras, símbolos que os sujeitos nunca tinham visto, apesar disso, haviam adquirido um sentido: um deles tinha ficado desagradável e o outro atraente, modulando assim a disputa e a atenção e ação.

O resultado de todos esses experimentos é claro: nosso cérebro hospeda um conjunto de dispositivos inconscientes inteligentes que monitoram o nosso entorno constantemente, atribuindo-lhe valores que guiam nossa atenção e dão forma a nosso pensamento. Graças a essas marcações subliminares, os estímulos amorfos que nos bombardeiam tornam-se um panorama de oportunidades, que classificamos cuidadosamente de acordo com sua relevância para nossas metas atuais. Somente os acontecimentos mais relevantes atraem nossa atenção e ganham uma chance de entrar em nossa consciência. Abaixo do nível de nossa percepção, nosso cérebro inconsciente avalia incessantemente oportunidades adormecidas, comprovando que nossa atenção opera largamente de um modo subliminar.

MATEMÁTICA INCONSCIENTE

"Recuar da supervalorização da consciência é pré-condição indispensável para qualquer discernimento autêntico no campo dos acontecimentos psíquicos."

Sigmund Freud, *A interpretação do sonhos* (1900)

Freud estava certo: a consciência é superestimada. Considere-se esta simples banalidade: nós temos consciência somente de nossos pensamentos conscientes. Como nossas operações inconscientes nos enganam, sempre superestimamos o papel da consciência em nossa vida física e mental. Esquecendo o impressionante poder do inconsciente, atribuímos demais nossas ações a decisões conscientes, conferindo à nossa consciência um protagonismo exagerado na nossa vida diária. Nos dizeres do psicólogo de Princeton Julian Jaynes, "Consciência é uma parte muito menor de nossa vida mental do que percebemos conscientemente, porque não somos conscientes do que nos ocorre inconscientemente".[74] Parafraseando a peculiar lei circular da programação de Douglas Hofstadter ("Um projeto leva sempre mais tempo do que você espera – mesmo quando você leva em conta a Lei de Hofstadter"), seria possível elevar essa afirmação ao nível de lei universal:

> Nós superestimamos constantemente nossa consciência – mesmo quando estamos conscientes das falhas gritantes nela.

A consequência é que subestimamos drasticamente o quanto a visão, a fala e a atenção podem acontecer independentemente de uma atuação consciente. Poderiam algumas das atividades mentais que consideramos marcas distintivas da mente consciente funcionar, de fato, inconscientemente? Considere-se a matemática. Um dos maiores matemáticos de todos os tempos, Henri Poincaré, conta alguns incidentes em que sua mente inconsciente pareceu ter feito todo o trabalho:

> Saí de Caen, a cidade em que eu morava, para participar de uma excursão geológica patrocinada pela Escola de Minas. Os incidentes durante a viagem me fizeram esquecer meu trabalho em matemática. Quando chegamos em Coutances, entramos num ônibus para ir a algum lugar. No exato momento em que pus o pé no degrau, sem que nada em meus pensamentos anteriores me conduzisse a isso, me ocorreu a ideia de que as transformações que eu tinha usado para definir as funções de Fuchs eram idênticas às da geometria não euclidiana. Não verifiquei a ideia; não teria tido

> tempo, porque, assim que ocupei meu assento no ônibus, entrei numa conversa que já tinha começado, mas senti que aquilo estava certíssimo. Retornando a Caen, por uma questão de consciência, verifiquei o resultado com calma.

E ainda:

> Voltei minha atenção para o estudo de algumas questões aritméticas, aparentemente sem muito resultado, e sem suspeitar que elas pudessem ter qualquer relação com minhas pesquisas anteriores. Desgostoso com meu insucesso, fui passar alguns dias à beira-mar e pensar em algo diferente. Certa manhã, caminhando na falésia, me ocorreu a ideia, exatamente com as mesmas características de brevidade, rapidez e certeza imediata, de que as transformações aritméticas relativas às formas ternárias quadráticas indefinidas eram idênticas às da geometria não euclidiana.

Esses dois episódios são contados por Jacques Hadamard, um matemático de fama mundial que dedicou um livro fascinante à mente dos matemáticos.[75] Hadamard dividiu o processo das descobertas matemáticas em quatro estágios sucessivos: iniciação, incubação, iluminação e verificação. A *iniciação* recobre todo o trabalho preparatório, a exploração deliberada e consciente de um problema. Infelizmente, esse esforço inicial é muitas vezes infrutífero, mas nem tudo está perdido, pois ele impulsiona a mente inconsciente em uma busca. Pode desencadear a fase da *incubação*, um período invisível de fermentação durante o qual a mente continua vagamente preocupada com o problema, mas não dá sinais conscientes de estar trabalhando arduamente sobre ele. A incubação passaria despercebida se não fossem seus efeitos; de repente, depois de uma boa noite de sono ou de um passeio relaxante, ocorre a *iluminação*: a solução aparece em toda a sua glória e invade a mente consciente do matemático. Na maioria das vezes, ela está correta. Todavia, um lento e extenuante processo de *verificação* ainda é necessário para levantar todos os detalhes.

A teoria de Hadamard é sedutora, mas resiste a um exame mais cuidadoso? A incubação inconsciente realmente existe? Ou é somente uma história que contamos, glorificada pela euforia da descoberta? Podemos realmente resolver problemas complexos inconscientemente? A ciência cognitiva começou apenas recentemente a trazer essas questões para o laboratório. Antoine Bechara, na Universidade de Iowa, desenvolveu um teste de apostas para estudar as intuições protomatemáticas de expectativas probalísticas e numéricas.[76] Nesse teste, dão-se aos sujeitos quatro baralhos de cartas e um empréstimo de 2 mil dólares (em notas falsas – os psicólogos não são gente rica). Virando uma carta, obtém-se uma mensagem positiva ou negativa (por exemplo: "você ganhou cem dólares" ou "pague cem dólares"). Os participantes tentam otimizar seus ganhos escolhendo livremente as cartas a partir dos quatro baralhos. O que eles não sabem é que dois dos baralhos são desvantajosos: proporcionam grandes ganhos no começo, mas logo provocam gastos maciços e, no final, o resultado é um claro prejuízo. Os outros dois baralhos levam a vantagens e desvantagens moderadas. Tudo somado, puxar as cartas deles leva a um ganho pequeno, mas constante.

Inicialmente, os jogadores testam ao acaso os quatro baralhos. Progressivamente, porém, desenvolvem um pressentimento consciente, e no final podem facilmente relatar quais dos baralhos são bons e quais são ruins. Mas Bechara estava interessado no período "pré-pressentimento". Durante essa fase, que se assemelha ao período de incubação dos matemáticos, os participantes já têm uma boa quantidade de evidências sobre os quatro baralhos, mas ainda "pescam" aleatoriamente de todos eles e afirmam não ter pistas sobre o que fazer. Curiosamente, assim que escolhem uma carta a partir de um baralho ruim, começam a suar, gerando uma queda na condutividade da pele. Esse marcador fisiológico do sistema nervoso simpático indica que o cérebro já identificou os baralhos que representam risco e está gerando um pressentimento subliminar.

O sinal de alarme provavelmente surge de operações executadas no córtex pré-frontal ventromedial – região do cérebro especializada em avaliações inconscientes. As imagens cerebrais mostram uma clara ativação dessa região, que é um indicador de desempenho em condições desvantajosas.[77] Pacientes com lesões nessa região não são acometidos pela condutividade antecipatória da pele, predecessora da escolha indesejada do baralho que leva ao resultado ruim; isso só acontece mais tarde, depois que o resultado ruim é revelado. Os córtices ventromedial e orbifrontal contêm toda uma variedade de processos estimativos que monitoram constantemente nossas ações, computando seu valor potencial. A pesquisa de Bechara sugere que essas regiões operam muitas vezes fora de nossa consciência. Embora tenhamos a impressão de fazer escolhas aleatórias, nosso comportamento pode, de fato, ser guiado por palpites inconscientes.

Ter um palpite não é exatamente a mesma coisa que resolver um problema de matemática. Mas um experimento de Ap Dijksterhuis chegou perto da taxionomia de Hadamard e sugeriu que casos legítimos de solução de problemas podem, sim, tirar proveito de um período inconsciente de incubação.[78] Esse psicólogo holandês propôs aos alunos um problema em que tinham que escolher entre quatro marcas de carros, diferentes entre si em 12 características. Os participantes leram o desafio; em seguida, metade deles foi instada a pensar conscientemente por quatro minutos sobre qual seria sua escolha; e a outra metade foi distraída pelo mesmo espaço de tempo (levada a resolver anagramas). Finalmente, ambos os grupos fizeram suas escolhas. Surpreendentemente, os sujeitos do grupo dos distraídos escolheram o melhor carro muito mais vezes que os do grupo da decisão consciente (60% contra 22%, um efeito significativamente grande, dado que uma escolha aleatória resultaria em um sucesso de 25%). O trabalho foi replicado em muitas situações da vida real, por exemplo em compras nos supermercados IKEA: muitas semanas depois de uma excursão a esse local, os compradores que relataram ter investido grande esforço consciente em sua decisão estavam menos satisfeitos com as compras do que os que haviam comprado impulsivamente, sem muita reflexão consciente.

Embora esse experimento não preencha totalmente os critérios estritos para uma experiência inconsciente (porque a distração não garante completamente que os sujeitos não pensaram no problema), ele é muito sugestivo: lida-se melhor com alguns aspectos da solução de problemas ficando nas margens da inconsciência do que mediante um esforço consciente completo. Não estamos completamente errados quando pensamos que dormir pensando em um problema ou deixar nossa mente vagar quando estamos no chuveiro pode produzir *insights* brilhantes.

O inconsciente é capaz de resolver qualquer tipo de problema? Ou melhor, há categorias de desafios que são especialmente propícias para serem resolvidas por um palpite inconsciente? É interessante notar que os experimentos de Bechara e de Dijksterhuis envolvem problemas parecidos: ambos pedem que os sujeitos avaliem diversos parâmetros. No caso de Bechara, trata-se de pesar cuidadosamente os ganhos e as perdas em que se incorre com cada baralho de cartas. No caso de Dijksterhuis, precisam escolher um carro com base em uma média ponderada de 12 critérios. Tomadas conscientemente, essas decisões sobrecarregam nossa memória operacional: a mente consciente, que em geral se concentra em uma ou poucas possibilidades de cada vez, fica logo sobrecarregada. Talvez seja por isso que os pensadores conscientes do experimento de Dijksterhuis não se saíram tão bem: eles tenderam a dar um peso excessivo a um ou dois traços do quadro, perdendo de vista o quadro todo. Os processos inconscientes são excelentes em atribuir valores a muitos itens, fazendo uma média deles para chegar a uma decisão.

Computar o total ou a média de vários valores positivos e negativos faz parte do repertório normal daquilo que os circuitos elementares de neurônios conseguem fazer inconscientemente. Até os macacos são capazes de aprender a tomar decisões com base no valor total gerado por uma série de formas arbitrárias, e a atividade dos neurônios parietais mantém disponível o registro desse total.[79] No meu laboratório, provamos que esse valor aproximado da soma total está ao alcance do inconsciente humano. Em um experimento, iluminamos uma série de cinco setas e perguntamos aos participantes se havia mais setas apontando para a direita ou para a esquerda. Quando as setas foram tornadas invisíveis por mascaramento, pediu-se que adivinhassem, e eles acreditaram estar respondendo ao acaso, mas na realidade saíram-se melhor do que seria previsto pelo acaso. Sinais vindos do córtex parietal forneceram evidências de que océrebro estava computando inconscientemente a soma aproximada do conjunto de evidências.[80] As setas eram invisíveis subjetivamente, mas ainda entravam nas avaliações e nos sistemas de decisão do cérebro.

Em outro experimento, iluminamos oito numerais; quatro deles eram visíveis conscientemente e quatro eram invisíveis. Pedimos aos participantes que decidissem se a média deles era maior ou menor que cinco. De modo geral, as respostas foram bastante corretas, mas – fato notável – os participantes consideraram todos os números disponíveis (os oito). Vale notar: se os números conscientes fossem maiores do que cinco, mas os números ocultos fossem menores do que cinco, os sujeitos tinham um viés inconsciente para responder "menor".[81] A operação de buscar, a pedido, uma média usando os números visíveis conscientemente tinha se estendido aos números sobre os quais eles eram inconscientes.

ESTATÍSTICAS DURANTE O SONO

Claramente, então, algumas operações matemáticas elementares, incluindo o cálculo de médias e a comparação de números, podem ocorrer inconscientemente. Mas o que acontece com operações genuinamente criativas, como a descoberta que Poincaré fez no ônibus? Estamos realmente sujeitos a passar por descobertas a qualquer momento, mesmo quando não esperamos, quando estamos pensando em outras coisas? A resposta parece ser positiva. Nosso cérebro funciona como um estatístico requintado que detecta regularidades escondidas em sequências aparentemente aleatórias. Esse aprendizado estatístico está constantemente funcionando em segundo plano, e isso acontece até quando estamos dormindo.

Ullrich Wagner, Jan Born e colegas testaram a a possibilidade, afirmada por alguns cientistas, de se ter um *insight* inesperado ao acordar de uma boa noite de sono.[82] Para levar essa ideia ao laboratório, submeteram alguns sujeitos a um experimento matemático para *nerds*: teriam que transformar mentalmente uma sequência de sete números em outra sequência de sete números de acordo com uma regra que forçava a atenção. Pediu-se que nomeassem somente o último número da resposta – mas encontrar seu valor exigia um longo cálculo feito de cabeça. Eles ignoravam que havia um atalho. A sequência final tinha uma simetria escondida: os últimos três números repetiam os três anteriores em ordem inversa (por ex., 4 1 4 9 9 4 1) e consequentemente o último número era sempre igual ao segundo. Quando os participantes identificavam o atalho, conseguiam economizar um tempo enorme, parando no segundo número. Durante o teste inicial, a maioria dos participantes não conseguiu perceber a regra escondida. Todavia, uma boa noite de sono mais do que dobrou a probabilidade de terem o *insight*: muitos participantes acordaram com a solução na cabeça! Os controles estabeleceram que o tempo transcorrido era irrelevante; o que pesou mesmo foi o sono. O adormecer pareceu permitir a consolidação de um conhecimento prévio que ganhou uma forma mais compacta.

Sabemos agora, a partir de estudos feitos em animais, que o hipocampo e o córtex continuam ativos durante o sono. Seus padrões de iluminação repetem em velocidade rápida, a mesma sequência de atividades que ocorreram durante o período anterior de vigília.[83] Por exemplo, um rato corre por um labirinto; então, quando adormece, seu cérebro reativa seus neurônios de codificação de lugares com tal exatidão que torna possível transitar pelos lugares em que viaja mentalmente, mas numa velocidade muito mais rápida e às vezes, inclusive, em ordem inversa. Essa compressão temporal oferece talvez a possibilidade de tratar uma sequência de números como um padrão espacial quase simultâneo, permitindo assim a detecção de regularidades escondidas por mecanismos de aprendizagem clássicos. Qualquer que seja a explicação neurobiológica, o sono é um período fervilhante de atividade inconsciente, que dá suporte a muita consolidação da memória e a muitos *insights*.

UMA SACOLA SUBLIMINAR DE TRUQUES

Essas demonstrações de laboratório são bem diferentes do pensamento matemático que Poincaré tinha em mente ao explorar inconscientemente a funções fuchsianas e a geometria não euclidiana. Contudo, a distância vai sendo reduzida à medida que experimentos inovadores estudam o amplo leque de operações que podem ser executadas, pelo menos em parte, sem uma participação consciente.

Pensou-se por muito tempo que a "central executiva" da mente – o sistema cognitivo que controla nossas operações mentais, evita respostas automáticas, troca de tarefas e detecta nossos erros – seria o domínio exclusivo da mente consciente. Mas, recentemente, mostrou-se que há funções executivas requintadas que operam inconscientemente, com base em estímulos invisíveis.

Uma dessas funções é nossa habilidade de autocontrole e de inibir respostas automáticas. Imagine que você está executando uma tarefa repetitiva, como, por exemplo, apertar uma tecla sempre que uma determinada imagem aparece em uma tela – com exceção de raras ocasiões em que a imagem representa um disco preto, e você, então, precisa prontamente evitar de clicar. Isso é chamado o "sinal de pare" e muitas pesquisas mostram que a capacidade de inibir uma resposta rotineira é uma marca do sistema executivo central da mente. O psicólogo holandês Simon van Gaal quis saber se a inibição de uma resposta requer a consciência: os sujeitos continuariam tentando evitar clicar se o sinal de "pare" fosse subliminar? Curiosamente, a resposta é *sim*. Quando um sinal inconsciente de "pare" era exibido por um breve instante, as mãos dos participantes ficavam mais lentas e, às vezes, até paravam de responder.[84] Os participantes faziam tudo isso sem entender por que, pois o estímulo responsável por provocar essa inibição tinha permanecido invisível. Essas observações significam que *invisível* não é sinônimo de fora de *controle*. Mesmo um sinal de "pare" invisível pode desencadear uma onda de atividade que se espalha amplamente pelas redes executivas que nos permitem controlar nossas ações.[85]

Da mesma forma, somos capazes de detectar alguns de nossos erros sem estarmos conscientes. Em uma tarefa de movimentos oculares, quando os olhos dos participantes se desviam do plano, esse erro desencadeia uma ativação dos centros de controle executivo no córtex cingulado anterior – mesmo quando os participantes não se dão conta do erro, e negam que seu olhar tenha se afastado do alvo.[86] Sinais inconscientes podem inclusive ocasionar uma mudança parcial para outra tarefa. Quando era mostrada aos sujeitos uma instrução consciente orientando a passar da tarefa 1 para a tarefa 2, o fato de iluminar essa orientação abaixo do limiar de consciência ainda tem o efeito de torná-los mais lentos, causando uma mudança parcial de tarefa no nível cortical.[87]

Em síntese, a psicologia demonstrou amplamente não só que a percepção subliminar existe, mas que toda uma série de processos mentais podem ser lançados sem a intervenção da consciência (embora, na maioria dos casos, eles não se completem). A Figura 13 apresenta sinteticamente as várias regiões do cérebro que, em experimentos discutidos neste capítulo, demonstraram ser ativadas na ausência de consciência. O inconsciente tem um amplo leque de truques, como a compreensão de palavras, a soma numérica, a detecção de erros e a solução de problemas.

Henri Poincaré, em *A ciência e a hipnose* (1902), antecipou a superioridade da força-bruta do processamento inconsciente sobre a lentidão do pensamento consciente:

> O eu subliminar não é de maneira alguma inferior ao eu consciente; não é estritamente automático; é capaz de discernimento; tem tato, delicadeza; sabe como escolher, como adivinhar. O que estou dizendo? Ele sabe adivinhar melhor do que o eu consciente, porque acerta onde o outro errou. Em poucas palavras: o eu subliminar não seria superior ao eu consciente?

A ciência contemporânea responde à pergunta de Poincaré com um sonoro *sim*. Sob muitos aspectos, as operações de nossa mente subliminar ultrapassam as realizações conscientes. Nosso sistema visual resolve rotineiramente problemas de percepção da forma e reconhecimento de variáveis que surpreendem até os melhores softwares computacionais. E nós esbarramos nessa espantosa capacidade da mente inconsciente sempre que refletimos sobre problemas matemáticos.

Figura 13

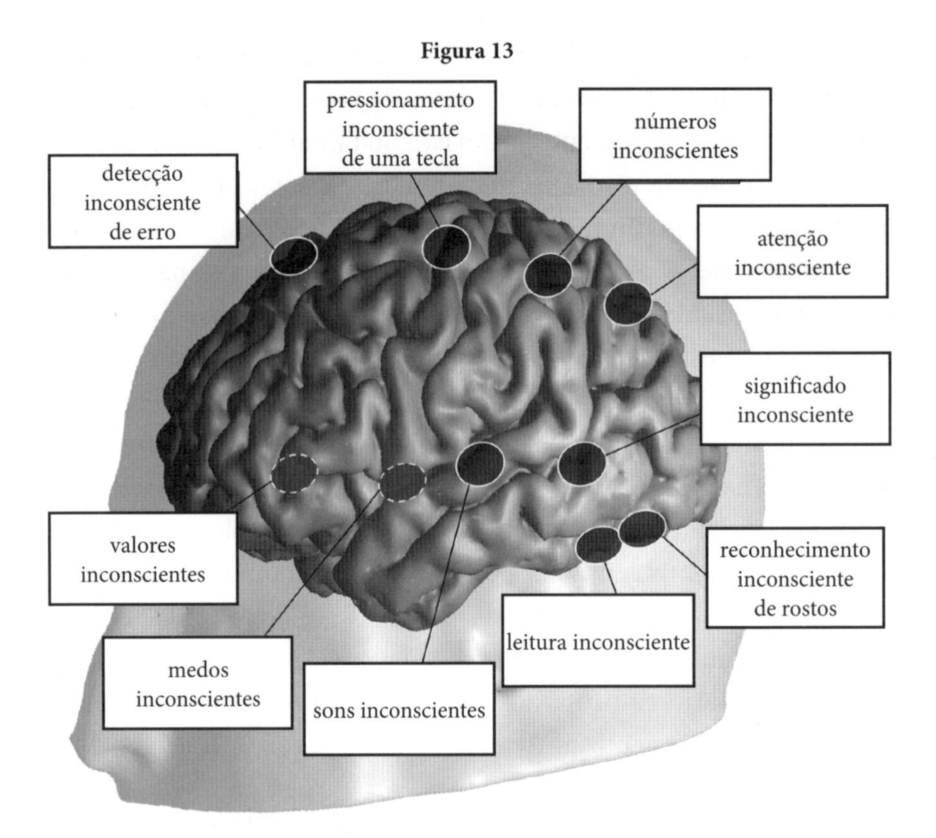

Uma apresentação geral das operações inconscientes do cérebro humano. A figura apresenta somente um subconjunto dos inúmeros circuitos que podem ativar-se sem que isso seja percebido conscientemente. Acreditamos hoje que praticamente todo processador cerebral pode operar inconscientemente. Para facilitar a decodificação, cada processamento é marcado em seu nível cerebral dominante, mas é preciso lembrar que essa especialização neuronal sempre se baseia num circuito cerebral completo. Alguns de nossos processadores inconscientes são subcorticais: envolvem grupos de neurônios localizados abaixo da superfície do córtex (indicados por linhas tracejadas) e frequentemente implementam funções que apareceram no início de nossa evolução, como a detecção dos estímulos assustadores que nos alertam para um perigo iminente. Outros processamentos mobilizam diferentes setores do córtex. Mesmo as áreas corticais de nível superior que codificam nosso conhecimento cultural adquirido, como a leitura ou a aritmética, podem operar fora de nossa consciência.

Mas não nos empolguemos demais. Alguns psicólogos cognitivos chegam a propor que a consciência não passa de um mito, uma característica decorativa mas impotente, como o glacê de um bolo.[88]

Segundo eles, todas as operações mentais que fundamentam nossas decisões e nosso comportamento são executadas inconscientemente. Na opinião deles, nossa consciência é um mero espectador, um passageiro do banco de trás, que contempla as realizações inconscientes do cérebro, mas não tem poderes efetivos próprios. Como no filme *Matrix* de 1999, somos prisioneiros de um artifício sofisticado, e nossa experiência de viver uma vida consciente é ilusória; todas as nossas decisões são tomadas *in absentia* pelos processos inconscientes que ocorrem dentro de nós.

No próximo capítulo, refutaremos essa teoria zumbi. A consciência é uma função avançada, em meu ponto de vista – uma propriedade biológica que emergiu a partir da evolução porque era útil. A consciência precisa, portanto, preencher um nicho cognitivo específico e encarar um problema que os sistemas paralelos especializados da mente inconsciente não poderiam encarar.

Sempre perspicaz, Poincaré notou que, apesar das capacidades subliminares do cérebro, as engrenagens inconscientes dos matemáticos não começavam a funcionar a menos que já tivessem feito um pesado esforço consciente em resposta ao problema na fase de iniciação. E mais tarde, depois da experiência de um *insight*, apenas a mente consciente poderia verificar cuidadosamente, passo a passo, aquilo que o inconsciente parecia ter descoberto. Henry Moore defendeu exatamente a mesma posição em *The Sculptor Speaks* (1937):

> Embora a parte não lógica, instintiva e subconsciente da mente precise desempenhar seu papel no trabalho [do artista], ele também tem uma mente consciente que não fica inativa. O artista trabalha com uma concentração de toda a sua personalidade, e a parte consciente disso resolve conflitos, organiza memórias e o impede de tentar caminhar em duas direções ao mesmo tempo

Estamos agora prontos para entrar no reino único da mente consciente.

Para que serve a consciência?

Por que a consciência evoluiu? Há operações que podem ser executadas apenas por uma mente consciente? Ou a consciência é um mero epifenômeno, uma característica inútil ou até mesmo ilusória da nossa constituição biológica? Na realidade, a consciência sustenta uma variedade de operações específicas que não podem ser realizadas inconscientemente. A informação subliminar é evanescente, mas a informação consciente é estável - podemos mantê-la por quanto tempo quisermos. O estado de consciência também compacta as informações recebidas, reduzindo uma corrente imensa de dados sensoriais a um conjunto de símbolos de pequenas dimensões. Essas informações, depois de receberem um tratamento por amostragem, podem ser direcionadas para outro estágio de processamento, que nos permite executar cadeias de operações cuidadosamente controladas, como o faria um computador serial. Essa função difusora da consciência é essencial. Nos seres humanos, ela é fortemente amplificada pela linguagem, que nos permite distribuir nossos pensamentos conscientes através do tecido social.

Os detalhes da distribuição dos estados de consciência, até onde os conhecemos, demonstram que eles são eficazes.

William James, *Princípios da Psicologia* (1890)

Na história da Biologia, poucas questões foram debatidas tão acaloradamente como o finalismo ou a teleologia – se faz sentido falar dos órgãos como desenhados ou evoluídos "para" uma função específica (uma "causa final", ou um *telos* em grego). Na era pré-darwiniana, o finalismo era uma norma, pois a mão de Deus era considerada a arquiteta oculta de todas as coisas. O grande anatomista francês Georges Cuvier apelava constantemente para a teleologia para interpretar as funções do corpo e dos órgãos: as garras eram "para" capturar uma presa, os pulmões eram "para" respirar, e essas causas finais eram as próprias condições de existência do organismo como um todo integrado.

Charles Darwin alterou radicalmente esse quadro apontando para a seleção natural, e não para o propósito, como uma força que, agindo cegamente, dava forma à biosfera. A representação darwiniana da natureza não precisa da intenção divina. Os órgãos que evoluíram não são previstos "para" sua função; simplesmente proporcionam a seu possuidor uma vantagem reprodutiva. Numa inversão drástica de perspectiva, os antievolucionistas exploraram como contraexemplos para Darwin o que encaravam como óbvios exemplos de propósitos desvantajosos. Por que o pavão carrega uma cauda enorme, visualmente impressionante, mas incômoda? Por que o *Megaloceros*, o alce extinto da Irlanda, precisaria carregar um par de galhadas enormes, com mais de 3,5 metros, tão grande que foi apontada como a causa da extinção da espécie? Darwin respondeu mencionando a seleção sexual: é vantajoso para os machos, que competem pela atenção das fêmeas, desenvolver chamarizes elaborados, custosos e simétricos, anunciando sua própria boa forma física. A lição era clara: os órgãos biológicos não apareceram etiquetados com o nome de uma função, e mesmo as engenhocas desajeitadas que a evolução remendou podem ter dado uma vantagem competitiva a seus possuidores.

Durante o século XX, a teoria geral da evolução enfraqueceu ainda mais a explicação teleológica. O vocabulário moderno da evolução e do desenvolvimento (evo-devo) inclui atualmente um conjunto de ferramentas conceituais que, no conjunto, dão conta de um plano requintado que dispensa um planejador:

- Padrões gerados espontaneamente: o matemático Alan Turing descreveu pela primeira vez como as reações químicas podem levar à emergência de traços organizados, tais como as listras das zebras ou os padrões da casca do melão.[1] Em algumas conchas em forma de cone, padrões de fermentação sofisticados se auto-organizam sob uma camada opaca, o que prova sua falta de utilidade intrínseca – são apenas um subproduto de reações químicas com sua própria razão de ser.
- Relações alométricas: aumento no tamanho geral de um organismo (que pode ser vantajoso por si mesmo), podendo levar a uma alteração proporcional (desvantajosa) em alguns de seus órgãos. As galhadas descomunais do alce irlandês resultaram provavelmente de uma dessas mudanças alométricas.[2]
- *Spandrels*: O paleontologista de Harvard Stephen Jay Gould cunhou esse termo para referir-se a traços de um organismo

> que passam a existir como subprodutos necessários de sua arquitetura, mas que poderiam ser depois cooptados (ou "exaptados") para exercer outro papel.[3] Um exemplo é o bico dos seios masculinos – um efeito secundário mas necessário do *Bauplan** do organismo para a construção de seios femininos avantajados.

Levando em conta esses conceitos biológicos, já não podemos aceitar que qualquer característica biológica ou psicológica humana, incluindo o comportamento consciente, desempenhe necessariamente um papel funcional positivo no sucesso que nossa espécie alcança no mundo. A consciência poderia ser um padrão decorativo que aconteceu por acaso, ou o resultado fortuito do grande aumento no tamanho do cérebro que aconteceu na nossa espécie *Homo*; ou ainda uma criação extravagante, consequência de mudanças vitais. Esta opinião coincide com a intuição do escritor francês Alexandre Vialatte, que afirmou de forma curiosa que "a consciência, como o apêndice, não tem outra serventia a não ser nos deixar doentes". No filme de 1999 *Quero ser John Malkovich*, o marionetista Craig Schwartz lamenta a inutilidade da reflexão: "A consciência é uma maldição terrível. Eu penso. Eu sinto. Eu sofro. E tudo que peço em troca é a oportunidade de fazer meu trabalho".

Seria a consciência um mero epifenômeno? Deveria ser comparada com o alto estrondo do motor de um jato – inútil e penosa consequência da maquinaria do cérebro, decorrência inevitável da forma como ele é construído? O psicólogo britânico Max Velmans tende claramente para essa conclusão pessimista. Uma série impressionante de funções cognitivas, segundo ele, são indiferentes à atuação consciente – podemos ter consciência delas, mas elas continuariam a funcionar igualmente bem se fôssemos meros zumbis.[4] O popular escritor

* N.T.: Mantive aqui a palavra alemã *Bauplan*, que significa "plano de construção".

científico dinamarquês Tor Nørretranders cunhou o termo "ilusão do usuário" para referir-se ao nosso sentimento de estar no controle, que pode ser enganador; cada uma de nossas decisões – ele acredita – provém de fontes inconscientes.[5] Muitos outros psicólogos concordam: a consciência é o costumeiro passageiro do banco de trás, um observador inútil de ações que estão sempre fora de seu controle.[6]

Neste livro, contudo, eu exploro um caminho diferente – aquele que os filósofos chamam de visão "funcionalista" da consciência. A tese deles é que a consciência é útil. A percepção consciente transforma as informações recebidas em um código interno que permite que elas sejam processadas de maneira única. A consciência é uma propriedade funcional elaborada e, como tal, é provável que tenha sido selecionada ao longo de milhões de anos de evolução darwiniana, por desempenhar um papel operacional determinado.

Podemos precisar qual foi esse papel? Não dá para rebobinar a história evolutiva, mas pode-se usar o contraste mínimo entre imagens vistas e não vistas para caracterizar a unicidade das operações conscientes. A partir de experimentos psicológicos, podemos estabelecer as operações factíveis sem uso da consciência e as que só são desenvolvidas com uso comprovado da consciência. O presente capítulo mostrará que, em vez de incluir a consciência na lista dos renegados por falta de serventia, esses experimentos provam a alta eficácia da consciência.

ESTATÍSTICA INCONSCIENTE, AMOSTRAGEM CONSCIENTE

No meu entender, a ação da consciência implica uma divisão natural de trabalho. No porão, um exército de obreiros inconscientes faz o trabalho pesado, peneirando pilhas de dados. Ao mesmo tempo, no andar de cima, um conselho seleto de executivos, examinando somente um resumo da situação, toma vagarosamente decisões conscientes.

O capítulo anterior detalhou as possibilidades de nossa mente inconsciente. Uma grande variedade de operações cognitivas, desde a percepção até a compreensão da linguagem, a decisão, a ação, a avaliação e a inibição podem desenrolar-se, ao menos parcialmente, de forma subliminar. Abaixo do estado de cosnciência, uma miríade de processadores inconscientes, operando em paralelo, dedicam-se ininterruptamente a extrair a mais detalhada e completa interpretação do entorno. Operam como estatísticos quase perfeitos analisando cada mínima sugestão perceptual – um sutil movimento, uma sombra, uma mancha de luz – para calcular a probabilidade de determinado elemento se adequar ao mundo exterior. Assim como os institutos de meteorologia combinam dúzias de observações para prever as chances de chuva nos dias seguintes, nossa percepção inconsciente usa os dados sensoriais que capta para calcular a probabilidade de cores, formas, animais ou pessoas estarem ao nosso redor. Nossa consciência, por sua vez, oferece-nos somente um vislumbre desse universo probabilístico – aquilo que os estatísticos chamam de "amostra" derivada dessa distribuição inconsciente. Ela secciona as ambiguidades, criando uma imagem simplificada, uma síntese da melhor interpretação disponível, que pode finalmente ser passada para o nosso sistema de tomada de decisões.

Essa divisão de trabalho entre um exército de estatísticos inconscientes e um único indivíduo em posição de decidir pode impor-se por si mesma em qualquer organismo em atividade devido à própria necessidade desse organismo de agir sobre o mundo. Ninguém pode agir com base em meras probabilidades – em algum momento, um processo autoritário se faz necessário para derrubar todas as incertezas e decidir. *Alea jacta est*: "a sorte (mais exatamente, o dado) está lançada/lançado", como César disse após cruzar o Rubicão, para arrancar Roma das mãos de Pompeu. Qualquer ação voluntária exige que se faça pender a balança até um ponto de não retorno. A consciência pode ser esse mecanismo que faz pender a balança – juntando todas as probabilidades inconscientes numa única amostra consciente, para podermos avançar para novas decisões.

A fábula clássica do asno de Buridan mostra a utilidade de tomar rapidamente decisões complexas. Nessa história imaginária, um burrinho que está com fome e com sede é colocado exatamente a meio caminho entre um balde de água e uma pilha de feno. Incapaz de decidir entre as duas coisas, o animal da fábula morre de fome e de sede. O problema parece ridículo, mas somos constantemente confrontados com decisões desse tipo: o mundo só nos oferece oportunidades sem etiquetas, com consequências probabilísticas. A consciência resolve o problema trazendo à nossa atenção, em um determinado momento, apenas uma das milhares de interpretações possíveis que nos chegam.

O filósofo Charles Sanders Peirce, seguindo os passos do físico Hermann von Helmholtz, foi um dos primeiros a reconhecer que mesmo a mais simples de nossas observações resulta de uma desconcertante complexidade de inferências probabilísticas inconscientes:

> Olhando pela minha janela nesta maravilhosa manhã de primavera estou vendo uma azaleia em plena floração. Não, não! Não é isso que estou vendo, embora essa seja a única maneira que conheço para descrever o que vejo. Esta é uma proposição, uma sentença, um fato; mas aquilo que eu percebo não é uma proposição, sentença ou fato, mas somente uma imagem, que eu torno parcialmente inteligível por meio de uma declaração de um fato. Essa declaração é abstrata; mas aquilo que vejo é concreto. Eu realizo uma abdução quando expresso numa sentença uma coisa eu vejo. A verdade é que todo o material de nosso conhecimento é um feltro entrecortado de puras hipóteses confirmadas e refinadas pela indução. Nem mesmo o menor progresso pode ser feito no conhecimento, indo além do estágio do olhar perdido, sem que se faça uma abdução a cada passo.[7]

Aquilo que Peirce chamava "abdução" é o mesmo que o cientista cognitivo moderno chamaria de "inferência bayesiana", um nome tirado do reverendo Thomas Bayes (aproximadamente 1701-1761), que explorou pela primeira vez esse domínio da matemática. A inferência bayesiana consiste em usar o raciocínio estatístico "de trás para frente", de modo a inferir as causas ocultas por trás de nossas observações. Na teoria clássica das probabilidades, é típico saber o que acontece (por exemplo, "alguém puxa três cartas de um baralho de 52"); e a teoria nos permite atribuir probabilidades a resultados específicos (por exemplo: "qual é a probabilidade de que essas três cartas sejam todas ases?") A teoria bayesiana, porém, nos permite raciocinar na direção inversa, indo dos resultados às origens desconhecidas (assim: "se alguém tira três ases de um baralho de 52 cartas, quais são as chances de que o baralho tenha sido manipulado e contenha mais de quatro ases?"). Isso é chamado "inferência reversa"* ou "estatística bayesiana". A hipótese de que o cérebro funcione como um estatístico bayesiano é uma das áreas mais candentes e debatidas da Neurociência contemporânea.

Nosso cérebro precisa usar uma espécie de inferência reversa porque todas as nossas sensações são ambíguas: muitos objetos remotos poderiam tê-las causado. Quando eu manuseio um prato, por exemplo, sua borda me aparece como sendo um círculo perfeito, mas ele na realidade projeta em minha retina uma elipse distorcida compatível com uma miríade de outras interpretações. Um número infinito de objetos com forma de batata, de incontáveis orientações no espaço, poderia ter depositado a mesma projeção sobre minha retina. Se enxergo um círculo, é somente porque meu cérebro visual, avaliando inconscientemente as inúmeras causas possíveis para esse *input* sensorial, opta por "círculo" como o mais provável. Portanto, embora minha percepção do prato como um círculo pareça imediata, ela surge de fato de uma complexa inferência que

* N.T.: Alguns manuais dão como sinônimo "*logística reversa*".

descarta uma série inconcebivelmente grande de outras explicações para essa sensação particular.

A Neurociência oferece muitas evidências de que durante os estágios visuais intermediários, o cérebro avalia um grande número de interpretações alternativas para os *inputs* sensoriais. Por exemplo, um único neurônio pode perceber somente um pequeno segmento do contorno todo de uma elipse. Essa informação é compatível com uma ampla variedade de formas e padrões de movimento. Quando os neurônios visuais começam a conversar entre si, porém, dando seus "votos" para a melhor percepção, uma população inteira de neurônios pode convergir. Segundo a famosa fórmula de Sherlock Holmes, quando você tiver eliminado o impossível, o que restar, por mais improvável que seja, deve ser a verdade.

Uma lógica estrita governa os circuitos inconscientes do cérebro – eles parecem organizados idealmente para fazer inferências estatisticamente precisas a respeito de inserções sensoriais. Na área de movimento temporal média ("área MT"), por exemplo, os neurônios percebem o movimento de objetos somente através de uma estreita abertura (o "campo receptivo"). Nessa escala, qualquer movimento é ambíguo. Se você olhar um graveto através de uma estreita abertura, não será possível determinar com precisão seu movimento. Ele poderia estar se movimentando em uma direção perpendicular a si mesmo ou em inúmeras outras direções (Figura 14). Essa ambiguidade básica é conhecida como o "problema da abertura". Inconscientemente, neurônios individuais em nossa área MT sofrem com isso – mas nós não. Mesmo nas piores circunstâncias, não percebemos nenhuma ambiguidade. Nosso cérebro toma uma decisão e nos permite ver aquilo que julga ser a interpretação mais provável, com uma quantidade mínima de movimento: o graveto sempre parece mover-se em uma direção perpendicular a ele mesmo. Um exército inconsciente de neurônios avalia todas as possibilidades, mas a atuação consciente recebe somente um relatório despojado.

Figura 14

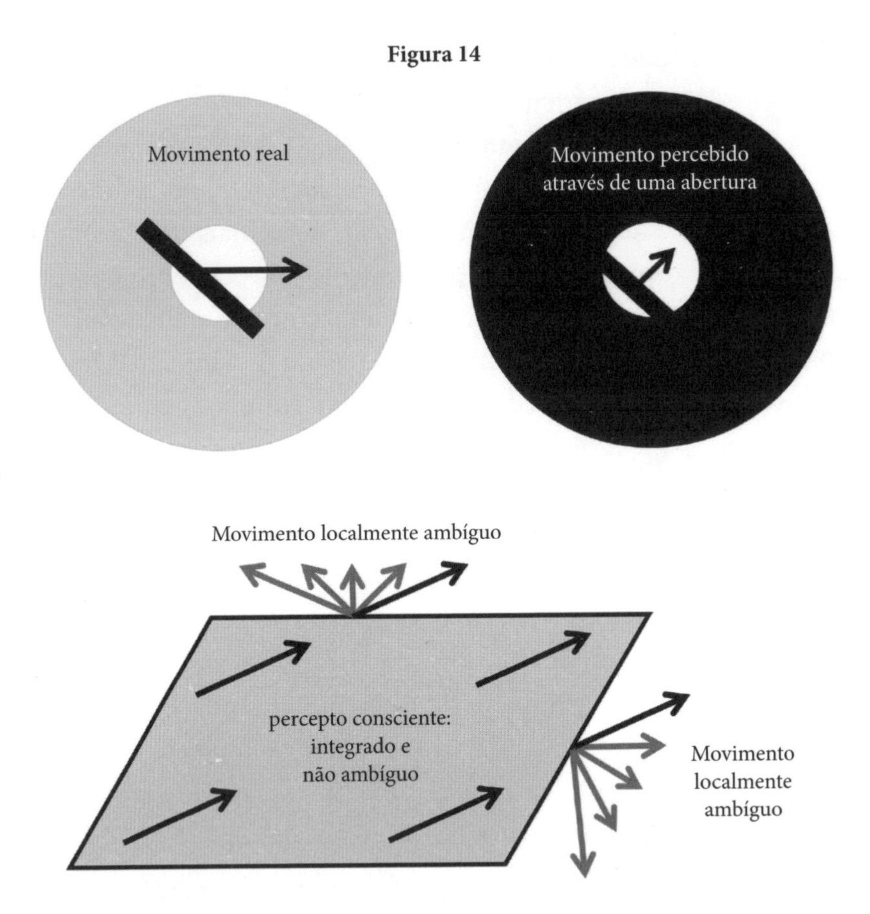

A consciência ajuda a resolver as ambiguidades. Na região do córtex que é sensível ao movimento, os neurônios sofrem o "problema da abertura". Cada um recebe *inputs* somente de uma abertura limitada, chamada classicamente o "campo receptivo", e consequentemente não podem dizer se o movimento é orientado horizontalmente, perpendicularmente à barra ou em outras incontáveis direções. Em nossa percepção consciente, porém, não existe ambiguidade alguma: nosso sistema perceptivo toma uma decisão e sempre nos permite ver a menor quantidade de movimento, perpendicular à linha. Quando a superfície toda está se movendo, percebemos a direção global do movimento, combinando os sinais provenientes de múltiplos neurônios. Os neurônios da área MT codificam inicialmente cada movimento local, mas logo convergem para uma interpretação global que coincide com aquilo que percebemos conscientemente. Essa convergência parece ocorrer somente se o observador está consciente.

Quando vemos uma forma mais complexa em movimento, por exemplo um retângulo em deslocamento, as ambiguidades locais, apesar de existirem, podem ser resolvidas, porque os diferentes lados de retângulo proporcionam diferentes dicas de movimento que se combinam em um único percepto. Uma única direção do movimento satisfaz conjuntamente as restrições que têm origem em cada lado (ver a Figura 14). Nosso cérebro visual a infere e permite que vejamos o único movimento rígido que dá conta do recado. As gravações neuronais mostram que essa inferência leva tempo: durante todo um décimo de segundo, neurônios na área MT "veem" apenas o movimento local, e leva entre 120 e 140 milissegundos para que mudem de ideia e codifiquem a direção global.[8] A consciência, porém, fica alheia a essa operação complexa. Subjetivamente, vemos somente o resultado final, um retângulo que se move sem sobressaltos, sem que sequer suspeitemos que nossas sensações iniciais eram ambíguas e que nossos circuitos neuronais tiveram que trabalhar duro para dar a elas um sentido.

Fascinantemente, o processo de convergência que leva nossos neurônios a concordar acerca de uma única interpretação desaparece durante a anestesia.[9] A perda da participação consciente é acompanhada por uma disfunção repentina dos circuitos neuronais que integram nossos sentidos num todo único e coerente. A consciência é necessária para que os neurônios troquem sinais entre si, quer na direção base-topo, quer na direção topo-base, até concordar um com o outro. Em sua ausência, o processo de inferência perceptiva é interrompido antes de gerar uma única interpretação coerente do mundo exterior.

O papel da consciência na resolução de ambiguidades perceptivas nunca é tão evidente como quando criamos, de caso pensado, um estímulo visual ambíguo. Suponha-se que apresentemos ao cérebro duas grades sobrepostas que se movem em direções diferentes (Figura 15). O cérebro não tem como dizer se a primeira grade está colocada em frente à outra ou vice-versa. Subjetivamente, porém, não percebemos essa ambiguidade básica. Nunca percebemos a mistura de duas possibilidades, mas nossa percepção consciente decide e nos faz ver uma das duas grades na frente. As duas interpretações se alternam: a cada poucos segundos, nossa percepção muda e vemos a outra grade passar para a frente. Alexandre Pouget e colaboradores mostraram que, quando são alterados parâmetros como a velocidade e o espaçamento, o tempo que nossa visão consciente gasta segurando uma interpretação tem relação direta com sua verossimilhança, dada a evidência sensorial recebida.[10] Aquilo que vemos, a qualquer momento, tende a ser a interpretação mais provável, mas outras possiblidades inesperadas aparecem ocasionalmente e ficam em nossa visão consciente por um período de tempo proporcional à sua probabilidade estatística. Nossa percepção inconsciente calcula as probabilidades, e então nossa consciência as seleciona aleatoriamente.

Figura 15

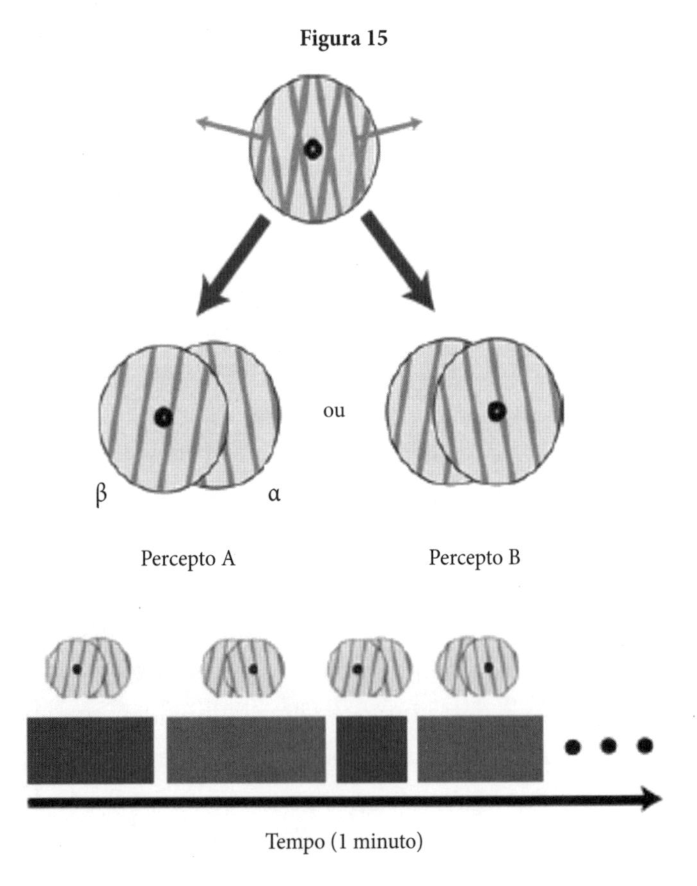

A consciência só nos permite ver uma das interpretações plausíveis de nossos *inputs* sensoriais. Uma visualização que consiste em duas grades superpostas é ambígua: qualquer uma das duas poderia ser percebida como estando na frente. Mas, a cada momento, ficamos cientes de apenas uma dessas possibilidades. Nossa visão consciente alterna entre os dois perceptos, e a proporção de tempo gasta num estado é um reflexo direto da probabilidade de que essa interpretação seja a correta. Em outras palavras, nossa visão inconsciente processa um panorama de probabilidades, e nossa consciência opta a partir disso.

A existência dessa lei probabilística mostra que, mesmo quando estamos percebendo conscientemente uma interpretação de uma cena ambígua, nosso cérebro ainda fica ponderando outras interpretações, e continua pronto para mudar de opinião a qualquer momento. Nos bastidores, um Sherlock inconsciente realiza cálculos intermináveis com distribuições de probabilidades: como inferiu Peirce, "todo o material de nosso conhecimento é um feltro emaranhado de meras hipóteses confirmadas e refinadas pela indução". Conscientemente, porém, tudo o que conseguimos ver é uma única amostra. Como resultado, a visão não se parece com um exercício complexo de matemática: abrimos os olhos, e nosso cérebro consciente deixa entrar apenas uma única imagem. Paradoxalmente, a amostra que aparece em nossa visão consciente nos deixa sempre cegos para sua complexidade interior.

Trabalhar por amostragem parece ser uma autêntica função do acesso consciente, no sentido de que não ocorre na ausência de uma atenção consciente. Considere-se a rivalidade binocular, sobre a qual tratamos no primeiro capítulo: a percepção instável que resulta de apresentar duas imagens distintas aos dois olhos. Quando nós atentamos para elas, as imagens se alternam incessantemente em nossa consciência. Embora o *input* sensorial seja fixo e unívoco, nós o percebemos como mudando constantemente, pois ficamos informados de uma única imagem por vez. Crucialmente, porém, quando voltamos nossa atenção para qualquer outro lugar, a rivalidade desaparece.[11] A coleta seletiva de informações parece ocorrer somente quando estamos conscientemente atentos. Como consequência, os processos inconscientes são mais objetivos do que os conscientes. Nosso exército de neurônios inconscientes se aproxima da verdadeira distribuição de probabilidades relacionadas às experiências, ao passo que nossa consciência as reduz vergonhosamente a tudo ou nada.

O processo todo apresenta uma analogia intrigante com a Mecânica Quântica (embora provavelmente seus mecanismos neurais envolvam somente a Física Clássica). Os físicos quânticos nos dizem que a realidade física consiste na superposição de funções de ondas que determinam a probabilidade de encontrar uma partícula em um determinado estado. Mas quando temos o cuidado de medir, essas probabilidades caem para um estado fixo de tudo ou nada. Não encontramos nunca misturas estranhas, como o famoso gato de Schrödinger, meio vivo e meio morto. De acordo com a teoria quântica, é o próprio ato da medição física que força as probabilidades a caírem numa única medida discreta. Em nosso cérebro, acontece algo semelhante: o próprio ato de tratar de um objeto faz cair a distribuição de probabilidades de suas diferentes interpretações e nos permite perceber somente uma delas. A consciência age como um mecanismo de medição discreta, que nos proporciona um único vislumbre do vasto mar subterrâneo de processamentos inconscientes.

Ainda assim, essa analogia sedutora pode ser superficial. Somente a pesquisa futura nos dirá se uma parte da Matemática que está por trás da Mecânica Quântica pode ser adaptada à Neurociência cognitiva da percepção consciente. O que é certo, porém, é que em nossos cérebros, uma tal divisão de trabalho é onipresente: os processos inconscientes agem como estatísticos rápidos e paralelos, ao passo que a consciência é um coletor de amostras lerdo. Isso ocorre não só na visão, mas também no domínio da linguagem.[12] Sempre que percebemos uma palavra ambígua, como *bank*,* como vimos no capítulo anterior, seus dois sentidos são temporariamente preparados no interior do nosso léxico inconsciente, muito embora ganhemos percepção consciente de um deles de cada vez.[13] O mesmo princípio subjaz à nossa atenção. Parece que só podemos dar atenção a um único lugar de cada vez, mas o mecanismo inconsciente pelo qual selecionamos um objeto é na verdade probabilístico e considera várias hipóteses ao mesmo tempo.[14]

Há um detetive escondido também em nossa memória. Tentem responder à seguinte pergunta: qual a porcentagem dos aeroportos do mundo está localizada nos Estados Unidos? Por favor, arrisque

* N.T. Reaparece aqui a mesma palavra de duplo sentido *bank*, ora "banco, casa de crédito", ora "margem de um rio".

uma resposta, mesmo que isso pareça difícil. Feito? Agora descarte seu primeiro palpite em me dê outro. Pesquisas mostram que nem mesmo o segundo palpite é aleatório. Além do mais, se você tiver que apostar, você se dará melhor usando como resposta a *média* das duas respostas do que qualquer das respostas separadamente.[15] Mais uma vez, a recuperação consciente age como uma mão invisível que escolhe ao acaso entre um monte de equivalentes. Podemos pegar uma primeira amostra, uma segunda e mesmo uma terceira, sem esgotar a capacidade de nossa mente inconsciente.

Uma analogia pode ser útil: a consciência é como um porta-voz de uma grande instituição. Organizações gigantes como o FBI, com seus milhares de empregados, sempre reúnem um conhecimento consideravelmente maior do que qualquer indivíduo sozinho poderia reunir. Como ilustra o trágico episódio de 11 de setembro de 2001, não é sempre fácil extrair informações relevantes do amplo leque de asseverações irrelevantes que cada funcionário tem. Para evitar afogar-se no mar sem fundo dos fatos, o presidente se baseia em breves resumos compilados por uma equipe organizada em forma de pirâmide, autorizando um único porta-voz a expressar esse "conhecimento comum". Esse uso hierárquico de recursos costuma ser racional, muito embora implique negligenciar os indícios sutis de que um acontecimento dramático pode estar sendo tramado.

Igual a uma gigantesca instituição, com um corpo de centenas de bilhões de neurônios, o cérebro deve contar com um mecanismo de informação semelhante. A função da consciência pode ser a de simplificar a percepção, esboçando um resumo do contexto corrente antes de divulgá-lo, de maneira coerente, para todas as outras áreas envolvidas na memória, decisão e ação.

Para ser útil, o resumo consciente do cérebro precisa ser estável e integrativo. Durante uma crise nacional, não faria sentido que o FBI mandasse ao presidente, uma depois da outra, milhares de mensagens sucessivas, contendo cada qual uma pequena parte da verdade, deixando a ele a tarefa de dar sentido ao todo. Do mesmo modo, o cérebro não pode ficar preso a um fluxo de baixo nível de dados que chegam: precisa juntar as peças em um todo coerente. Como em uma súmula destinada ao presidente, o resumo consciente do cérebro precisa conter uma interpretação do contexto, escrita em uma "língua do pensamento" suficientemente abstrata para conectar com os mecanismos da intenção e da tomada de decisão.

PENSAMENTOS QUE DURAM

> "As melhorias que instalamos em nosso cérebro quando aprendemos nossa língua nos permitem rever, recuperar, reensaiar, redesenhar nossas atividades, transformando os cérebros em espaços semelhantes a câmaras de ecos em que processos de outra forma evanescentes, se tornem objetos. Àqueles que persistem mais longamente, adquirindo influência à medida que persistem, chamamos de pensamentos conscientes."
>
> Daniel Dennett, *Tipos de mente* (1996)

> "A consciência é, por assim dizer, o hífen que junta aquilo que foi com aquilo que será, a ponte que abrange o passado e o futuro."
>
> Henri Bergson, *Huxley Memorial Lecture* (1911)

Deve haver uma razão muito boa para que nossa consciência condense mensagens sensoriais em um código sintético, desprovido de lacunas e ambiguidades: esse código é suficientemente compacto para ser levado adiante no tempo, passando para o que chamamos usualmente "memória de trabalho". A memória de trabalho e a consciência parecem ter uma ligação estreita. Pode-se mesmo argumentar, juntamente com Daniel Dennett, que o principal papel da consciência é criar pensamentos duradouros. Uma vez consciente, a informação permanece fresca em nossa mente enquanto merecer nossa atenção e lembrança. O resumo consciente precisa ser mantido estável o suficiente para informar nossas decisões, mesmo que levem alguns minutos para tomar forma. A duração estendida, que dá consistência ao momento presente, é característica de nossos pensamentos conscientes.

Um mecanismo celular próprio da memória passageira existe em todos os mamíferos, desde os humanos até os macacos, gatos, ratos e camundongos. Suas vantagens evolucionárias são óbvias. Os organismos que têm uma memória ficam livres das pressões das contingências ambientais. Não ficam mais presos ao presente, pois podem relembrar o passado e antecipar o futuro. Quando um predador se esconde atrás de uma rocha, o alvo tem de lembrar sua presença invisível, sob risco de morte. Muitos acontecimentos que afetam o ambiente se repetem em intervalos irregulares, em grandes espaços, e são anunciados por uma variedade de indícios. A capacidade de sintetizar informações sobre tempo, espaço e modalidades de conhecimento, e de voltar a pensar sobre elas a qualquer momento no futuro é um componente fundamental da mente consciente – um componente que aparentemente foi selecionado pela evolução.

O componente da mente que os psicólogos chamam "memória de trabalho" é uma das funções dominantes do córtex pré-frontal dorsolateral e áreas conexas, o que faz dessas áreas fortes candidatas a serem depositárias de nosso conhecimento consciente.[16] Essas regiões pulsam nos experimentos com neuroimagem sempre que ficamos presos a uma peça de informação: um número de telefone, uma cor ou a forma de uma figura que foi iluminada. Os neurônios pré-frontais implementam uma memória ativa: muito tempo depois que a imagem desapareceu, eles continuam a emitir sinais durante a atividade da memória de curto prazo – às vezes até dezenas de segundos depois. E quando o córtex pré-frontal é danificado ou distraído, essa memória se perde – cai num esquecimento inconsciente.

Os pacientes acometidos por lesões do córtex pré-frontal apresentam maiores dificuldades no planejamento do futuro. Seu notável conjunto de sintomas sugere uma perda de previsão e uma teimosa aderência ao presente. Eles parecem incapazes de inibir ações indesejadas e podem agarrar e usar automaticamente ferramentas (comportamento de utilização) ou imitar outras pessoas num comportamento impossível de ser reprimido (comportamento de imitação). Suas capacidades de inibição consciente, pensamento de longo prazo e planificação podem estar gravemente deterioradas. Nos casos mais graves, a apatia e outros sintomas indicam uma quebra gritante na qualidade e nos conteúdos da vida mental. As desordens diretamente ligadas à consciência incluem a heminegligência (consciência prejudicada em relação a metade do espaço, usualmente à esquerda), a abulia (incapacidade de gerar ações voluntárias), o mutismo acinético (incapacidade de gerar relatos verbais espontâneos, embora a capacidade de repetição possa permanecer intacta), a anosognosia (falta de consciência de deficiências maiores, incluindo paralisia), e a avaria da memória autonoética (que é a capacidade de lembrar e analisar os próprios pensamentos). Lesões no córtex pré-frontal podem inclusive interferir em capacidades tão básicas como perceber uma imagem visual breve[17] e refletir sobre ela.

Em resumo, o córtex pré-frontal parece desempenhar um papel fundamental em nossa capacidade de conservar informações a longo prazo, refletir a seu respeito e integrá-las em nossos planos em andamento. Haveria evidência mais direta de que essa reflexão que se estende ao longo do tempo envolve necessariamente a consciência? Os cientistas cognitivos Robert Clark e Larry Squire realizaram um maravilhoso e simples teste de síntese temporal: o condicionamento temporal do reflexo da pálpebra.[18] Em um determinado momento, uma máquina pneumática assopra ar em direção ao olho. A reação é instantânea: tanto em coelhos como nos seres humanos, a membrana protetiva da pálpebra imediatamente se fecha. Coloquemos agora, antes da emissão de ar, um breve sinal sonoro de aviso. O resultado é o chamado "condicionamento pavloviano" (em memória do fisiologista russo Ivan Petrovich Pavlov, que pela primeira vez condicionou os cães a salivar respondendo ao som de um sino, que antecipava a chegada de comida). Depois de um breve treinamento, o olho pisca ao ouvir o som, antes do sopro de ar. Depois de algum tempo, uma apresentação casual do som isolado basta para produzir a resposta de "fechamento total dos olhos".

O fechamento dos olhos é rápido, mas é consciente ou inconsciente? A resposta, surpreendentemente, depende da presença de um intervalo temporal. Em uma versão do teste, geralmente chamada "condicionamento adiado", o som dura até que chega o sopro. Os dois estímulos coincidem por um breve momento no cérebro do animal, fazendo do aprendizado uma simples questão de detectar uma coincidência. Em outra, chamada "condicionamento de traços", o som é breve, separado do sopro subsequente de ar por um intervalo vazio. Embora muito pouco diferente, esta versão é mais desafiadora. O organismo precisa manter um vestígio de memória do som passado ativo para poder descobrir sua relação com o sopro de ar que segue. Para evitar possíveis confusões, chamarei a primeira versão "condicionamento por coincidência" (o primeiro estímulo dura um tempo suficiente para coincidir com o segundo, tornando desnecessário qualquer apelo à memória) e denominarei a segunda versão "condicionamento por traço de memória" (o sujeito precisa guardar na mente um traço de memória do som, necessário para criar uma ponte temporal entre ele e o desagradável sopro de ar).

Os resultados experimentais são claros: o condicionamento por coincidência ocorre inconscientemente, ao passo que para o condicionamento por traço de memória é requerida uma mente consciente. De fato, o condicionamento por coincidência não requer o córtex.[19] Um coelho sem cérebro, sem qualquer córtex cerebral, sistema límbico, tálamo e hipotálamo ainda mostra um condicionamento da pálpebra quando o som e o sopro coincidem no tempo. No condicionamento por traço de memória, porém, nenhum aprendizado ocorre, a menos que o hipocampo e as estruturas a ele conexas (que incluem o córtex pré-frontal) estejam intactos. Nos humanos, o aprendizado por traço de memória parece ocorrer se e somente se a pessoa relatar estar ciente da ligação preditiva sistemática entre o som e o sopro de ar. Idosos, amnésicos e pessoas que estavam simplesmente distraídas demais para perceber a relação temporal não apresentam nenhum condicionamento (visto que essas manipulações não têm qualquer efeito sobre o condicionamento baseado em coincidência). As imagens cerebrais mostram que os sujeitos que ganham consciência são precisamente aqueles que ativaram seu córtex pré-frontal e seu hipocampo durante o aprendizado.

Acima de tudo, o paradigma de condicionamento sugere que a consciência tem um efeito evolucionário específico: aprender ao longo do tempo, em vez de simplesmente viver no instante. O sistema formado pelo córtex pré-frontal e as áreas com ele conectadas, incluindo o hipocampo, podem desempenhar o papel essencial de superar espaços temporais. A consciência nos dota de um "presente lembrado", nas palavras de Gerald Edelman.[20] Graças a isso, um conjunto selecionado de nossas experiências passadas pode ser projetado para o futuro e interligado com os dados sensoriais presentes.

O que é particularmente interessante a respeito do teste de condicionamento por traço de memória é que ele é suficientemente simples para poder aplicar-se a todo tipo de organismo, desde as crianças até os macacos, coelhos e camundongos. Quando os camundongos são submetidos ao teste, eles ativam regiões anteriores do cérebro que são semelhantes ao córtex pré-frontal[21] humano. O teste pode, portanto, ter detectado uma das funções mais básicas da consciência, uma operação tão essencial que pode também estar presente em muitas outras espécies.

Dado que uma memória de trabalho temporalmente estendida requer a intervenção da consciência, esticar nossos pensamentos inconscientes através do tempo é impossível? Medições empíricas da duração da atividade subliminar sugerem que sim: os pensamentos subliminares duram apenas um instante.[22] A duração de um estímulo subliminar pode ser avaliada pelo tempo necessário para o efeito cair a zero. O resultado é muito claro. Uma imagem visível pode ter um efeito muito duradouro, mas uma imagem invisível tem influência passageira em nossos pensamentos. Sempre que tornamos invisível uma imagem por mascaramento, ela ainda assim ativa representações visuais, ortográficas, lexicais ou mesmo semânticas no cérebro, mas por uma curta duração. Depois de mais ou menos um segundo, a ativação inconsciente geralmente decai para um nível indetectável.

Muitos experimentos mostram que os estímulos subliminares sofrem uma rápida degradação no cérebro. Resumindo esses achados, meu colega Lionel Naccache concluiu (contradizendo o psicanalista francês Jacques Lacan) que "o inconsciente não está estruturado como uma língua, e sim como um decaimento exponencial".[23] Esforçando-nos, podemos manter a informação subliminar viva por um período ligeiramente mais longo, mas a qualidade dessa memória é tão degradada que nossa recuperação, depois de um intervalo de alguns segundos, mal chega a superar o nível do acaso.[24] Somente o comportamento consciente nos permite cultivar pensamentos duradouros.

A MÁQUINA DE TURING HUMANA

Estando "na mente", e protegida de se enfraquecer com o tempo, a informação pode ser envolvida em operações específicas? Há operações cognitivas que requerem atenção consciente e que ficam fora do alcance de nossos processos inconscientes de pensamento? A resposta parece ser afirmativa: pelo menos nos seres humanos a consciência nos empresta a competência de um sofisticado computador serial.

Por exemplo, tente calcular mentalmente 12 x 13.

Pronto?

Você acompanhou as operações matemáticas acontecendo em seu cérebro, uma depois da outra? Conseguiu relatar fielmente as etapas sucessivas que percorreu e os resultados intermediários que as etapas produziram? A resposta é geralmente "sim"; temos conhecimento das estratégias seriais que aplicamos para multiplicar. Quanto a mim, lembrei inicialmente que 12^2 é o mesmo que 144, e acrescentei mais 12. Outras pessoas poderiam multiplicar os números um depois do outro, seguindo a receita clássica para a multiplicação. A questão é que, qualquer que seja a estratégia, podemos relatá-la conscientemente. E nosso relato é exato: pode ser validado de maneira cruzada por medições comportamentais referentes a tempo de resposta e movimentos oculares.[25] Essa análise cuidadosa é pouco comum em psicologia. A maioria das operações mentais são opacas para o olho da mente; não temos análises para as operações que nos permitem reconhecer um rosto, planejar um passo, somar dois números ou mencionar uma palavra. Na aritmética de muitos números, há algo diferente: ela parece consistir numa série de passos que permitem a introspecção. E para mim a razão é simples. Estratégias complexas, formadas pela sequência de passos elementares – aquilo que os cientistas da computação chamam "algoritmos" – são mais uma das funções da consciência desenvolvidas de modo único.

Você seria capaz de multiplicar 12 x 13 inconscientemente se o problema fosse apresentado a você em um lance subliminar? Não, de jeito algum.[26] Um lento sistema de escalonamento parece necessário para guardar os resultados intermediários e passá-los adiante para a próxima etapa. O cérebro precisa de um "roteador" que lhe permita difundir flexivelmente informações de ou para suas rotinas interiores.[27] Essa parece ser uma das principais funções da consciência: coletar informações de vários processadores, sintetizá-las e então transmitir o resultado – um símbolo consciente – para outros processadores selecionados arbitrariamente. Esses processadores, por sua vez, aplicam suas habilidades inconscientes a esse símbolo, e o inteiro círculo pode repetir-se um certo número de vezes. O resultado é uma máquina híbrida, serial e paralela, em que estágios de processamento altamente paralelo são intercalados com um estágio serial de tomada de decisão consciente e de encaminhamento de informação.

Juntamente com os físicos Mariano Sigman e Ariel Zylberberg, comecei a explorar as propriedades computacionais que um dispositivo desse tipo precisaria possuir.[28] Ele se assemelha de perto daquilo que os cientistas da computação chamam de "sistema de produção", um programa introduzido nos anos 1960 para implementar tarefas de inteligência artificial. Um sistema de produção contém uma base de dados, também chamada "memória de trabalho", e uma grande variedade de regras de produção do tipo *se – então* (por exemplo: se houver um A na memória de trabalho, converta-o na sequência BC). A cada passo, o sistema examina se uma regra coincide com o estado momentâneo de sua memória de trabalho. Se forem muitas essas regras, elas acabam competindo sob a égide de um sistema de priorização estocástico. Finalmente, a regra vencedora "se inflama" e é autorizada a mudar os conteúdos da memória de trabalho, antes que o processo todo recomece. Portanto, essa sequência de passos consiste em ciclos seriais de competição inconsciente, ignição consciente e transmissão.

É notável que os sistemas de produção, embora sejam muito simples, têm a capacidade de implementar qualquer procedimento efetivo – qualquer processamento imaginável. Sua capacidade é equivalente à da máquina de Turing, um dispositivo teórico que foi inventado pelo matemático britânico Alan Turing em 1936, e que está na base da criação do computador digital.[29] Portanto, propomos que o cérebro, com sua capacidade de "roteamento" flexível, opera como uma máquina de Turing biológica. Ele nos permite produzir lentamente séries de complexas operações. Esses processamentos são lentos porque, a cada etapa, o resultado intermediário precisa ser mantido transitoriamente na consciência, antes de ser passado para o estágio seguinte.

Há uma interessante guinada histórica nesse argumento. Quando Alan Turing inventou sua máquina, ele estava tentando responder a um desafio proposto pelo matemático David Hilbert em 1928: poderia algum dia um procedimento mecânico substituir o matemático e, mediante uma manipulação estritamente simbólica, decidir se um dado enunciado da matemática decorre logicamente de um conjunto de axiomas? Turing planejou intencionalmente sua máquina de modo a imitar "um ser humano no ato de processar um número real" (como escreveu em seu instigante artigo de 1936). Porém, ele não era psicólogo, e só poderia basear-se em sua percepção. É por isso, acho eu, que sua máquina captura somente uma fração dos processos mentais, somente aqueles acessíveis conscientemente. As operações seriais e simbólicas capturadas por uma máquina de Turing serial constituem um modelo razoavelmente bom das operações acessíveis a uma mente humana consciente.

Não me entendam mal – não pretendo retomar o clichê do cérebro como um computador clássico. Com sua organização maciçamente simultânea, automodificável, capaz de realizar processamentos a partir de distribuições de probabilidades inteiras, e não a partir de símbolos discretos, o cérebro humano se distingue radicalmente dos computadores de hoje. Na verdade, faz tempo que a Neurociência rejeitou a metáfora do computador. Mas o *comportamento* do cérebro, quando ele se envolve em longos cálculos, pode ser grosseiramente representado como um sistema de produção serial ou uma máquina de Turing.[30] Por exemplo, o tempo que levamos para calcular uma adição longa, como 235 + 457, é a soma dos tempos de cada operação elementar (5+7; transporta 1; 3+5+1; e finalmente 2+4) – como seria esperado da execução em sequência de cada passo sucessivo.[31]

O modelo de Turing é idealizado. Quando observamos o comportamento humano mais de perto, encontramos desvios a partir de suas predições. Em vez de estarem claramente separados no tempo, os estágios sucessivos sobrepõem-se levemente, e criam uma conversa cruzada indesejada entre operações.[32] Na aritmética mental, a segunda operação pode começar antes que a primeira esteja completamente terminada. Jérôme Sackur e eu estudamos um dos mais simples algoritmos: tome-se um número, acrescente-se 2 (n +2) e então decida se o número resultante é maior ou menor do que 5 (n+2 >5?). Observamos uma interferência: inconscientemente, os participantes começaram a comparar o número inicial n com 5, mesmo antes de obter o resultado intermediário n +2.[33] Em um computador, um erro infantil como esse não aconteceria nunca; um "senhor" relógio controla cada etapa, e o uso de um roteamento digital garante que cada bit sempre chegue ao destino previsto. Mas o cérebro nunca evoluiu para a aritmética complexa. Sua arquitetura, selecionada para a sobrevivência num mundo probabilístico, explica por que cometemos tantos erros durante o cálculo mental. Nós "reciclamos" penosamente nossas redes cerebrais para o cálculo serial, usando o controle consciente para trocar informações de uma maneira lenta e serial.[34]

Se uma das funções da consciência é servir como uma língua franca do cérebro, um meio para o encaminhamento flexível da informação através de processadores especializados para fins diferentes, segue-se então uma simples predição: uma única operação rotineira pode desenrolar-se inconscientemente, mas, a menos que a informação seja consciente, será impossível amarrar juntas várias etapas desse tipo. No domínio da aritmética, por exemplo, nosso cérebro poderia muito bem computar 3+2 inconscientemente, mas não $(3+2)^2$, $(3+2) - 1$ ou $^1/_{3+2}$. Cálculos com muitos passos exigirão sempre um esforço consciente.[35]

Sackur e eu resolvemos testar essa ideia experimentalmente.[36] Lançamos luz no alvo n e o mascaramos, para que os participantes pudessem vê-lo somente pela metade do tempo. Em seguida, pedimos que realizassem uma variedade de operações com ele. Em três blocos diferentes de testes, tentaram nomeá-lo, acrescentar-lhe 2 (a tarefa n +2) e compará-lo com 5 (a tarefa $n > 5$). Um quarto bloco de testes exigia um cálculo em duas etapas: acrescentar 2 e comparar o resultado com 5 (a tarefa $n + 2 > 5$). Nas três primeiras tarefas, as pessoas se saíram melhor do que o acaso. Mesmo quando juravam não ter visto nada, pedíamos aos participantes que arriscassem uma resposta, e eles ficavam surpresos ao descobrir a extensão de seu conhecimento inconsciente. Conseguiam acertar na nomeação do número não visto muitas vezes mais do que seria previsível aleatoriamente: quase a metade das respostas eram corretas, ao passo que, com quatro dígitos, o desempenho por adivinhação teria sido 25%. Eles poderiam inclusive acrescentar 2 ao número encontrado, ou decidir, num nível superior ao do acaso, se o número era maior do que 5. Todas essas operações, é claro, seguem rotinas familiares. Como vimos no capítulo anterior, há muitas evidências de que elas podem ser parcialmente executadas sem participação consciente. Porém, crucialmente, durante a tarefa inconsciente em dois passos (n + 2 >5?), os participantes fracassavam: respondiam aleatoriamente. Isso causou estranheza porque, se tivessem apenas pensado em nomear o dígito, e usar o nome para fazer a tarefa, teriam conseguido um nível de sucesso muito alto! A informação subliminar estava evidente em seus cérebros, porque verbalizavam corretamente o número escondido pelo menos na metade das vezes – mas sem a intervenção da consciência, essa informação não pôde passar por uma série de dois estágios sucessivos.

No capítulo anterior, vimos que o cérebro não tem dificuldades para acumular informações inconscientemente: sequências de setas,[37] números[38] e mesmo sugestões para a compra de um carro[39] podem ser juntadas em um todo, e a evidência total pode guiar decisões inconscientes. Há nisso alguma contradição? Não – porque a acumulação de múltiplas evidências é uma operação única para o cérebro. Uma vez que o acumulador neuronal é aberto, qualquer operação, consciente ou inconsciente, pode influenciá-lo em um sentido ou noutro. A única etapa que nosso processo inconsciente de tomada de decisão parece não conseguir alcançar é uma resolução clara que possa ser passada para o próximo estágio. Embora influenciado por informações inconscientes, nosso acumulador central nunca parece alcançar o limite além do qual ele se compromete com uma decisão e avança para o próximo passo. Consequentemente, em uma estratégia de cálculo complexa, nosso inconsciente fica bloqueado no patamar de coleta de evidências para a primeira operação, e nunca passa para a segunda.

Uma consequência mais geral é que não podemos raciocinar estrategicamente baseados em um palpite inconsciente. Uma informação subliminar não consegue entrar em nossas deliberações estratégicas. Essa afirmação parece circular, mas não é. As estratégias são, afinal, somente mais um tipo de processo do cérebro – e, portanto, não é tão óbvio que esse processo não possa ser implementado sem uma atuação consciente. Além disso, ele tem autênticas consequências empíricas. Estão lembrados da tarefa das setas, na qual o indivíduo vê cinco setas sucessivas apontando para a direita ou esquerda e precisa decidir para onde aponta a maioria delas? Qualquer mente consciente percebe imediatamente que há uma estratégia vencedora: uma vez vistas três setas que apontam para o mesmo lado, a coisa está resolvida, pois nenhuma informação nova pode mudar a resposta final. Os participantes logo passam a explorar essa estratégia para realizar mais rapidamente a tarefa. Entretanto, de novo, só podem fazer isso se a informação for consciente, não se for subliminar.[40] Quando as setas estão mascaradas abaixo do limiar de sua percepção consciente, o que fazem é somá-las – inconscientemente, não conseguem fazer o avanço estratégico para a próxima etapa.

Em seu conjunto, então, esses experimentos apontam para um papel crucial da consciência. Precisamos estar conscientes para pensar racionalmente na resolução de um problema. O inconsciente poderoso gera palpites sofisticados, mas apenas a mente consciente obedece a uma estratégia racional, passo a passo. Agindo como um roteador, passando informações mediante uma sequência arbitrária de processos sucessivos, a consciência parece dar-nos acesso a todo um novo modo de operação – a máquina de Turing do cérebro.

UM RECURSO PARA COMPARTILHAMENTO SOCIAL

> "A consciência é essencialmente apenas uma rede de conexão entre homem e homem; foi somente como tal que precisou desenvolver-se: enquanto fera selvagem, a espécie humana não teria precisado dela."
>
> Friedrich Nietzsche, *A gaia ciência* (1882)

No *Homo sapiens*, a informação consciente não se propaga apenas na cabeça de cada indivíduo. Graças à linguagem, pode também pular de uma mente para outra. Durante a evolução humana, o compartilhamento das informações sociais deve ter sido uma das funções essenciais dos estados de consciência. A "fera selvagem" de Nietsche provavelmente confiou nos estados conscientes como um amortecedor e roteador por milhões de anos – mas foi somente como *Homo* que surgiu uma capacidade sofisticada de comunicar esses estados conscientes. Graças à linguagem humana, e também às capacidades não verbais de apontar e fazer gestos, a síntese consciente que emerge em uma mente pode ser transferida rapidamente a outros. Essa transmissão social ativa de um símbolo consciente permite novas capacidades computacionais de múltiplos núcleos que não se alimentam exclusivamente do conhecimento disponível de uma única mente – ao contrário, permitem confrontar múltiplos pontos de vista, níveis variáveis de habilidades, e uma variedade de fontes de conhecimento.

Não é um acaso que a transmissão verbal – capacidade de expressar o pensamento em palavras – seja considerada o critério-chave para a percepção consciente. Normalmente não concluímos que alguém esteja consciente de uma determinada informação a não ser que possa, pelo menos em parte, verbalizar essa informação (se essa pessoa, é claro, não estiver paralisada, afásica ou for jovem demais para falar). Nos seres humanos, o "formulador verbal" que nos permite expressar os conteúdos de nossa mente é um componente essencial que só pode ser acionado quando estamos conscientes.[41]

Não estou afirmando, é claro, que a qualquer momento somos capazes de expressar nossos pensamentos com exatidão ou com uma precisão proustiana. A consciência extravasa a linguagem: percebemos muito mais do que conseguimos descrever. A plenitude da experiência diante de uma pintura de Caravaggio, de um deslumbrante pôr do sol sobre o Grand Canyon ou das expressões mutáveis na face de um bebê desafia uma descrição verbal – o que provavelmente contribui muito para o fascínio que exercem. Todavia, e praticamente por definição, tudo de que somos conscientes pode ser formulado, pelo menos parcialmente, em formato linguístico. A linguagem proporciona uma formulação categorial e sintática dos pensamentos conscientes que juntas nos permitem estruturar nosso mundo mental e compartilhá-lo com outras mentes humanas.

Compartilhar informações com os outros é uma segunda razão para o nosso cérebro achar vantajoso descartar os detalhes de nossas sensações presentes e criar uma "súmula" consciente. As palavras e os gestos nos fornecem somente um canal de comunicação lento – não mais que 40 a 60 bits por segundo,[42] ou cerca de 300 vezes mais lento do que os faxes (hoje antiquados) de 14.400 bauds que revolucionaram nossos escritórios nos anos 1990. Portanto, nosso cérebro comprime a informação em um conjunto condensado de símbolos que são juntados em curtas sequências, e por sua vez mandadas para a rede social. De fato, não faria sentido transmitir aos outros uma imagem mental precisa daquilo que vejo a partir de meu ponto de vista; o que os outros esperam de mim não é uma descrição pormenorizada do mundo tal como o vejo, e sim um resumo dos aspectos que têm chance de serem verdadeiros do ponto de vista de meu interlocutor: uma síntese do entorno que seja multissensorial, invariante do ponto de vista de quem vê e durável. Nos humanos, pelo menos, a consciência parece condensar as informações num tipo de síntese que outras mentes podem considerar úteis.

O leitor pode objetar que a língua serve muitas vezes para fins triviais, como fofocar sobre a atriz de Hollywood que dormiu com não sei quem. De acordo com o antropólogo de Oxford Robin Dunbar, é possível que cerca de dois terços de nossas conversas digam respeito a assuntos sociais desse tipo; ele chegou mesmo a propor a teoria da evolução da linguagem chamada "*grooming and gossip*" ("enfeites e fofocas"), de acordo com a qual a linguagem surgiu somente como um dispositivo para criar laços.[43]

Podemos provar que nossas conversas são mais do que tabloides? Que elas transmitem aos outros precisamente o tipo de informação condensada necessária para tomar decisões coletivas? O psicólogo iraniano Bahador Bahrami provou recentemente essa ideia usando um experimento astuto.[44] Ele fez com que pares de sujeitos executassem uma tarefa perceptual simples: a eles foram mostradas duas telas, e tinham de decidir, em cada teste, se a primeira ou a segunda continha uma imagem-alvo próxima ao limiar de percepção. Pediu-se inicialmente que dessem respostas independentes. O computador revelava, então, suas escolhas, e se elas fossem diferentes, eram solicitados a resolver o impasse por meio de uma breve discussão.

O que é particularmente interessante nesse experimento é que, no final, em cada teste, os dois sujeitos do par agiam como um único participante; sempre davam uma resposta única, cuja exatidão podia ser conferida usando exatamente os mesmos bons e velhos métodos da psicofísica empregados para avaliar o comportamento de uma única pessoa. E os resultados eram claros: na medida em que as habilidades dos dois participantes eram razoavelmente semelhantes, juntá-los implementava a precisão. O grupo superava sistematicamente o melhor de seus membros individuais – dando força ao conhecido ditado "Duas cabeças são melhor do que uma".

Uma grande vantagem do experimento de Bahrami é que ele pode ser modelado matematicamente. Admitindo que cada pessoa percebe o mundo com seu nível de ruído pessoal, é fácil computar como suas sensações deveriam ser combinadas: a intensidade dos sinais que cada jogador apreende em um determinado teste deve ser inversamente ponderada em relação ao nível médio de ruído do jogador, e depois calculada pelo nível médio de ruído do jogador e, em seguida, calculada a média para gerar uma sensação combinada. Essa regra ideal para decisões multicérebros é, de fato, idêntica à lei que governa a integração multissensorial *dentro* de um único cérebro. Chega-se perto dela por meio de um simples princípio básico: na maioria dos casos, as pessoas não precisam comunicar os pormenores do que viram (o que seria impossível), mas somente uma resposta objetiva (neste caso, a primeira ou a segunda imagem apresentada) acompanhada de um juízo de confiança (ou de falta de confiança).

Aconteceu que os pares de participantes bem-sucedidos no experimento adotaram espontaneamente essa estratégia. Falaram de seu próprio nível de confiança usando palavras como *certo*, *muito inseguro* ou *apenas chutando*. Alguns até pensaram em uma escala numérica para avaliar com precisão seu grau de certeza. Usando esses esquemas de confiança compartilhados, sua performance em dupla subiu para um nível muito alto, essencialmente impossível de ser distinguido do considerado ótimo teórico.

O experimento de Bahrami explica facilmente por que os juízos de confiança ocupam um lugar tão central em nossas mentes conscientes. Para que seja útil para nós e para os outros, cada um de nossos pensamentos conscientes precisa ser marcado com um rótulo de confiança. Não apenas sabemos que sabemos ou que não sabemos, mas sempre que estamos conscientes de uma determinada informação, podemos atribuir a ela um grau preciso de certeza ou incerteza. Além disso, socialmente, nós nos empenhamos constantemente em monitorar a confiabilidade de nossas fontes, guardando na mente quem disse o que, e para quem, e se estavam certos ou errados. Essas evoluções, apenas presente no cérebro de humanos, apontam para a avaliação da incerteza como um componente indispensável de nosso algoritmo de tomada de decisão.

A teoria bayesiana da decisão nos diz que exatamente as mesmas regras de tomada de decisão precisam aplicar-se a nossos próprios pensamentos e aos pensamentos que recebemos dos outros. Em ambos os casos, a tomada de decisão ideal é a que exige que toda fonte de informação, seja ela interna ou externa, seja avaliada tão cuidadosamente quanto possível, mediante uma estimativa de sua confiabilidade, antes de levar a informação em bloco para dentro de um único espaço de decisão. Anteriormente à hominização, o córtex pré-frontal do primata já oferecia uma área de trabalho em que as fontes de informação do passado e do presente – devidamente ponderadas para avaliar se eram ou não confiáveis – poderiam ser compiladas para guiar decisões. Desde então, uma etapa evolutiva fundamental, talvez exclusiva dos seres humanos, parece ter aberto essa área de trabalho para *inputs* sociais vindos de outras mentes. O desenvolvimento dessa interface social permitiu-nos colher os benefícios de um algoritmo de tomada de decisão coletivo: comparando nosso conhecimento com o dos outros, tomamos decisões melhores.

Graças à neuroimagem, estamos começando a esclarecer quais as redes cerebrais dão suporte ao compartilhamento de informações e à estimativa de confiabilidade. Sempre que utilizamos nossa competência social, os setores mais anteriores do córtex pré-frontal, no polo frontal e ao longo da linha mediana do cérebro (dentro do córtex pré-frontal ventromedial), são sistematicamente ativados. Ativações posteriores também ocorrem com frequência, em uma região situada na junção dos lobos parietal e temporal, e também ao longo da linha média do cérebro (o pré-cúneo). Assim distribuídas, essas áreas formam uma rede cerebral, firmemente interconectada por poderosos circuitos de fibras de longa distância, envolvendo o córtex pré-frontal como um nó central. Essa rede aparece proeminente entre os circuitos que são ativados durante o repouso, sempre que temos alguns segundos para nós mesmos: voltamos espontaneamente a esse sistema "modo padrão" de rastreio social em nosso tempo livre.[45]

Mais notavelmente, como seria esperado a partir da hipótese da tomada de decisão social, muitas dessas regiões ficam ativadas seja quando pensamos sobre nós mesmos – por exemplo quando refletimos introspectivamente sobre nosso nível de confiança em nossas próprias decisões[46] –, seja quando refletimos sobre os pensamentos dos outros.[47] O polo pré-frontal e em particular o córtex pré-frontal ventromedial apresentam perfis de resposta muito semelhantes durante julgamentos a respeito de nós mesmos e de outros,[48] a tal ponto que pensar intensamente sobre um deles pode preparar o outro.[49] Portanto, essa rede parece idealmente adequada para avaliar a confiabilidade de nosso próprio conhecimento e compará-lo com as informações que recebemos dos outros.

Em suma, no interior do cérebro humano reside um conjunto de estruturas neurais singularmente adaptadas à representação do conhecimento social. Usamos a mesma base de dados para codificar nosso autoconhecimento e acumular informações sobre os outros. Essas redes cerebrais constroem uma imagem mental de nós mesmos como um personagem singular relacionado, numa base de dados mental, às pessoas que conhecemos. Cada um de nós representa "a si mesmo como um outro", como diz o filósofo francês Paul Ricoeur.[50]

Se essa autoimagem é correta, isso significa que os fundamentos neurais de nossa própria identidade são construídos de um modo bastante indireto. Passamos a vida monitorando nosso comportamento e o dos outros, e nosso cérebro estatístico faz inferências acerca daquilo que observa, basicamente 'tomando decisões à medida que avança.[51] Aprender quem somos é uma dedução estatística a partir da observação. Tendo passado uma vida inteira conosco mesmos, alcançamos uma imagem de nosso próprio caráter, conhecimento e confiança, que é somente um pouco mais refinada que o modo de entendermos a personalidade das outras pessoas. Além disso, o nosso cérebro goza de um acesso privilegiado a alguns de seus próprios funcionamentos.[52] A introspecção torna transparentes para nós nossos motivos e estratégias conscientes, ao passo que não nos garante decifrá-los nos outros. Ainda assim, nós nunca conhecemos a fundo nosso verdadeiro eu. Continuamos bastante ignorantes dos verdadeiros determinantes inconscientes de como nos comportamos, e por isso não podemos predizer como nos comportaremos em circunstâncias fora da zona de segurança de nossa experiência passada. O lema grego "Conhece-te a ti mesmo", quando aplicado aos detalhes miúdos de nosso comportamento, continua sendo um ideal inacessível. O nosso "eu" é tão somente uma base de dados que vai sendo preenchida por nossas experiências sociais, no mesmo formato pelo qual tentamos compreender outras mentes, e por isso está igualmente sujeito a incluir imensas lacunas, incompreensões e decepções.

Obviamente, esses limites da condição humana não escaparam aos romancistas. Em seu romance introspectivo *Pense...*, o escritor britânico contemporâneo David Lodge retrata suas duas principais personagens, a professora inglesa Helen e o magnata da inteligência artificial Ralph, que trocam profundas reflexões sobre o *eu*, durante um flerte à noite, numa jacuzzi ao ar livre:

> *Helen*: Suponho que ela tenha um termostato. Isso a torna consciente?
> *Ralph*: Não autoconsciente. Ela não sabe que está se divertindo, como você e eu.
> *Helen*: Eu acreditava que o *eu* não existia.
> *Ralph*: Não existe, não, se você se refere a uma unidade fixa e independente. Mas com certeza existem *eus*. Nós os inventamos o tempo todo. Como você inventa histórias.
> *Helen*: Você quer dizer com isso que nossas vidas não passam de ficções?
> *Ralph*: De certo modo, sim. É uma das coisas que fazemos com a capacidade cerebral livre. Construímos histórias sobre nós mesmos.

Nos iludirmos um pouquinho pode ser o preço de uma evolução especialmente humana da consciência: a capacidade de compartilhar nosso conhecimento consciente com outros, em uma forma rudimentar, mas exatamente com o mesmo tipo de avaliação de confiança que é matematicamente necessário para alcançar uma decisão coletiva útil. Embora imperfeita, nossa capacidade humana de observação e de compartilhamento social criou alfabetos, catedrais, aviões a jato e as *lagostas à Termidor*. Pela primeira vez ao longo da evolução, também nos permitiu criar, intencionalmente, mundos fictícios: podemos ajustar o algoritmo social de tomada de decisão em nosso proveito, fingindo, forjando, falsificando, inventando lorotas, mentindo, negando, cometendo perjúrios, brigando, refutando e rejeitando. Vladimir Nabokov, em seu *Lições de literatura* (1980), formulou assim:

> A literatura não nasceu no dia em que um garoto que gritava "Lobo, lobo" saiu correndo do vale de Neandertal tendo em seu encalce um grande lobo cinza; a literatura nasceu no dia em que um garoto apareceu gritando "Lobo, lobo", e não havia nenhum lobo atrás dele.

A consciência é o simulador de realidade virtual da mente. Mas como é que o cérebro constrói a mente?

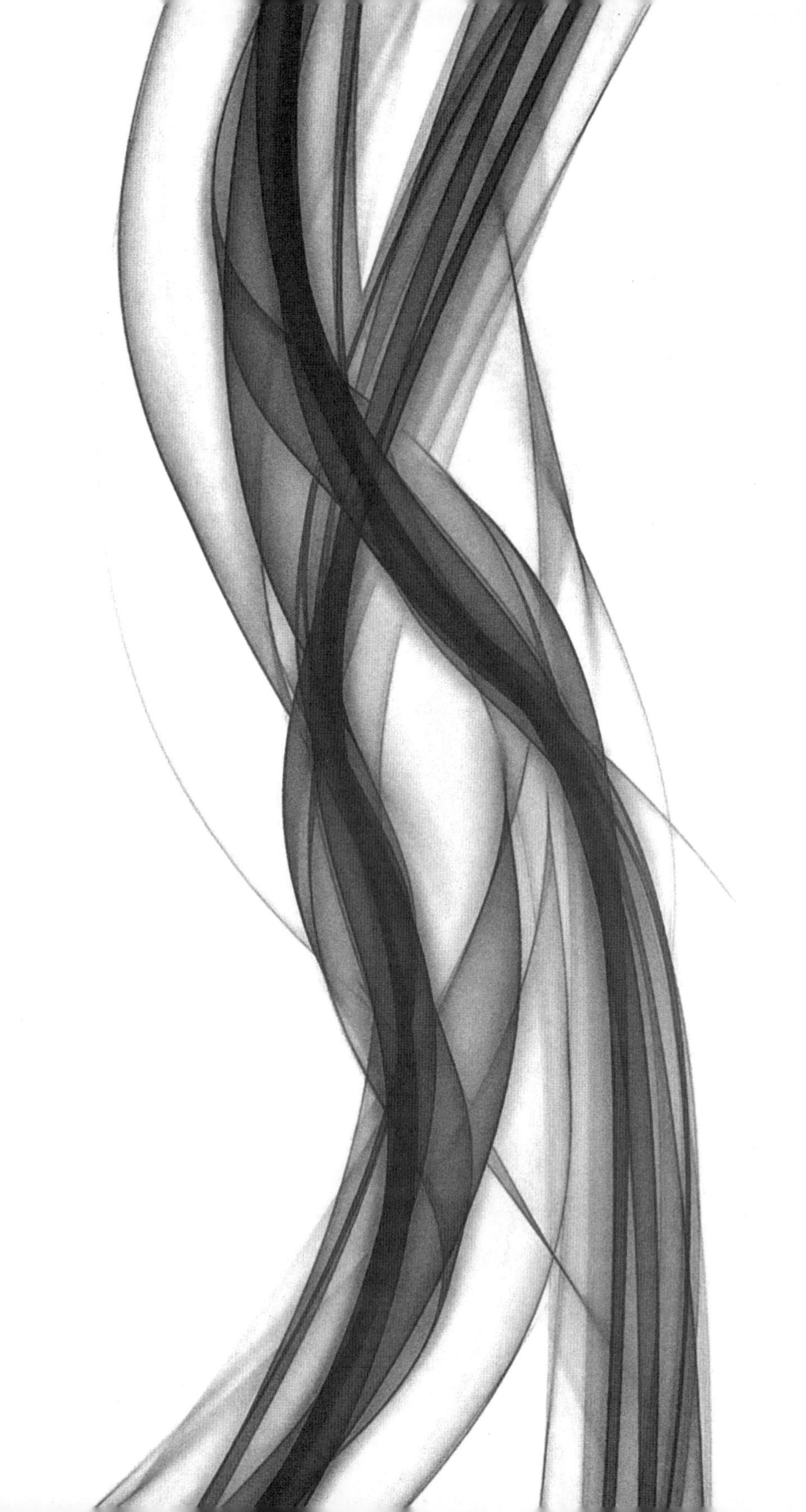

As marcas distintivas de um pensamento consciente

Os exames de neuroimagem promoveram uma inovação na pesquisa sobre consciência. Revelaram como a atividade cerebral acontece à medida que uma informação acessa a consciência e como essa atividade é diferente no processamento inconsciente. A comparação desses dois estados revela aquilo que eu chamo "marca distintiva da consciência": uma marca confiável de que o estímulo foi percebido conscientemente. Neste capítulo, descrevo quatro marcas distintivas da consciência. Em primeiro lugar, embora um estímulo subliminar possa propagar-se profundamente no córtex, essa atividade cerebral é bastante ampliada quando o limiar da consciência é cruzado. Nesse momento, esse estímulo invade muitas outras regiões, levando a uma súbita ativação dos circuitos parietais e pré-frontais (marca distintiva). No eletroencefalograma, o acesso consciente aparece como uma demorada onda, chamada onda P3 (marca distintiva 2). Esse acontecimento emerge com um atraso de nada menos que um terço de segundo depois do estímulo: nossa conscientização acontece com atraso em relação ao mundo exterior. Rastreando a atividade verbal por meio de eletrodos colocados em profundidade no cérebro, é possível observar mais duas marcas distintivas: uma explosão repentina e tardia de oscilações de alta frequência (marca distintiva 3), e uma sincronização de trocas de informação envolvendo regiões distantes do cérebro (marca distintiva 4). Todos esses fatores proporcionam indícios confiáveis de processamento consciente.

> "Uma pessoa [...] é uma sombra que nunca conseguiremos penetrar, da qual não podemos ter um conhecimento imediato."
>
> Marcel Proust, *Em busca do tempo perdido* (1921)

A metáfora de Proust renova um clichê surrado: a mente como uma fortaleza. Recolhidos atrás de nossos muros mentais, escondidos do olhar inquisidor dos outros, nós podemos pensar livremente tudo aquilo que quisermos. Nossa consciência é um santuário impenetrável em que nossa mente anda à solta, enquanto colegas, amigos e cônjuges pensam que nós estamos prestando atenção em suas palavras. Julian Jaynes a descreve como "um teatro secreto de monólogo silencioso e de aconselhamento preventivo, uma invisível morada de todos os humores, meditações e mistérios, um reduto infinito de desapontamentos e descobertas". Como os cientistas poderiam, em algum momento, infiltrar-se nesse refúgio secreto?

Ainda assim, no espaço de apenas 20 anos, o impensável aconteceu. Em 1990, o crânio se tornou transparente: o pesquisador Seiji Ogawa e seus colegas inventaram as imagens por ressonância magnética funcional (IRMf), uma técnica poderosa e inofensiva que, sem o uso de qualquer injeção, nos permite visualizar a atividade de todas as camadas do cérebro.[1] A ressonância magnética funcional (RMf) tira proveito do acoplamento das células cerebrais com os vasos sanguíneos. Sempre que um circuito neuronal tem um aumento de atividade, as células gliais que envolvem esses neurônios percebem o aumento da atividade sináptica. Para compensar rapidamente esse aumento no gasto de energia, elas abrem as artérias locais. Dois ou três segundos depois, o fluxo de sangue aumenta, introduzindo mais oxigênio e glicose. As células vermelhas do sangue proliferam, trazendo consigo moléculas de hemoglobina que carregam o oxigênio. A grande façanha da RMf consiste em detectar as propriedades físicas da molécula de hemoglobina a uma certa distância: a hemoglobina sem oxigênio age como um pequeno magneto, ao contrário do que faz a hemoglobina com oxigênio. Os aparelhos de ressonância magnética são enormes magnetos sintonizados para captar essas distorções infinitesimais que ocorrem nos campos magnéticos, refletindo, assim, indiretamente a atividade recente em cada parte do tecido cerebral.

A ressonância magnética funcional visualiza facilmente o estado de atividade do cérebro humano ativo com uma resolução milimétrica, até várias vezes por segundo. Infelizmente, não consegue detectar o curso de tempo dos disparos neuronais, mas temos hoje disponíveis outras técnicas que registram o tempo das correntes elétricas nas sinapses, de maneira exata e sem abrir o crânio. O eletroencefalograma (EEG), o bom e velho registro das ondas cerebrais inventado na década de 1930, foi aperfeiçoado em uma técnica de alta potência, com nada menos de 256 eletrodos que permitem a gravação digital de alta qualidade da atividade do cérebro, com resolução de milissegundos, abrangendo a cabeça toda. Nos anos 1960, surgiu uma tecnologia ainda melhor: o magnetoencefalograma (MEG), a gravação ultraexata das minúsculas ondas magnéticas que acompanham as descargas de corrente nos neurônios corticais. Tanto o EEG quanto o MEG podem ser gravados de um modo muito simples, quer colocando pequenos condutores elétricos na cabeça (EEG), quer colocando detectores de campos magnéticos muito sensíveis ao seu redor (MEG).

Tendo à nossa disposição a RMf, o EEG e o MEG, podemos acompanhar a sequência completa da ativação cerebral que ocorre quando um estímulo visual percorre da retina até os pontos mais altos passíveis de serem alcançados no córtex frontal. Em combinação com as técnicas da psicologia cognitiva, essas ferramentas oferecem uma nova possibilidade de observar dentro da mente consciente. Como já discutimos no primeiro capítulo, muitos estímulos experimentais fornecem contrastes ótimos entre estados conscientes e inconscientes. Por mascaramento ou desatenção, podemos fazer desaparecer uma imagem visível. Podemos inclusive colocá-la em um limiar, de modo a ser percebida somente pela metade do tempo, e assim variar só na percepção subjetiva. Nos melhores experimentos, estímulo, tarefa e performance ficam rigidamente equalizados. O resultado é que a consciência é a única variável manipulada experimentalmente: o sujeito relata ter visualizado em um caso caso e não ter visualizado em outro.

Resta examinar que diferença a consciência faz no âmbito cerebral. Quais circuitos específicos, se há de fato algum, são ativados em processos conscientes? Será que a percepção consciente revela eventos cerebrais únicos, ondas específicas ou oscilações? Essas marcas, se puderem ser encontradas, serviriam como sinais da consciência. A presença desses padrões de atividade neural, à semelhança de uma assinatura colocada em um documento, indicaria de forma confiável uma percepção consciente.

Neste capítulo, veremos que várias assinaturas da condição consciente podem ser encontradas. Graças às neuroimagens, o mistério da consciência foi finalmente elucidado.

A AVALANCHE DA CONSCIÊNCIA

No ano 2000, a cientista israelense Kalanit Grill-Spector, então ligada ao Weizmann Institutute of Science em Tel Aviv, realizou um experimento simples de mascaramento.[2] Projetou imagens por um tempo muito breve, que variava entre um quinto e um oitavo de segundo, e a essas imagens fez seguir uma imagem embaralhada. Como resultado, algumas imagens continuaram reconhecíveis, ao passo que outras ficaram completamente invisíveis – elas foram parar aquém ou além do limiar da percepção consciente. Os relatos dos participantes compunham uma linda curva: imagens apresentadas por menos de 50 milissegundos eram muito difíceis de ver, ao passo que as exibidas por 100 milissegundos ou mais eram visíveis.

Grill-Spector escaneou, então, o córtex visual dos participantes (naquela época não era fácil escanear o cérebro todo). O que ela observou foi uma clara dissociação. Nas áreas visuais iniciais, a atividade estava presente independentemente do estado de consciência. O córtex visual primário e as regiões próximas eram basicamente ativados por todas as imagens, independentemente do grau de mascaramento. Nos centros visuais mais elevados do córtex, porém, no giro fusiforme e na região occipitotemporal lateral, apareceu uma íntima correlação entre ativação do cérebro e relatos conscientes. Essas regiões estão envolvidas em organizar categorias de imagens como rostos, objetos, palavras e lugares e em criar uma representação invariante de sua aparência. Parecia que, sempre que a ativação alcançava esse nível, era plausível que a imagem se tornasse consciente.

Quase ao mesmo tempo, eu estava fazendo experimentos semelhantes sobre a percepção de palavras mascaradas.[3] Meu scanner fornecia amplas imagens cerebrais das áreas que ativadas sempre que os sujeitos olhavam para palavras que eram iluminadas exatamente acima ou exatamente abaixo do limiar da percepção consciente. E os resultados eram claros: mesmo as áreas visuais mais altas do giro fusiforme poderiam ser ativadas na ausência de qualquer atuação consciente. De fato, operações cerebrais bastante abstratas, envolvendo regiões avançadas dos lobos temporal e parietal, podiam ser realizadas subliminarmente – por exemplo, o reconhecimento de que *piano* e *PIANO* são a mesma palavra, ou de que o número *3* e a palavra *três* significam a mesma quantidade.[4]

Contudo, quando o limite para a percepção consciente era ultrapassado, eu também via grandes mudanças nesses centros visuais mais elevados: sua atividade era bastante ampliada. Na principal região para o reconhecimento das letras, a "área da forma visual da palavra", a ativação do cérebro era multiplicada por 12! Além disso, aparecia todo um conjunto de regiões adicionais que tinha simplesmente estado ausente quando a palavra estava mascarada e permanecia inconsciente. Essas regiões se distribuíam amplamente nos lobos parietal e frontal, alcançando inclusive as profundezas do giro cingulado anterior na linha mediana dos dois hemisférios (Figura 16).

Medindo a amplitude dessa atividade, descobrimos que o fator de aumento, que distingue o processamento consciente do inconsciente, varia ao longo das sucessivas regiões do trajeto do *input* visual. No primeiro estágio cortical, o córtex visual primário, a ativação provocada por uma palavra iluminada não vista é forte o bastante para ser facilmente detectável. Todavia, à medida que avança córtex adentro, o mascaramento faz com que ele perca força. A percepção subliminar pode, portanto, ser comparada a uma onda de surfe que é muito grande no horizonte, mas mal lambe teus pés quando chega à praia.[5] Mantendo a comparação, a percepção consciente é um tsunami – ou melhor, uma avalanche, porque a ativação consciente parece ganhar força à medida que avança, exatamente como uma minúscula bola de neve junta mais neve, desencadeando, por fim, um deslizamento de terra.

Figura 16

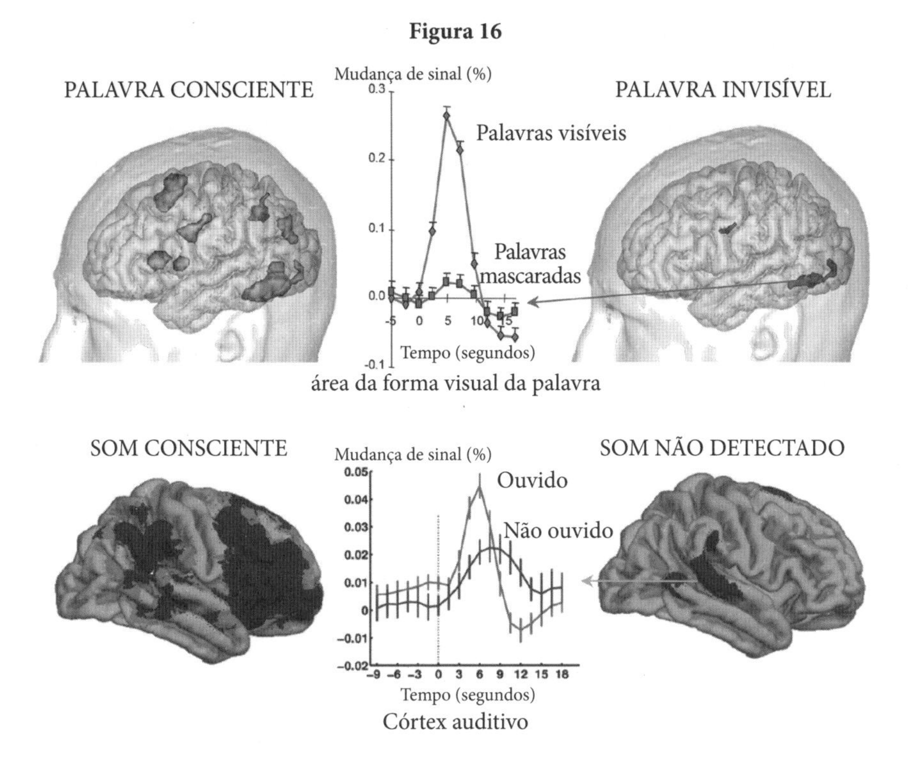

A primeira marca distintiva da consciência é uma ativação intensa de regiões distribuídas pelo cérebro, incluindo as regiões pré-frontal e parietal. Uma palavra tornada subliminar por mascaramento (acima) ativa circuitos de leitura especializados, mas exatamente a mesma palavra, quando é vista, causa uma enorme amplificação de atividades, que invade os lobos parietais e pré-frontais. Similarmente, as áreas auditivas podem ser ativadas por um acorde inconsciente (parte de baixo da figura), mas esse mesmo som, se for detectado conscientemente, invade setores extensos dos córtices parietal inferior e pré-frontal.

Para concluir a respeito deste ponto: em meus experimentos, iluminei as palavras por apenas 43 milissegundos, injetando, assim, na retina um mínimo de evidência. Contudo, a ativação cresceu e, nas tentativas conscientes, amplificou-se incessantemente até causar uma ativação máxima em muitas regiões. Regiões cerebrais distantes também se tornaram estreitamente correlatas: a onda que vinha chegando alcançou o pico e regrediu simultaneamente em todas as áreas, sugerindo troca de mensagens que se reforçaram reciprocamente até se tornarem uma avalanche irrefreável. A sincronia foi muito mais forte para alvos conscientes do que para alvos inconscientes, sugerindo que a atividade correlata é um fator importante na percepção consciente.[6]

Esses experimentos simples entregaram uma primeira marca distintiva da consciência: um aumento e diversificação da atividade sensorial do cérebro, que consiste em juntar forças progressivamente e em invadir múltiplas regiões dos lobos parietais e pré-frontais. Essa "marca distintiva" foi frequentemente replicada, mesmo em modalidades diferentes da visão. Por exemplo, imagine-se sentado em uma barulhenta máquina de ressonância magnética funcional. De tempos em tempos, pelos fones de ouvido, você ouve um leve pulso de um som adicional. Sem que perceba, o nível do som desses pulsos só permite que você detecte metade deles. Essa é uma maneira ideal para comparar percepções conscientes e inconscientes, desta vez na modalidade auditiva. E o resultado é igualmente claro: os sons inconscientes ativam apenas o córtex que fica ao redor da área auditiva primária, e, de novo, nas tentativas conscientes, uma avalanche de atividade cerebral amplifica essa primeira ativação sensorial e invade as áreas inferiores parietal e pré-frontal (ver Figura 16).[7]

Como um terceiro exemplo, considere uma ação motora. Suponhamos que lhe caberia fazer um movimento sempre que visse um alvo, mas não reagir se visse um alerta do tipo "não vá" imediatamente antes do alvo.[8] É uma típica tarefa de inibição de resposta: você precisa exercer um controle consciente para inibir a forte tendência de dar a resposta dominante "vai" nos testes de tipo "não vá". Imagine agora que a orientação "não vá", em metade das tentativas seja apresentada exatamente abaixo do limiar da percepção consciente. Acaso você pode obedecer a uma ordem que não percebe? É fascinante: seu cérebro encara esse desafio impossível. Mesmo em testes subliminares, as respostas dos participantes ficam apenas ligeiramente mais lentas, sugerindo que o cérebro organiza parcialmente seu poder de inibição inconsciente (como vimos no capítulo "Sondando as profundezas do inconsciente"). As neuroimagens mostram que essa inibição subliminar se apoia em duas regiões associadas com o controle dos comandos motores: a área motora pré-suplementar e a ínsula anterior. Todavia, aqui também a percepção consciente causa uma mudança substancial: quando a orientação "não vá" é visível, a ativação praticamente dobra nessas duas regiões de controle, invadindo uma rede consideravelmente mais ampla de áreas nos lobos parietal e pré-frontal (Figura 17). A essa altura, esse circuito parietal e pré-frontal já deve ser familiar: sua ativação repentina aparece, ou melhor, reaparece sistematicamente como uma marca distintiva consciência.[9]

Figura 17

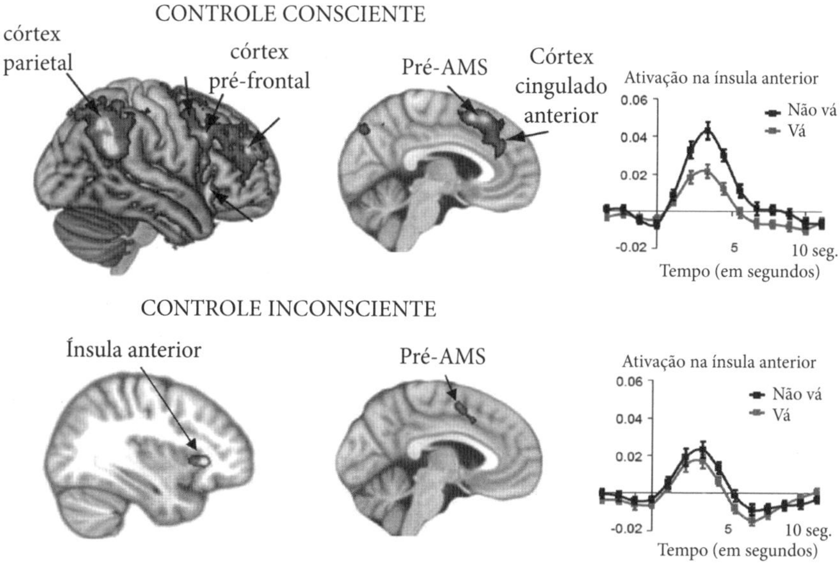

As ações controladas conscientemente e inconscientemente baseiam-se em circuitos cerebrais diferentes. Um sinal invisível de "não vá" alcança umas poucas regiões especializadas do cérebro tais como a ínsula anterior e a área motora pré-suplementar (pre-AMS) que monitoram nossas ações motoras e as mantêm sob controle (coluna da direita). O mesmo sinal, se for tornado visível, ativará muito mais regiões dos lobos parietais e pré-frontais, associados ao controle voluntário.

REGULANDO A AVALANCHE CONSCIENTE

Apesar de ser uma ferramenta maravilhosa para localizar *onde* ocorre a ativação no cérebro, o uso de imagens por ressonância magnética funcional é incapaz de nos dizer exatamente quando essa ativação acontece. Não podemos usá-la para medir a rapidez e a ordem em que as áreas do cérebro se tornam sucessivamente sensíveis ao estímulo. Para controlar cuidadosamente a avalanche da consciência, as ferramentas perfeitas são os métodos mais exatos do eletroencefalograma e do magnetoencefalograma (EEG e MEG). Uns poucos eletrodos colados na pele ou sensores magnéticos colocados ao redor da cabeça nos permitem rastrear a atividade do cérebro com uma precisão de milissegundos.

Em 1995, Claire Sergent e eu planejamos um cuidadoso estudo por EEG que, pela primeira vez, identificou a sequência temporal do acesso consciente.[10] Detectamos o destino cortical de imagens idênticas que ora eram percebidas conscientemente, ora passavam completamente despercebidas (Figura 18). Tiramos proveito da piscada atencional - quando, momentaneamente distraídos, ficamos incapazes por algum tempo de perceber estímulos que estão bem na frente dos olhos. Sargent e eu pedimos aos participantes que detectassem palavras, mas também os distraímos, antepondo às palavras um outro conjunto de letras que precisariam identificar e nomear. Para mandar essas letras à memória, tinham que se concentrar brevemente e em muitas tentativas - isso fez com que errassem a palavra-alvo. Para garantir que nós soubéssemos quando os enganos ocorreram depois de cada apresentação, pedimos que relatassem o que tinham visto usando um cursor. Movendo o cursor podiam relatar se não tinham visto absolutamente nenhuma palavra ou apenas um vislumbre de poucas letras, a maior parte da palavra ou a palavra inteira.

Sargent e eu ajustamos todos os parâmetros até um ponto em que exatamente as mesmas palavras podiam ser tornadas conscientes ou inconscientes, por uma decisão nossa. Quando tudo estava perfeitamente equilibrado, metade dos participantes relatou ter visto a palavra perfeitamente, ao passo que a outra metade afirmava que não havia palavra nenhuma. Seus relatos conscientes variavam segundo um padrão de tudo ou nada: ou eles viam a palavra ou absolutamente não a viam, mas só raramente relataram uma percepção parcial das letras.[11]

Ao mesmo tempo, nossas gravações mostraram que o cérebro também estava passando por uma repentina mudança de atitude, pulando de maneira descontínua do estado "invisível" para o estado "percebido". No início, dentro do sistema visual anterior, as palavras visíveis ou invisíveis não provocavam nenhuma diferença. Conscientes ou inconscientes, as palavras, como qualquer estimulação visual, evocavam uma corrente indiferenciada de ondas cerebrais afetando a parte posterior do córtex visual. Essas ondas são chamadas o P1 e o N1, para indicar que a primeira é positiva e tem seu pico em torno de 100 milissegundos, ao passo que a segunda é negativa e alcança seu máximo em por volta de 170 milissegundos. Ambas as ondas refletiam a progressão da informação visual através de uma hierarquia de áreas visuais – e essa progressão visual parecia não ser de maneira alguma afetada pela consciência. A ativação era muito forte e sua intensidade exatamente a mesma quando a palavra podia ser relatada e quando permanecia totalmente invisível. Ficou claro que a palavra estava entrando no córtex visual normalmente, independentemente de o observador relatar tê-la visto ou não.

Mas, apenas algumas centenas de segundos depois, o padrão de ativação mudava radicalmente. De repente, entre 200 e 300 milissegundos depois do início, a atividade cerebral caiu nos testes inconscientes, ao passo que nos testes conscientes avançou de maneira

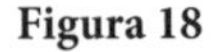

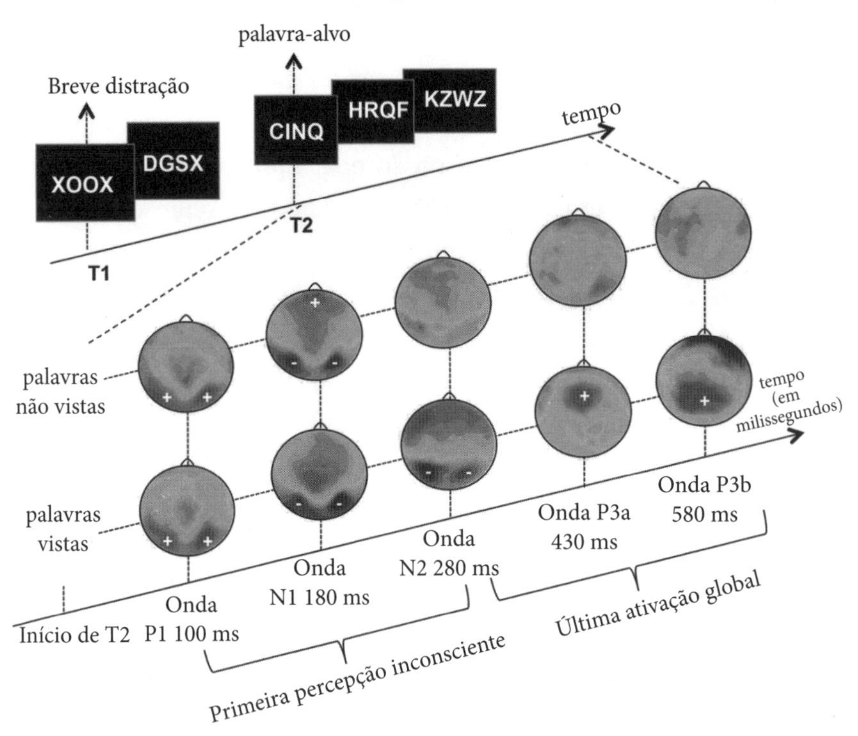

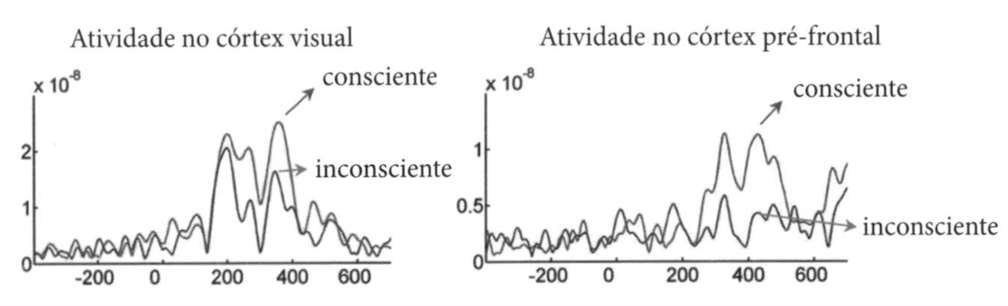

Ondas positivas e lentas no alto e na parte posterior da cabeça proporcionam uma segunda marca distintiva da consciência. Neste experimento, as palavras foram iluminadas durante a piscadela atencional, no exato momento em que os observadores estavam sendo distraídos por uma outra tarefa. Como resultado, esses observadores perderam metade das palavras: relataram frequentemente que não tinham conseguido vê-las. Ondas cerebrais registradas na superfície da cabeça rastrearam o destino das palavras que conseguiram ver e também daquelas que não viram. De início, foram provocadas ativações idênticas do córtex visual. Mas as tentativas conscientes e inconscientes divergiram repentinamente depois de passados cerca de 200 milissegundos. Exclusivamente para as palavras conscientes, a onda de atividade é ampliada e flui entrando no córtex pré-frontal, e muitas outras regiões associadas, voltando depois para as áreas visuais. Essa ativação global causa uma elevada voltagem positiva no alto da cabeça – a onda P3.

estável em direção à parte frontal do cérebro. Numa altura próxima dos 400 milissegundos, a diferença já era enorme: somente as palavras conscientes causavam uma atividade intensa nos lobos esquerdo e direito frontal, o córtex cingulado e o córtex parietal. Depois de mais de meio segundo, a ativação voltava para as regiões visuais da parte posterior do cérebro, incluindo o córtex visual primário. Muitos outros pesquisadores têm observado essa onda que se movimenta para trás, mas não sabemos realmente o que ela significa – talvez uma memória prolongada da representação visual consciente.[12]

Dado que nosso estímulo original era *exatamente* o mesmo em testes visíveis e invisíveis, a rapidez da transição do inconsciente para o consciente era impressionante. Em menos de um centésimo de segundo, entre 200 e 300 milissegundos depois do aparecimento do estímulo, nossas gravações passaram da ausência de diferença a um poderoso efeito de tudo ou nada. Embora parecesse que todas as palavras começavam com um mesmo tanto de atividade fluindo no córtex visual, nas tentativas conscientes essa onda ganhou força e rompeu a barreira das redes frontal e parietal, inundando repentinamente uma região bem maior do córtex. Nas tentativas inconscientes, ao contrário, a onda permanecia seguramente contida nos sistemas posteriores do cérebro, e com isso a mente consciente ficava intocada e, portanto, totalmente esquecida do que tinha acontecido.

No entanto, a atividade inconsciente não baixou logo de imediato. Por cerca de meio segundo, ondas inconscientes continuaram a reverberar dentro do lobo temporal esquerdo, em lugares que tinham sido associados a significados das palavras. No capítulo "Sondando pensamentos inconscientes", vimos como, durante a piscadela atencional, palavras não vistas continuam a ativar seus significados.[13] Essa interpretação inconsciente ocorre dentro dos limites do lobo temporal. Somente seu transbordamento nos domínios mais amplos dos lobos frontal e parietal assinala percepção consciente.

A avalanche consciente produz um marcador simples que é facilmente captado pelos eletrodos colados no topo da cabeça. Exclusivamente nas tentativas conscientes, uma onda de alta voltagem cruza e varre essa região. Começa por volta dos 270 milissegundos e chega a um pico entre 350 e 500 milissegundos. Esse fato lento e maciço foi chamado de onda P3 (porque é o terceiro pico positivo depois que aparece um estímulo) ou onda P300 (porque começa quase sempre por volta de 300 milissegundos).[14] Seu tamanho é de apenas uns poucos microvolts, um milhão de vezes menor que o de uma pilha tipo AA. No entanto, um tal pico de atividade elétrica é facilmente mensurável com amplificadores modernos. A onda P3 é nossa segunda marca distintiva da consciência. Uma variedade de paradigmas tem mostrado que pode ser facilmente registrada sempre que houver acesso súbito a uma percepção consciente.[15]

Olhando mais atentamente para nossos registros, descobrimos que a evolução da onda P3 também explica *por que* nossos participantes não conseguiram ver a palavra-alvo. No nosso experimento havia, na verdade, duas ondas P3. A primeira P3 era evocada pela sequência inicial de letras, que servia para distrair a atenção e era sempre percebida conscientemente. A segunda era provocada quando a palavra-alvo era vista. Impressionantemente, havia uma troca sistemática entre esses dois fatos. Sempre que o primeiro P3 era grande e longo, o segundo tinha mais probabilidades de estar ausente – e estes eram precisamente os testes em que o alvo passou batido. Portanto, o acesso consciente funcionava como um sistema de puxa e empurra: sempre que o cérebro estava ocupado por longo tempo com a primeira sequência, conforme indicado por uma onda P3 longa, ele não conseguia dar conta ao mesmo tempo da segunda palavra. O caráter consciente de uma delas parecia excluir o caráter consciente da outra.

René Descartes teria ficado feliz: ele foi o primeiro a notar que "não podemos prestar atenção em várias coisas ao mesmo tempo", uma limitação da consciência que atribuía ao fato mecânico simples de a glândula pineal só pender para um lado de cada vez. Deixando de lado essa localização cerebral que não merece crédito, Descartes estava certo: nosso cérebro consciente não pode sofrer duas ignições ao mesmo tempo, e nos deixa perceber somente um único "naco" consciente de cada vez. Sempre que os lobos pré-frontal e parietal estão juntos processando um primeiro estímulo, não conseguem reengajar-se simultaneamente com um segundo. O próprio ato de nos concentrarmos no primeiro item muitas vezes nos impede de perceber o segundo. Às vezes, acabamos percebendo-o – mas nesse caso sua onda P3 é claramente adiada.[16] Esse é o chamado "período refratário", que já encontramos no capítulo "A consciência entra no laboratório": para um segundo alvo entrar na consciência, precisa aguardar a mente consciente dar conta do alvo anterior.

A CONSCIÊNCIA E O MUNDO REAL

Uma consequência importante dessas observações é que nossa apreensão consciente de ocorrências inesperadas sempre se dá com um atraso considerável em relação ao mundo real. De modo consciente só percebemos uma pequena parte dos sinais sensoriais que nos bombardeiam e, quando o fazemos, é com um atraso de pelo menos um terço de segundo. A esse respeito, nosso cérebro é como o astrônomo que fica de olho nas supernovas. Como a velocidade da luz é finita, as notícias de estrelas distantes levam milhões de anos para chegar até nós. Assim também, como nosso cérebro acumula evidências de um modo lerdo, a informação que atribuímos ao "presente" é sempre uma informação obsoleta em pelo menos um terço de segundo. A duração desse período cego pode inclusive ultrapassar o meio segundo quando o *input* é tão precário que depende de uma acumulação lenta de evidências antes de ultrapassar o limiar da percepção consciente. (Isso é análogo às fotos de longa exposição dos astrônomos, que permitem que a luz vinda de estrelas pouco luminosas se acumule em uma placa fotográfica sensível.)[17] Como acabamos de ver, a apreensão consciente pode ser ainda mais retardada quando a mente está ocupada com outras coisas. É por isso que não se deve usar celular ao dirigir – até mesmo um ato reflexo como pisar no freio quando as luzes traseiras do carro à frente se acendem sofre um atraso quando a mente consciente estiver distraída.[18]

Somos todos cegos em relação aos limites de nossa atenção, sem sabermos que nossa percepção subjetiva está sempre atrasada em relação aos acontecimentos objetivos do mundo exterior. Mas na maior parte do tempo isso não faz diferença. Podemos nos deliciar com um pôr do sol maravilhoso ou ouvir um concerto sinfônico executado por uma orquestra sem perceber que as cores e a música que estamos vendo e ouvindo datam de meio segundo antes. Enquanto ouvimos passivamente, não nos preocupamos em pensar quando, exatamente, os sons foram emitidos. E mesmo quando precisamos agir, o mundo costuma ser lento o bastante para que nossas respostas conscientes e atrasadas continuem sendo vagamente adequadas. É somente quando tentamos agir "em tempo real" que percebemos como é lenta nossa intervenção consciente. Um pianista que executa às pressas um *alegro* nem pensa em tentar controlar cada um de seus dedos voadores – o controle consciente é lento demais para se intrometer nessa dança veloz. Para avaliar a lentidão de sua consciência, tente fotografar um acontecimento rápido e impossível de prever, como uma lagartixa pondo a língua de fora: no momento em que seu dedo apertar o obturador, o acontecimento que esperava capturar em filme já terá passado há muito tempo.

Por sorte, nosso cérebro também contém refinados mecanismos que compensam esses atrasos. Em primeiro lugar, nós nos entregamos muitas vezes a um "piloto automático" inconsciente. Como observou há muito tempo René Descartes, um dedo queimado se retrai do fogo bem antes que nos tornemos conscientes da dor. Nossos olhos e mãos reagem muitas vezes da maneira certa porque são guiados por todo um conjunto de rápidas malhas sensório-motoras que operam por fora da apreensão consciente. Esses circuitos motores podem certamente ser configurados de acordo com nossas intenções conscientes, como quando procuramos tocar cuidadosamente na chama de uma vela. Mas nesse caso a ação propriamente dita acontece inconscientemente e nossos dedos se ajustam à repentina mudança na localização do alvo com um movimento incrivelmente rápido, muito antes que detectemos conscientemente qualquer mudança.[19]

Um segundo mecanismo que compensa a lerdeza de nossa atuação consciente é a antecipação. Quase todas as nossas áreas sensoriais e motoras contêm mecanismos de aprendizado temporal que antecipam os acontecimentos do mundo exterior. Quando esses acontecimentos ocorrem de modo previsível, esses mecanismos cerebrais geram antecipações exatas, que nos permitem perceber os acontecimentos mais perto do tempo em que de fato acontecem. Uma consequência infeliz é que quando ocorre um acontecimento não antecipado – por exemplo, um breve sinal luminoso –, não conseguimos perceber seu início. Relativamente a um ponto que se movimenta numa velocidade previsível, o piscar de uma luz aparece como atrasado em relação à sua verdadeira posição.[20] Esse efeito de "atraso de flash", pelo qual sempre percebemos um estímulo previsível antes de um estímulo não previsível, é uma prova viva de que os caminhos que levam à fortaleza da mente consciente são longos e tortuosos.

É somente quando os mecanismos de antecipação de nossos cérebros falham é que nos tornamos cientes do longo atraso que nossa consciência impõe. Se você derrubar acidentalmente um copo de leite, experienciará esse fenômeno: por uma fração de segundo, você se torna plenamente ciente de que sua consciência se arrasta desesperadamente atrás do acontecido, só restando a você lamentar a própria lentidão.

A percepção de erros opera, na verdade, em duas etapas, de modo muito semelhante à percepção de qualquer outro atributo físico: avaliação inconsciente, seguida por percepção consciente. Suponha que lhe pediram para mexer os olhos deste modo pouco natural: sempre que brilhar uma luz, você não deve olhá-la, desviando o olhar. Ora, na maior parte das vezes, quando a luz acender, seus olhos não se afastarão dela; em um primeiro momento, ficarão atraídos magneticamente e se desviarão só mais tarde. O que é fascinante é que você pode perceber seu erro inicial. Em algumas tentativas, você pode ter a sensação de que seus olhos se desviaram de imediato, quando isso de fato não aconteceu. A eletroencefalografia pode ser usada para monitorar como um erro inconsciente desse tipo fica codificado no cérebro.[21] Inicialmente, durante o primeiro quinto de segundo, o córtex reage quase de maneira idêntica para erros conscientes e inconscientes. Um sistema de piloto automático presente no giro cingulado detecta que o plano motor não está sendo executado conforme as instruções e entra vigorosamente em atividade para apontar o erro – mesmo quando tudo isso permanece inconsciente.[22] Como outras respostas sensoriais, essa resposta inicial do cérebro é completamente inconsciente e deixa muitas vezes de ser detectada. Quando conseguimos ter completa ciência de nossa ação errada, porém, sobrevém uma resposta cerebral tardia, uma forte resposta positiva que pode ser gravada a partir da parte superior do couro cabeludo. Embora lhe tenha sido dado um nome diferente, a saber, "positividade relacionada a erro", não é possível distinguir essa resposta em quase nada da velha conhecida onda P3 que acompanha nossa percepção consciente dos acontecimentos sensoriais. Portanto, ações e sensações parecem ser percebidas conscientemente de maneira muito semelhante. Mais uma vez, a onda P3 resulta ser uma marca confiável da avaliação consciente por parte do cérebro – e essa marca surge bem depois do acontecimento que a provocou.[23]

ISOLANDO O MOMENTO CONSCIENTE

É possível que o leitor exigente continue cético: identificamos mesmo a marca única do acesso consciente? Não haveria outras explicações para a percepção observada nas redes parietal e pré-frontal e a subsequente onda P3? Na última década, os neurocientistas se empenharam em refinar seus experimentos para controlar todos os possíveis fatores de confusão. Embora "o júri ainda esteja deliberando", alguns desses experimentos engenhosos isolaram de maneira convincente a percepção consciente de outros acontecimentos sensoriais e motores. Vejamos como isso funciona.

A percepção consciente acarreta muitas consequências. Sempre que nos tornamos conscientes de um evento, abre-se uma miríade de possibilidades. Podemos dar conta disso verbalmente ou por meio de gestos. Podemos guardar esse fato na memória e evocá-lo mais tarde. Podemos avaliá-lo ou agir de acordo com ele. Todos esses processos são acionados somente depois que nos tornamos conscientes – e, portanto, poderiam ser confundidos com o próprio acesso consciente. A pergunta é: a atividade do cérebro que observamos nos experimentos conscientes tem algo, especificamente, a ver com o acesso consciente?

Para enfrentar essa difícil questão, meus companheiros pesquisadores e eu nos esforçamos profundamente para comparar as tentativas conscientes e inconscientes. Obedecendo às diretrizes do projeto, em nossos primeiros experimentos pedimos aos participantes que atuassem do mesmo modo em ambos os casos. Em nosso estudo sobre piscadelas atencionais, por exemplo, os participantes tiveram inicialmente que lembrar as letras-alvo, e em seguida decidir se tinham visto ou não uma palavra.[24] Sem dúvida, decidir que *não viu* uma palavra é tão ou mais difícil que decidir se *viu* uma palavra. Além do mais, os participantes davam a resposta "visto" ou "não visto", usando um movimento que era do mesmo tipo – apertar um botão com a mão direita ou esquerda. Nenhum desses fatores conseguiu explicar o fato de termos encontrado uma ampla onda P3, com forte ativação parietal e pré-frontal, nas palavras vistas, mas não nas palavras não vistas.

Todavia, o advogado do diabo poderia argumentar que o fato de ver uma palavra desencadeia uma série de processos mentais em um ponto temporal de tempo preciso, ao passo que "não visto" claramente não pode ser associado com um início tão definido: para decidir que não viu nada, a pessoa tem que esperar até o fim do teste. As diferenças na ativação cerebral poderiam ser explicadas por essa diluição temporal?

Usando um truque astuto, Hakwan Lau e Richard Passingham rejeitaram essa possiblidade.[25] Eles tiraram proveito do surpreendente fenômeno da visão cega. Como vimos no capítulo "Sondando pensamentos inconscientes", imagens subliminares brevemente realçadas, embora invisíveis, podem ainda produzir ativações corticais que às vezes chegam até o córtex motor. Como resultado, os participantes respondem corretamente a um alvo que negam ter visto – daí o termo *visão cega*. Lau e Passingham usaram esse efeito para equalizar a performance motora objetiva em tentativas conscientes e inconscientes: os participantes faziam *exatamente* a mesma coisa em ambos os casos. Mesmo com esse controle fino, uma maior visibilidade consciente continuava sendo associada com uma ativação mais forte do córtex pré-frontal esquerdo. Esses resultados foram obtidos em voluntários saudáveis, mas também em um paciente com visão cega G.Y., dessa vez com um padrão plenamente projetado, de ativação distribuída, parietal e pré-frontal, em testes conscientes.[26]

"Muito bem...", diz o advogado do diabo, "...vocês conseguiram equiparar as respostas, mas agora os estímulos conscientes e inconscientes ficaram diferentes. Vocês conseguem equiparar *as duas coisas*, os estímulos e as respostas, mantendo *tudo* idêntico exceto as reações subjetivas da visão consciente? Só assim ficarei verdadeiramente convencido de que identificaram as marcas da consciência".

A você, leitor, isso parece impossível? Pois não é. Durante sua pesquisa de doutorado, o psicólogo israelense Moti Salti, com seu orientador Dominique Lamy, realizou essa notável façanha, confirmando que a onda P3 é uma marca de acesso consciente.[27] Seu truque experimental simples consistiu em separar as tentativas com base nas respostas dos participantes. Salti iluminou uma série de linhas em uma entre quatro posições e pediu a cada participante que desse duas respostas imediatas: (1) Onde estava o facho de luz? (2) Você o viu ou simplesmente chutou? Com base nessas informações, ele conseguiu separar facilmente diferentes tipos de tentativas. Muitas eram tentativas "conscientes e corretas", nas quais os participantes relatavam ter visto o alvo e, claro, respondiam corretamente. Todavia, devido à visão cega, havia também um grande número de tentativas "não conscientes e corretas", nas quais os participantes diziam não ter visto nada, mas mesmo assim respondiam corretamente.

Portanto, estava aqui o controle perfeito: mesmo estímulo, mesma resposta, mas diferente participação da consciência. As gravações por EEG mostraram que todas as ativações do cérebro, até um máximo de 250 milissegundos eram estritamente idênticas. Os dois tipos de testes diferiam em apenas um traço: a onda P3, que acima dos 270 milissegundos subia para um tamanho muito maior para tentativas conscientes do que para tentativas inconscientes. Não somente sua amplitude, mas também sua topografia foi distinta: enquanto os estímulos inconscientes provocavam uma pequena onda positiva no córtex parietal posterior, presumivelmente refletindo a cadeia de processamento inconsciente que levava à resposta correta, somente a percepção consciente provocava uma expansão dessa ativação até os lobos frontais esquerdo e direito.

Assumindo ele próprio papel de advogado do diabo, Salti considerou se seus resultados poderiam ser explicados como uma mistura de tentativas inconscientes, algumas com respostas aleatórias e outras com uma P3 de tamanho normal. Suas análises rejeitaram de vez esse modelo alternativo. Um pequeno P3 posterior ocorreu, sim, em tentativas inconscientes, mas ele era muito pequeno, muito posterior para coincidir com os que tinham sido vistos em testes conscientes. Isso apenas indicava que, em tentativas não vistas, a avalanche da atividade mental começava, mas murchava rapidamente e parava antes de provocar um evento P3 global. Somente o P3 completo, quando se estendia bilateralmente no córtex pré-frontal, genuinamente registrava um processo neural que era restrito à percepção consciente.

ACENDENDO O CÉREBRO CONSCIENTE

Sempre que ficamos cientes de uma informação inesperada, de repente o cérebro parece partir para um padrão de atividade de larga escala. Meus colegas e eu temos chamado esse fenômeno de "ignição global".[28] Inspiramo-nos no neurofisiologista Donald Hebb, que foi o primeiro a analisar o comportamento de agrupamentos coletivos de neurônios em seu *best-seller* de 1949, *The Organization of Behavior*.[29] Hebb explicou, em termos muito intuitivos, como uma rede de neurônios que se estimulam mutuamente pode rapidamente entrar em um padrão global de atividade sincronizada – assim como uma plateia, que depois dos primeiros aplausos, repentinamente explode num aplauso generalizado. Como os espectadores entusiasmados que se levantam depois de um concerto e espalham o aplauso de maneira contagiante, os grandes neurônios piramidais nos patamares mais altos do córtex transmitem sua excitação a uma grande multidão de neurônios receptores. A ignição global – essa foi a nossa sugestão – ocorre quando essa excitação transmitida excede um certo limite e desencadeia um autorreforço: alguns neurônios estimulam outros que, por sua vez, devolvem o estímulo.[30] O resultado evidente é uma explosão de atividade: os neurônios que estão fortemente interconectados entram em um estado autossustentado de atividade de alto nível, um "ajuntamento de células" reverberante, como a chamou Hebb.

Esse fenômeno coletivo se parece com aquilo que os físicos chamam de "transição de fase" e os matemáticos de "bifurcação": uma repentina e quase descontínua mudança no estado de um sistema físico. Uma água que congela transformando-se em um cubo de gelo exemplifica a transição de fase do líquido para o sólido. Assim que começamos a pensar sobre a condição de consciência, eu e meus colegas notamos que o conceito de transição de fase captura muitas propriedades da percepção consciente.[31] Como o congelamento, a percepção consciente revela um limiar: um breve estímulo continua sendo subliminar, enquanto outro estímulo, mais longo, torna-se completamente visível. A maioria dos sistemas físicos autoamplificadores possuem um ponto de virada em que uma mudança global acontece ou fracassa, dependendo de pequenas impurezas ou de ruído. O cérebro – pensamos nós – pode não ser uma exceção.

Pode uma mensagem consciente desencadear uma transição de fase em escala cerebral em nossa atividade cortical, congelando áreas do cérebro conjuntamente e formando um estado coerente? Se for o caso, como provar isso? Para tanto, Antoine Del Cul e eu concebemos um experimento simples.[32] Variamos continuamente um único parâmetro de um monitor, semelhante à lenta redução da temperatura num frasco de água. Em seguida, examinamos se os relatos subjetivos, bem como os marcadores objetivos da atividade cerebral, se comportavam de forma descontínua e subitamente explodiam, como se estivessem passando por uma drástica transição de fase.

Em nosso experimento, iluminamos um número para um único fotograma de nossa tela de vídeo (16 milissegundos), depois um branco e finalmente uma máscara feita de letras aleatórias. Variamos a duração do branco em pequenas etapas de 16 milissegundos. O que os observadores relataram? Sua percepção mudou de maneira contínua? Não – seguiu o padrão de tudo ou nada de uma transição de fase. Em prazos longos, eles tinham a possiblidade de ver o número, mas em prazos curtos viam somente as letras: o número ficava mascarado. Essencialmente, esses dois estados eram separados por um limite claro. A percepção era não linear: à medida que o intervalo aumentava, a visibilidade não melhorou pouco a pouco (os participantes não diziam estar vendo mais e mais do número), mas mostrou uma parada repentina (agora eu vejo; agora não). Um intervalo de cerca 50 milissegundos separou os testes com e sem percepção.[33]

Tendo esse achado em mãos, nós nos voltamos para as gravações de EEG para tentar descobrir quais eventos cerebrais também ocorriam numa resposta de forma escalonada para os números mascarados. Mais uma vez os resultados apontaram para a forma de onda P3.

Todos os eventos precedentes ou não variavam com o estímulo ou, quando variavam, evoluíam de um modo que não coincidia com os relatos subjetivos dos participantes.

Descobrimos, por exemplo, que a reposta inicial do córtex visual, indexada pelas ondas P1 e N1 não era praticamente afetada pelo intervalo número-letra. Isso não deveria ser, afinal, um motivo de surpresa; exatamente o mesmo número era apresentado em todos os testes, com a mesma duração. Portanto, nós estávamos testemunhando os primeiros estágios de sua entrada no cérebro, que eram essencialmente constantes, sendo o número, em última análise, visto ou não.

As ondas seguintes, nas áreas visuais esquerda e direita, ainda se comportaram de maneira contínua. O tamanho dessas ativações visuais cresceu em proporção direta com a duração da presença do número na tela, antes de sua interrupção pela máscara. O número iluminado conseguia avançar para dentro do cérebro até o ponto em que sua atividade era diminuída pela máscara da letra. Como resultado, as ondas cerebrais aumentavam em duração e tamanho, proporcionalmente ao intervalo de tempo entre os dígitos e as letras. Essa proporcionalidade não correspondia à experiência não linear, tudo ou nada, que vinha sendo relatada pelos participantes. Isso implicava que essas ondas também não tinham relação com a consciência dos participantes. Nesse estágio, a atividade ainda era forte nos testes em que as pessoas negavam enfaticamente ter visto qualquer número.

Começando aos 270 milissegundos depois do início dos números, porém, nossas gravações exibiram repentinamente o padrão da ignição global (Figura 19). As ondas cerebrais mostraram uma súbita divergência, com uma avalanche de ativação que cresceu rápida e fortemente em testes nos quais o participante informou ter visto o número. O tamanho do aumento na ativação não era proporcionalmente compatível com o pequeno incremento na demora do mascaramento. Isso era uma evidência direta de que o acesso consciente se assemelhava a uma transição de fase da dinâmica das redes neurais.

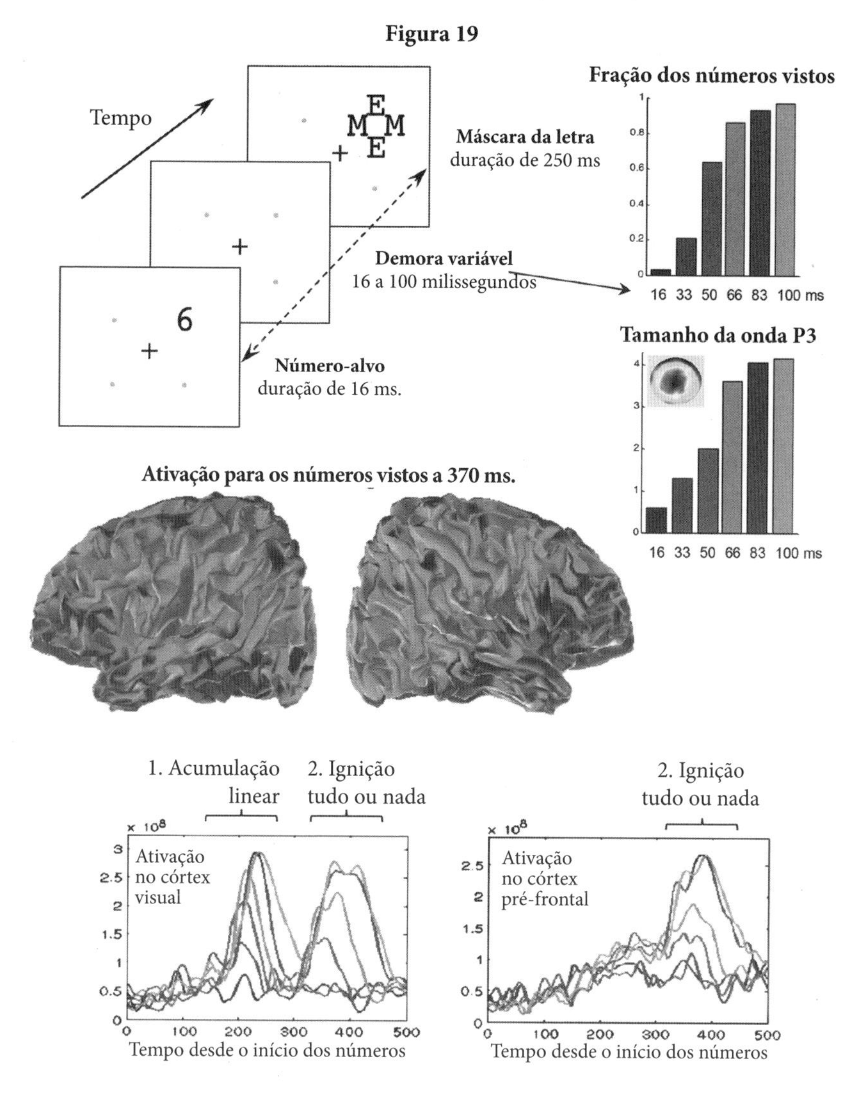

A percepção consciente desencadeia uma mudança repentina nas últimas atividades do cérebro – mudança essa que os físicos chamam "fase de transição não linear". Neste experimento, um número foi iluminado, e depois de um atraso variável, um conjunto de letras foi usado para mascará-lo. A ativação do córtex visual aumentou suavemente, acompanhando o aumento do intervalo. A percepção consciente, porém, foi descontínua: o número se tornou de repente visível quando o intervalo ultrapassou o limite de cerca de 50 milissegundos. Mais uma vez, a onda tardia P3 apareceu como uma marca da percepção consciente. A partir de cerca de 300 milissegundos depois do número, muitas regiões do córtex, incluindo os lobos frontais, se acenderam repentinamente num modo "tudo ou nada", e foi somente nesse momento que os participantes contaram ter visto o número.

Mais uma vez, a divergência consciente se assemelhava a uma onda P3 – uma forte voltagem positiva no alto da cabeça. Ela resultava da ativação simultânea de um grande circuito, com nós em muitas áreas dos lobos esquerdo e direito occipitais, parietais e pré-frontais. Dado que o nosso número era apresentado inicialmente apenas para um lado, impressionava particularmente o fato de que a ignição invadia ambos os hemisférios, em um padrão completamente bilateral e simétrico. Está claro que, a percepção consciente envolve uma fortíssima ampliação do escoamento de atividade que inicialmente surge de um breve piscar de luz. Uma avalanche de estágios de processamento culmina no momento em que muitas áreas do cérebro disparam de modo sincronizado, sinalizando que a percepção consciente ocorreu.

NAS PROFUNDEZAS DO CÉREBRO CONSCIENTE

Os experimentos que apresentamos até aqui ficam muito longe dos acontecimentos neurais reais. As gravações por RM funcional dos potenciais do cérebro via couro cabeludo captam somente um relance da atividade cerebral subjacente. Recentemente, porém, as explorações da ativação consciente sofreram uma nova mudança de direção: em pacientes epiléticos, eletrodos estão sendo colocados diretamente dentro do cérebro, dando-nos uma visão precisa da atividade cortical. Assim que esse método se tornou disponível, meu time o usou para rastrear o destino de uma palavra vista ou não vista.[34] Nossas descobertas, junto com as de muitos outros, apoiam fortemente o conceito de uma avalanche que leva à ignição global.[35]

Em um estudo, combinamos dados obtidos de dez pacientes para traçar um mapa do caminho percorrido passo a passo por uma palavra no interior do córtex.[36] Por meio de eletrodos colocados ao longo de todo caminho visual, conseguimos monitorar a progressão de nosso estímulo através de estágios sucessivos, e classificar esses estágios segundo o paciente relatava estar vendo ou não. A ativação inicial era muito semelhante, mas os dois traçados logo divergiam conforme a aplicação de testes do tipo visto ou não visto. Por volta dos 300 milissegundos, a diferença se tornou considerável. Nos testes do tipo "não visto", a atividade acabava tão rapidamente que a ativação frontal ficava praticamente ausente. Nos testes do tipo "visto", porém, ela ganhava uma amplitude enorme. Em um terço de segundo, o cérebro ia de uma diferença muito pequena para uma enorme ativação do tipo tudo ou nada.

Graças a nossos eletrodos focais, pudemos avaliar quão longe uma mensagem consciente estava sendo transmitida. Lembre-se de que estávamos gravando a partir de pontos de eletrodos escolhidos somente para monitorar a epilepsia, e que por esse motivo sua localização não tinha nenhuma relação especial com o objetivo de nosso estudo. Contudo, quase 70% desses eletrodos mostraram uma influência significativa das palavras percebidas conscientemente – em oposição aos 25% para palavras percebidas inconscientemente. Conclusão simples: as informações inconscientes permanecem confinadas em um circuito cerebral estreito, ao passo que as informações percebidas conscientemente são distribuídas globalmente, de maneira ampla e por um tempo longo, para a maior parte do córtex.

Aa gravações intracranianas também proporcionaram um acesso único ao padrão temporal da atividade cortical. Os eletrofisiologistas distinguem muitos ritmos diferentes no sinal EEG. O cérebro desperto emite uma variedade de flutuações elétricas que são definidas de forma aproximada por suas faixas de frequência, indicadas convencionalmente por letras gregas. O conjunto das oscilações do cérebro inclui a faixa alfa (8 a 13 hertz), a faixa beta (13 a 30 hertz) e a faixa gama (30 hertz ou mais). Quando um estímulo entra no cérebro, ele perturba as flutuações em andamento reduzindo-as ou alterando sua ordenação, além de impor novas frequências. A análise desses efeitos rítmicos nos nossos dados nos levou a uma nova visão das manifestações da ativação consciente.

Sempre que apresentávamos uma palavra a um indivíduo, sendo essa palavra vista ou não, observávamos em seu cérebro uma onda de atividade de faixa gama. O cérebro emitia flutuações elétricas intensificadas em sua faixa de alta frequência, que normalmente reflete suas descargas neuronais nos primeiros 200 milissegundos depois do aparecimento da palavra. Todavia, essa intensificação dos ritmos gama desaparecia em seguida para as palavras não vistas e permanecia constante para as palavras vistas. Por volta dos 300 milissegundos, tinha lugar uma mudança do tipo tudo ou nada. Exatamente esse mesmo padrão foi observado por Rafi Malach e seus colegas do Weizmann Institute (Figura 20).[37] Um forte aumento na energia na faixa gama, começando por volta dos 300 milissegundos depois do estímulo constitui, portanto, nossa terceira marca distintiva da consciência.

Esses resultados lançaram nova luz sobre uma velha hipótese relativa ao papel das oscilações de 40 hertz na percepção consciente. Já nos anos 1990, Francis Crick vencedor do Prêmio Nobel, e seu colaborador Christof Koch, conjeturaram que a atenção consciente poderia ser refletida em uma oscilação do cérebro de cerca de 40 hertz (25 pulsos por segundo), refletindo a circulação de informações entre o córtex e o tálamo. Sabemos agora que essa hipótese era demasiado forte: um estímulo inconsciente também pode induzir uma atividade de alta frequência, não só de 40 hertz, mas em todas as faixas.[38] Na realidade, não deveríamos nos surpreender se uma atividade de alta frequência acompanhar tanto os processamentos conscientes como os inconscientes: essa atividade está presente em praticamente qualquer grupo de neurônios corticais ativos, sempre que a inibição estiver presente para dar às descargas neuronais a forma de padrões rítmicos de alta frequência.[39] Mas nossos experimentos mostram que essa atividade fica muito aumentada durante o estado de ativação consciente. É a ampliação posterior da atividade de faixa gama, mais do que sua simples presença, que constitui uma marca distintiva da consciência.

Figura 20

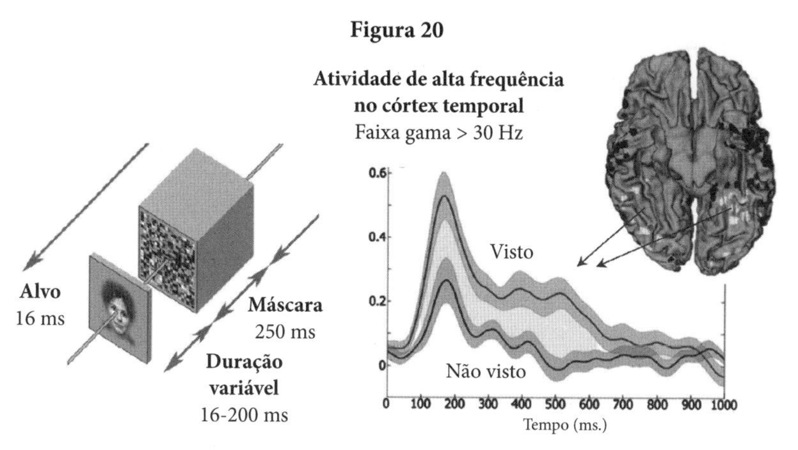

Uma longa explosão de atividade de alta frequência acompanha a percepção consciente de uma imagem iluminada, constituindo, portanto, uma terceira marca distintiva da consciência. Em casos raros de epilepsia, eletrodos podem ser colocados no alto do córtex, onde captam a avalanche de atividade evocada por uma imagem rapidamente iluminada. Nos pacientes que não conseguiram ver a imagem, somente um breve pico de atividade de alta frequência passou pelo córtex visual ventral. Nos que viram a figura, porém, a avalanche se ampliou por si mesma até causar uma ativação global do tipo tudo ou nada. A percepção consciente foi caracterizada por um pico de atividade elétrica de alta frequência, indicando uma forte ativação dos circuitos neuronais locais.

A REDE CEREBRAL

Por que o cérebro gera oscilações neuronais sincronizadas? Provavelmente porque a sincronia facilita a transmissão de informações.[40] Nas vastas florestas neuronais do córtex, com seus milhões de células que emitem descargas elétricas em quaisquer direções, seria fácil perder o rastro de um pequeno conjunto de neurônios ativos. Mas se eles gritam em uníssono, sua voz consegue ser mais bem ouvida e retransmitida. Não são raros os casos de neurônios excitatórios que orquestram suas descargas com o objetivo de transmitir uma mensagem significativa. Em poucas palavras, a sincronia abre um canal de comunicação entre neurônios distantes.[41] Os neurônios que oscilam juntos compartilham janelas de oportunidades durante as quais estão preparados para receber sinais uns dos outros. A sincronia que nós pesquisadores observamos em nossas gravações macroscópicas pode indicar que, na escala microscópica, milhares de neurônios estão trocando informações. O que pode ser particularmente significativo para a experiência consciente são os casos em que essas trocas ocorrem não só entre duas regiões locais, mas também em muitas regiões distantes do córtex, o que forma um ajuntamento coerente em escala cerebral.

Seguindo essa ideia, muitas equipes têm observado que a sincronização maciça de sinais eletromagnéticos através do córtex constitui uma quarta marca distintiva da consciência.[42] Mais uma vez, o efeito ocorre principalmente em uma janela temporal tardia: cerca de 300 milissegundos depois do aparecimento de uma imagem, muitos eletrodos distantes começam a sincronizar – mas isso somente se a imagem foi percebida conscientemente (Figura 21). As imagens invisíveis criam apenas uma sincronia passageira, limitada espacialmente à parte de trás do cérebro, onde as operações se sucedem inconscientemente. Ao contrário, a percepção consciente envolve uma comunicação de longa distância e uma grande troca de sinais recíprocos, que tem sido chamada de "rede cerebral".[43] A frequência com que essa rede do cérebro é estabelecida varia de um estudo para outro, mas ocorre tipicamente nas frequências mais baixas da faixa beta (13-30 hertz) ou da faixa teta (3-8 hertz). Possivelmente, essas frequências de veiculação lenta são as mais adequadas para superar as demoras significativas envolvidas na transmissão de informações em distâncias de vários centímetros.

Ainda não compreendemos exatamente como milhões de descargas neuronais, distribuídas no tempo e no espaço, codificam uma representação consciente. Há indícios cada vez mais numerosos de que a análise de frequência, embora seja uma técnica matemática útil, não pode ser a resposta definitiva. Na maior parte do tempo, o cérebro não oscila de fato em uma frequência exata. Pelo contrário, a atividade neuronal flutua entre padrões que oscilam e diminuem, passam por várias frequências, mas ainda assim ficam sincronizados ao passar pelas vastas distâncias no cérebro. Além disso, as frequências tendem a ficar "aninhadas" umas nas outras: picos de alta frequência ocorrem em momentos previsíveis relativamente às flutuações de baixa frequência.[44] Precisaremos de instrumentos matemáticos novos para compreender esses padrões complicados.

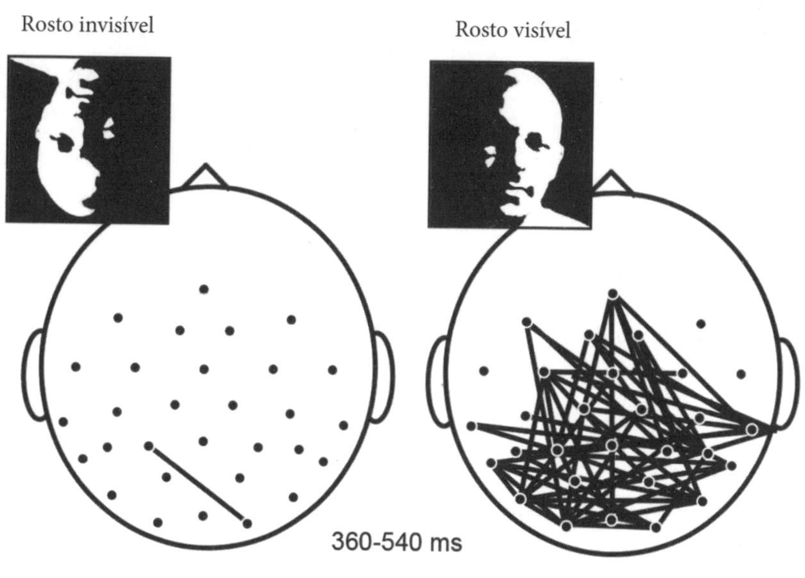

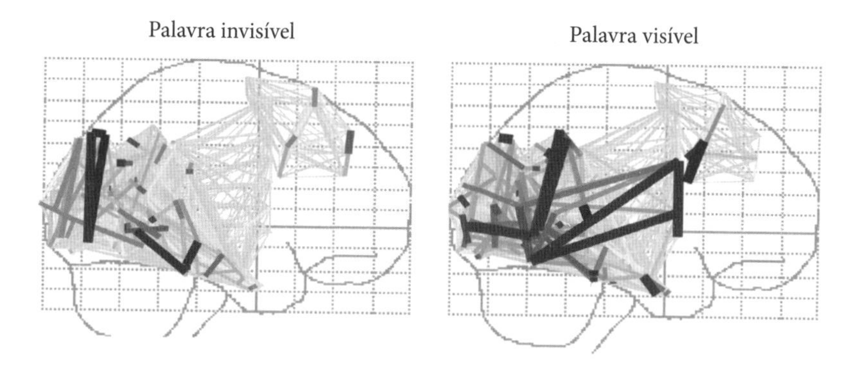

A sincronização de muitas regiões cerebrais distantes, formando uma "rede cerebral" global, constitui uma quarta marca distintiva da consciência. Cerca de um terço de segundo depois de ver um rosto (primeira parte da figura), os sinais elétricos do cérebro entram em sincronia (cada linha representa um par de eletrodos altamente sincronizados). Oscilações de alta frequência na faixa gama (maiores que 30 hertz) flutuam em sincronia, sugerindo que as regiões subjacentes trocam mensagens numa alta intensidade através de uma rede de conexões. De modo similar, durante a percepção consciente de uma palavra (parte de baixo da figura), as relações causais exibem um aumento bidirecional maciço entre regiões corticais distantes, em particular no lobo frontal. Apenas uma sincronização modesta e local ocorre quando os participantes não conseguem perceber o rosto ou a palavra.

Uma ferramenta interessante que meus colegas e eu temos aplicado em registros cerebrais é a "análise da causalidade de Granger". Em 1969, o economista inglês Clive Granger inventou esse método para determinar quando duas séries temporais – por exemplo, dois indicadores econômicos – estão relacionados de tal forma que se possa afirmar que um deles "causa" o outro. Recentemente, o método vem sendo aplicado também à Neurociência. O cérebro é tão fortemente interligado que a causalidade se torna uma questão crucial, mas desafiadora para ser determinada. Será que a ativação avança de baixo para cima, desde os receptores sensoriais até os centros integrativos de alto nível presentes no córtex? Ou existe também um significativo movimento de cima para baixo (*top-down*), no qual as regiões mais altas mandam sinais preditivos descendentes que dão forma àquilo que percebemos conscientemente? Anatomicamente, tanto as vias ascendentes como as descendentes estão presentes no córtex. A maioria das conexões de longa distância são bidirecionais, e as projeções descendentes superam em muito as ascendentes. Ainda ignoramos a razão desse arranjo, e se ele desempenha algum papel na consciência.

A análise da causalidade de Granger nos permitiu lançar alguma luz sobre esse problema. Considerando dois sinais temporais, o método questiona se um desses sinais precede o outro e prediz seu valor futuro. De acordo com essa ferramenta matemática, diz-se que o sinal A "causa" o sinal B se os estados passados de A predizem o atual estado de B, melhor do que o fazem por si sós os estados passados de B. Note-se que nada, nessa definição, exclui uma relação causal em ambas as direções. A pode influenciar B ao mesmo tempo que B pode influenciar A.

Quando nós aplicamos a análise da causalidade de Granger a nossos registros intracranianos, vimos que ela esclarecia a dinâmica da ativação consciente.[45] Em especial durante os testes com percepção consciente, observamos um aumento considerável na causalidade *bidirecional* pelo cérebro afora. Mais uma vez, essa "explosão causal" emergia de repente por volta dos 300 milissegundos. A essa altura, a grande maioria de nossos pontos de registro tinha ficado integrada em uma rede densa de relações emaranhadas, indo primeiro para frente, do córtex visual ao lobo frontal, mas também na direção inversa, isto é, do alto para baixo.

A onda que se move para frente é consistente com uma intuição óbvia: as informações sensoriais precisam escalar a hierarquia das áreas corticais, desde o córtex visual primário até representações cada vez mais abstratas do estímulo. Mas o que fazer da onda oposta, a onda descendente? Podemos interpretá-la quer como um sinal de atenção, que amplifica a atividade que chega, quer como um sinal de confirmação, uma simples marca de checagem ratificando que o *input* é coerente com a interpretação em um nível mais alto. A descrição mais abrangente é de que o cérebro cai em um "atrator distribuído" – um padrão de larga escala das regiões do cérebro afetadas pela ativação que, por um breve instante, produz um estado contínuo de atividade reverberadora.

Nada disso aconteceu nos inconscientes; nestas, a rede do cérebro nunca entrou em combustão. Houve somente um período passageiro de inter-relações causais no córtex visual ventral, mas não durou muito depois dos 300 milissegundos. Mas é interessante saber que esse período foi dominado por sinais causais descendentes. Dava a impressão de que as regiões anteriores estavam interrogando desesperadamente as áreas sensoriais. A inexistência de uma resposta mediante um sinal coerente resultava na ausência de percepção consciente.

O PONTO DE RUPTURA E SEUS PRECURSORES

Vou resumir as conclusões a que chegamos até este momento. A percepção consciente resulta de uma onda de atividade neuronal que orienta o córtex acima de seu limiar de ignição. Um estímulo consciente provoca uma avalanche de atividades neurais, que acaba por ativar muitas regiões, levando-as a um estado interconectado. Durante esse estado consciente, que começa aproximadamente 300 milissegundos depois do início do estímulo, as regiões frontais do cérebro estão sendo informadas de *inputs* sensoriais em um modo ascendente, mas essas regiões também mandam projeções maciças na direção inversa, e para muitas áreas espalhadas. O resultado final é uma rede cerebral de áreas sincronizadas cujas várias facetas nos proporcionam muitas marcas de atividade consciente: ativação distribuída, particularmente nos lobos frontal e parietal, uma onda P3, ampliação da faixa gama e uma enorme sincronia em longa distância.

A metáfora da avalanche, com seu ponto de virada, nos ajuda a resolver algumas das controvérsias acerca do problema de saber exatamente *quando* a percepção consciente aparece no cérebro. Meus dados, como os de muitos colegas, apontam para um começo tardio, próximo de um terço de segundo depois do início da estimulação visual, mas outros laboratórios têm encontrado intervalos bem menores entre testes conscientes e inconscientes – às vezes aparecendo num tempo curto de 100 milissegundos.[46] Estariam eles errados? Não. Com a sensibilidade necessária, é muitas vezes possível detectar pequenas mudanças na atividade cerebral que precedem a ignição global. Mas essas diferenças já denunciam um cérebro consciente? Não. Em primeiro lugar, não é sempre que elas são detectadas – existe atualmente um bom número de experimentos excelentes que usam a mesma exata estimulação para testes do tipo vistos e não vistos, os quais têm como correlato único da percepção consciente a ativação tardia.[47] Em segundo lugar, a forma das primeiras mudanças não bate com os relatos conscientes – por exemplo, durante o mascaramento, os primeiros eventos crescem linearmente com a duração do estímulo, ao passo que a percepção subjetiva é não linear. Finalmente, os primeiros eventos mostram uma pequena amplificação nas tentativas conscientes, em seguida a uma ampla ativação subliminar.[48] Novamente, uma pequena mudança como essa não dá conta do recado: significa que uma ativação maior continua presente em testes nos quais a pessoa não relata de modo algum uma participação consciente.

Então, por que atividade visual precoce prediz consciência em alguns experimentos? É muito provável que flutuações ao acaso na atividade ascendente aumentem as chances de que o cérebro irrompa depois em um estado de ignição global. Em média, as flutuações positivas fazem pender a balança para a percepção consciente – assim como uma única bola de neve pode provocar uma avalanche inteira, ou como o famoso Efeito Borboleta, que desencadeia um furacão. Da mesma forma que uma avalanche é um acontecimento probabilístico, não um acontecimento garantido, a cascata de atividades cerebrais que acaba por levar à percepção consciente não é totalmente determinística: um estímulo que é exatamente o mesmo pode ora ser percebido, ora passar despercebido. O que faz a diferença? Flutuações imprevisíveis no disparo neuronal às vezes se ajustam ao estímulo recebido, outras vezes lutam contra ele. Quando calculamos a média de milhares de testes em que a percepção consciente ocorre ou não, esses pequenos desvios emergem do ruído como um efeito estatisticamente significativo. Tudo mais sendo igual, a ativação visual inicial é um tiquinho maior em um teste em que o objeto foi visto do que em um teste em que não foi. Concluir que, nesse estágio, o cérebro já está consciente seria tão errado quanto dizer que a primeira bola de neve *já é* a avalanche.

Alguns experimentos detectam um correlato da percepção consciente em sinais cerebrais que são gravados antes que seja apresentado um estímulo visual.[49] E isso, agora, parece ainda mais estranho: como pode a atividade cerebral já conter uma marca distintiva da consciência para um estímulo que será apresentado dali a alguns segundos? Seria esse um caso de pré-cognição? É claro que não. O que estamos testemunhando são simplesmente as pré-condições que, *em média*, têm maior probabilidade de causar uma avalanche da percepção consciente.

Lembremos que a atividade cerebral está em fluxo constante. Algumas dessas oscilações nos ajudam a perceber os estímulos-alvo desejados, ao passo que outras prejudicam nossa capacidade de concentração na tarefa. Os exames de neuroimagem são agora suficientemente sensíveis para captar os sinais que, antes mesmo do estímulo, já indicam a capacidade do córtex de percebê-lo. Como resultado, quando retrocedemos um tempo médio, partindo do conhecimento de que houve percepção consciente, descobrimos que esses primeiros acontecimentos agem como anunciadores parciais de uma atitude consciente posterior. Mas eles não são ainda constitutivos de um estado consciente: a percepção consciente parece surgir depois, quando vieses preexistentes e evidências recém-chegadas se combinam em uma ignição global.

Essas observações apontam para uma conclusão importantíssima: precisamos aprender a distinguir os meros *correlatos de consciência* das autênticas *marcas distintivas da consciência*. Embora a busca por mecanismos cerebrais de uma experiência consciente seja frequentemente descrita como uma busca de correlatos neurais da consciência, essa frase é inadequada. Correlação não é casualidade e um mero correlato é, portanto, insuficiente. Demasiados eventos cerebrais são correlatos da percepção consciente – incluindo, como já vimos, as oscilações que precedem o próprio estímulo – e, portanto, não podem ser consideradas como parte de sua codificação. O que estamos procurando não é apenas uma relação estatística entre atividade cerebral e percepção consciente, mas uma marca sistemática da consciência, que esteja presente onde quer que uma percepção consciente ocorra, e ausente se a percepção consciente não ocorrer, e que codifica plenamente a experiência subjetiva que a pessoa relata.

DECODIFICANDO UM PENSAMENTO CONSCIENTE

Voltemos a fazer o papel de advogado do diabo. Poderia a ignição global funcionar apenas como um sinal de alerta, um toque de sirene que soa sempre que nos tornamos conscientes de alguma coisa? Poderia não ter qualquer relação definida com os detalhes de nossos pensamentos conscientes? Poderia ser simplesmente um pico de excitação global, desligado dos *conteúdos* específicos de nossa experiência subjetiva?

Muitos núcleos com funções múltiplas no tronco encefálico e no tálamo parecem rotular os momentos que chamam nossa atenção. Por exemplo, *o locus coeruleus* é um conglomerado de neurônios localizado na base do tronco encefálico que fornece um neurotransmissor particular, a norepinefrina, numa vasta área do córtex, sempre que algo estressante requer atenção. Uma descarga de norepinefrina poderia muito bem acompanhar o acontecimento excitante de nos tornarmos conscientes de um percepto visual, e alguns autores têm sugerido que isso é exatamente o que vem refletido na grande onda P3 que observamos no escalpo durante o acesso consciente.[50] A descarga de neurônios da norepinefrina não produziria uma relação exclusiva de tomada de consciência; constituiria um sinal inespecífico, essencial para nosso alerta geral, mas desprovido das distinções de granulação fina que constituem o material de nossa vida mental consciente.[51] Identificar um evento desse tipo como o veículo da tomada de consciência seria como confundir o barulho que o jornal do domingo faz ao bater na porta de casa com os textos e as notícias que traz.

Então, como fica a questão de separar o código consciente propriamente dito das manifestações ruidosas que o acompanham? Em princípio a resposta é fácil. Precisamos vasculhar o cérebro em busca de uma representação neural decodificável, cujo conteúdo se relacione 100% com a sensação de estarmos conscientes.[52] O código consciente que buscamos deveria conter um registro completo da experiência do sujeito, com exatamente o mesmo nível de detalhes que a pessoa percebe. Esse código precisaria ser indiferente aos aspectos que ele ignora, mesmo que estejam fisicamente presentes no *input*. Inversamente, precisaria codificar o conteúdo subjetivo da percepção consciente, mesmo que essa percepção seja fruto de ilusão ou alucinação. Deveria preservar o senso subjetivo de similaridade percebida: quando percebemos um losango e um quadrado como duas formas distintas, em vez de versões giradas uma da outra, o mesmo deve acontecer com a representação consciente do cérebro.

O código consciente precisaria ser também altamente invariável: deveria ficar no mesmo lugar sempre que sentirmos que o mundo está estável e mudar assim que o vemos em movimento. Este último critério restringe a busca de marcas da consciência, pois exclui quase todas as nossas áreas sensoriais iniciais. Quando caminhamos em um corredor, as paredes projetam seguidamente uma imagem que muda em nossas retinas – mas nós esquecemos esse movimento visual e percebemos um local estável. O movimento é onipresente em nossas áreas visuais iniciais, mas não em nossa consciência. Três ou quatro vezes por segundo, nossos olhos balançam. Consequentemente, tanto na retina como na maioria de nossas áreas visuais, a imagem global do mundo escorrega para frente e para atrás. Felizmente, ficamos indiferentes a esse rodopio que poderia provocar náuseas: nossa percepção continua imóvel. Mesmo quando encaramos fixamente um alvo em movimento, não percebemos o pano de fundo que escorrega na direção oposta. Portanto, no córtex, nosso código inconsciente precisa também ser estabilizado de maneira análoga. De algum modo, graças aos sensores de movimento localizados no interior do ouvido e às predições que provêm de comandos motores, conseguimos subtrair nosso próprio movimento e percebemos o entorno como uma entidade constante. Somente quando esses sinais motores preditivos são contornados – por exemplo, quando você move seu olho cutucando-o delicadamente com um dedo –, surge a impressão de que o mundo está em movimento.

O deslizamento visual induzido por nosso movimento é apenas um dos muitos sinais que nosso cérebro elimina da nossa consciência. Muitas outras características separam nosso mundo consciente dos sinais borrados que alcançam nossos sentidos. Por exemplo, quando assistimos à TV, a imagem pisca entre 50 e 60 vezes por segundo, e os registros mostram que esse ritmo oculto entra em nosso córtex visual primário fazendo com que os neurônios pisquem com a mesma frequência.[53] Felizmente, não percebemos esses flashes ritmados; a informação temporal fina que está presente em nossas áreas visuais é filtrada antes de alcançar nossa percepção consciente. Da mesma forma, uma trama muito fina de linhas é codificada pelo nosso córtex visual primário, embora não possa ser vista.[54]

Só que nosso estado de consciência não é apenas quase cego: é também um observador ativo que realça dramaticamente a imagem recebida, transformando-a. Na retina, e nos primeiros estágios do tratamento cortical, o centro de nossa visão sofre uma expansão enorme em confronto com a periferia: os neurônios que aí cuidam do centro de nosso olhar são muito mais numerosos do que aqueles que cuidam do entorno. Mas nós não percebemos o mundo como através de lentes de aumento gigantes; e também não experimentamos uma repentina expansão de qualquer rosto ou palavra que decidimos olhar. A apreensão consciente estabiliza incessantemente nossa percepção.

Como um último exemplo da enorme discrepância entre os dados sensoriais iniciais e a percepção que temos deles, considere-se a cor. Fora do foco de nosso olhar, a retina contém pouquíssimos cones sensíveis à cor. Mesmo assim não somos cegos para as cores na periferia de nosso campo visual. Não caminhamos num mundo branco e preto, espantando-nos ao ver que a cor aparece sempre que encaramos alguma coisa. Ao contrário, nosso mundo consciente aparece para nós em cores. Cada retina tem inclusive um grande buraco chamado "ponto cego" no lugar de onde parte nosso nervo ótico – mas, por sorte, não percebemos um buraco negro em nossa imagem interior do mundo.

Todos esses argumentos provam que as respostas visuais mais iniciais não podem conter o código consciente. Muito processamento é necessário antes que nosso cérebro resolva o quebra-cabeças e monte uma representação estável do mundo. Talvez por isso as marcas de atuação consciente ocorram tão tarde: um terço de segundo pode ser o mínimo que nosso córtex necessita para vistoriar todas as peças do quebra-cabeça e montar uma representação estável do mundo.

Se essa visão for correta, então essa atividade tardia do cérebro deve abranger um registro completo de nossa experiência consciente – um código completo de nossos pensamentos. Se pudéssemos ler esse código, teríamos pleno acesso ao mundo interior de qualquer pessoa, aí incluídas as subjetividades e as ilusões.

Seria essa possibilidade uma ficção científica? Não exatamente. Realizando registros seletivamente a partir de neurônios individuais no cérebro humano, o neurocientista Quian Quiroga e seus colegas israelenses Itzak Fried e Rafi Malach abriram as portas da percepção consciente.[55] Descobriram neurônios que reagem somente a imagens, pessoas ou lugares específicos – e cintilam somente quando ocorre uma percepção consciente. Essa descoberta oferece evidência decisiva contra a interpretação inespecífica. Durante uma ignição global, o cérebro não fica totalmente excitado. Ao contrário, só um conjunto muito particular de neurônios fica, e seus contornos demarcam os conteúdos subjetivos da consciência.

Como podem os neurônios ser gravados desde as entranhas profundas do cérebro humano? Já mencionei que os neurocirurgiões monitoram as convulsões epilépticas colocando uma série de eletrodos dentro do crânio. Geralmente, esses eletrodos são grandes e gravam indiscriminadamente a partir de milhares de células. Todavia, baseando-se em trabalhos pioneiros anteriores,[56] o neurocirurgião Itzhak Fried desenvolveu um refinado sistema de minúsculos eletrodos destinados especificamente a gravar a partir de neurônios individuais.[57] No cérebro humano, assim como no cérebro da maioria dos animais, os neurônios corticais trocam entre si tênues impulsos elétricos; esses impulsos são chamados *spikes*, porque aparecem no osciloscópio como mudanças muito agudas do potencial elétrico. Os neurônios excitatórios emitem normalmente uns tantos *spikes* por segundo, e cada um deles se propaga rapidamente ao longo do axônio para alcançar alvos locais ou distantes. Graças aos ousados experimentos de Fried, foi possível gravar, por horas ou mesmo vários dias, todos os *spikes* emitidos por um dado neurônio, estando o paciente acordado e levando a vida normalmente.

Quando Fried e colaboradores colocaram eletrodos no lobo temporal anterior, imediatamente fizeram uma constatação notável. Descobriram que um neurônio humano individual pode ser extraordinariamente seletivo em relação a uma pintura, um nome ou mesmo um conceito. Bombardeando um paciente com centenas de imagens de rostos, objetos e palavras, descobriram que, em geral, somente uma ou duas dessas imagens acionavam uma determinada célula. Um neurônio, por exemplo, produzia uma descarga quando exposto a imagens de Bill Clinton e de mais nenhuma outra pessoa![58] Ao longo dos anos, são muitos os relatos sobre neurônios que respondem seletivamente a uma quantidade de fotos, incluindo membros da família do paciente, lugares famosos tais como a Ópera de Sidney ou a Casa Branca, e mesmo de celebridades da televisão, como Jennifer Aniston ou Homer Simpson. Curiosamente, com frequência o nome escrito bastava para ativar esses neurônios: o mesmo neurônio poderia apresentar uma descarga na presença das palavras 'Ópera de Sydney' ou da imagem desse lugar emblemático.

É fascinante que, inserindo às cegas um eletrodo e ouvindo um neurônio escolhido ao acaso possamos encontrar uma "célula Bill Clinton". Isso implica que, a qualquer momento, milhões dessas células devem estar disparando em resposta às cenas que vemos. Juntos, os neurônios do lobo temporal anterior são responsáveis por criar um código interno distribuído entre pessoas, lugares e outros conceitos dignos de memória. Cada imagem específica, como o rosto de Clinton, produz um padrão particular de neurônios ativos e inativos. O código é tão preciso que, verificando quais neurônios disparam e quais permanecem em silêncio, podemos treinar um computador para adivinhar, com um alto grau de precisão, que imagem a pessoa está vendo.[59]

Sem dúvida, esses neurônios são muito específicos em relação à cena visual do momento, e ainda assim muito invariáveis. O que suas descargas indicam não é nem um sinal de excitação global, nem uma miríade de detalhes variáveis, mas a essência da imagem de momento – exatamente o tipo certo de representação estável que esperaríamos codificar para nossos pensamentos conscientes. Então esses neurônios mantêm alguma relação com a experiência consciente de seus possuidores? Sim. Normalmente, na região temporal anterior, muitos neurônios disparam *apenas* se uma determinada imagem é vista conscientemente. Em um experimento, imagens foram mascaradas por meio de imagens sem sentido e projetadas tão rapidamente que muitas não puderam sequer ser vistas.[60] Em cada teste, o paciente dizia se tinha reconhecido a figura. A maioria das células emitiu *spikes* somente quando o paciente relatou ter visto a figura. A apresentação visual era a mesma nas tentativas conscientes e inconscientes, entretanto o disparo da célula refletiu a percepção subjetiva da pessoa e não o estímulo objetivo.

A Figura 22 mostra uma célula cujo disparo foi provocado por uma imagem do World Trade Center. O neurônio disparou somente em testes conscientes. Sempre que o paciente declarava não ter visto nada, pois a imagem estava mascarada sem possibilidade de reconhecimento, a célula permanecia em absoluto silêncio. Mesmo para uma medida fixa de estimulação física objetiva, quando era apresentada exatamente a mesma pintura por uma duração de tempo fixa, a subjetividade fez diferença. Com a duração da imagem regulada precisamente no limite possível da percepção, a pessoa relatou ter visto a imagem aproximadamente na metade do tempo – e os impulsos das células rastrearam exatamente os testes com percepção consciente. O disparo das células foi tão reproduzível que foi possível traçar uma linha e separar os testes do tipo vistos e não vistos a partir do número de impulsos observados. Em poucas palavras: um estado subjetivo da mente pôde ser decodificado a partir de um estado objetivo do cérebro.

Figura 22

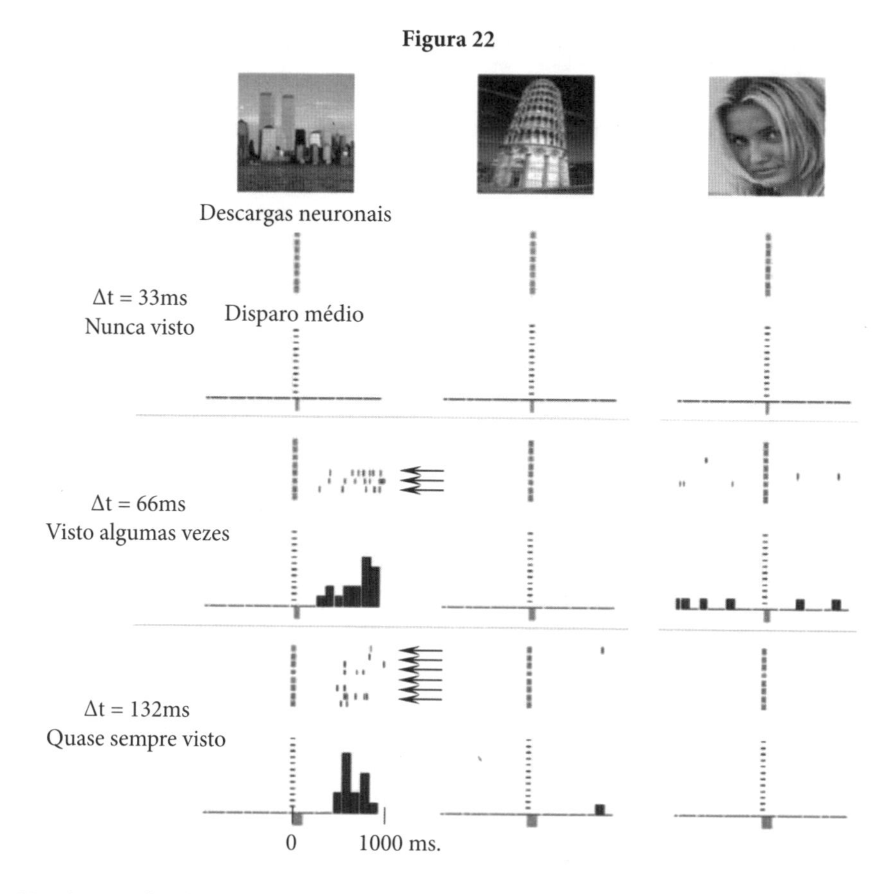

Neurônios individuais rastreiam nossas percepções conscientes: eles disparam quando percebemos conscientemente uma imagem específica. Neste exemplo, um neurônio do lobo temporal anterior disparou seletivamente ao ver uma imagem do World Trade Center, mas virtualmente só quando essa imagem foi vista conscientemente. Conforme a duração da apresentação aumentava, a percepção consciente tornou-se mais frequente. As descargas neuronais ocorreram somente quando a pessoa relatou ter visto a imagem (tentativas assinaladas pelas flechas). O neurônio foi seletivo e não reagiu muito a outras figuras, como a que representava um rosto ou a Tore de Pisa. Seu disparo mais tardio e demorado indicava um conteúdo específico de percepção consciente. Milhões de neurônios desse tipo, disparando juntos, codificam aquilo que vemos.

Se as células temporais anteriores codificam a percepção consciente, então suas descargas deveriam não ter relação com *o modo como* a percepção consciente é manipulada. De fato, Fried e colegas descobriram que o disparo desses neurônios está relacionado à percepção consciente em paradigmas que não usam mascaramento de imagens, tais como a rivalidade binocular. Uma "célula Bill Clinton" disparava sempre que o rosto de Bill Clinton era apresentado a um olho – mas parava subitamente de emitir sinais sempre que a imagem concorrente de um tabuleiro de xadrez era apresentada ao outro olho, obrigando Clinton a sumir da vista.[61] Sua imagem estava ainda presente na retina, mas tinha sido apagada subjetivamente pela imagem concorrente, e sua ativação não conseguiu chegar aos centros corticais mais elevados em que a apreensão consciente é estabelecida.

Calculando médias separadamente a partir de tentativas conscientes e inconscientes, Quial, Quiroga e colaboradores replicaram nosso agora bem conhecido padrão de ativação. Sempre que uma imagem era vista conscientemente, passado cerca de um terço de um segundo, as células do temporal anterior começavam a disparar vigorosamente e por um período prolongado. Como figuras diferentes ativam células diferentes, esses disparos não podem refletir uma mera excitação do cérebro. Em vez disso, estamos testemunhando o teor da consciência. O padrão das células ativas e inativas forma um código interno para as informações contidas na consciência.

É possível demostrar que esse código consciente é estável e reprodutível: as células que entram em atividade toda vez que o paciente pensa em Bill Clinton são exatamente as mesmas. De fato, só de pensar no ex-presidente as células entram em atividade mesmo na ausência de qualquer estimulação objetiva externa. A maioria dos neurônios do temporal anterior exibe a mesma seletividade para imagens reais ou imaginárias.[62] A evocação pela memória também os ativa. Uma célula, que disparou quando o paciente estava vendo um vídeo da série *Os Simpsons*, voltou a disparar sempre que o paciente, em um ambiente totalmente escuro, lembrava-se de ter visto o vídeo da série.

Embora neurônios individuais rastreiem aquilo que imaginamos ou percebemos, seria um erro concluir que uma única célula basta para induzir um pensamento consciente. A informação consciente está provavelmente distribuídas por uma miríade de células. Imagine vários milhões de neurônios, espalhados pelas áreas associativas do córtex, cada um codificando um fragmento da cena visual. Suas descargas sincronizadas formam potenciais cerebrais macroscópicas, fortes o suficiente para serem captadas por eletrodos clássicos, localizados dentro ou mesmo fora do crânio. O disparo de uma única célula é impossível de ser percebido à distância, mas como a percepção consciente mobiliza enormes agrupamento de células, podemos, até certo ponto, determinar se uma pessoa está vendo um rosto ou um prédio, partindo da topografia dos grandes potenciais elétricos emitidos por seu córtex visual.[63] Da mesma forma, a localização e mesmo o número de itens que uma pessoa guarda em sua memória de curto prazo podem ser determinados a partir do padrão das ondas lentas do cérebro sobre o córtex parietal.[64]

Como o código consciente é estável e fica presente por algum tempo, ele pode ser decifrado até mesmo pelo IRMf, um método bastante simples que calcula médias a partir de milhões de neurônios. Em um experimento recente, depois que um paciente viu um rosto ou uma casa, um padrão de atividade diferente apareceu na parte anterior do lobo temporal, e isso bastou para determinar o que a pessoa tinha visto.[65] O padrão continuou estável por muitos testes, ao passo que em testes não conscientes não ocorreu atividade reproduzível desse tipo.

Imagine, portanto, que você foi encolhido até atingir um tamanho submilimétrico e foi mandado para dentro do córtex. Aí você está cercado por milhares de descargas neuronais. Como você pode reconhecer quais desses *spikes* codificam uma percepção consciente? Você teria que buscar conjuntos de *spikes* com três traços distintivos: *estabilidade* ao longo do tempo, *reprodutibilidade* através dos testes e *invariância* sobre mudanças superficiais que deixam o conteúdo intacto. Esses critérios são encontrados, por exemplo, no córtex cingulado posterior, uma área de integração de alto nível localizada na linha mediana do córtex parietal. Lá, a atividade neural evocada por um estímulo visual permanece estável enquanto o próprio objeto permanece no mesmo lugar, mesmo quando os olhos se movem.[66] Ademais, os neurônios nessa região são sintonizados com a localização dos objetos no mundo exterior. Mesmo que olhemos em volta, eles mantêm um nível invariável de disparo. Esse ponto está longe de ser trivial, porque durante os movimentos dos olhos, a imagem visual inteira desliza sobre nosso córtex visual primário – ainda assim, de algum modo, no momento em que chega ao cingulado posterior, a imagem foi estabilizada.

A região cingulada posterior tem uma estreita ligação com uma região chamada o "giro para-hipocampal" ('próximo ao hipocampo'), onde as "células de localização" são encontradas.[67] Essas células entram em atividade sempre que um animal ocupa uma certa posição no espaço – por exemplo, o canto que fica a noroeste em um cômodo de uma casa de família. As células de localização também são muito constantes em face à variedade de indícios sensoriais e mantêm seu disparo seletivo de espaço mesmo quando o animal vagueia na escuridão total. O que é fascinante é que se pode demonstrar que esses neurônios codificam onde o animal *pensa* que está. Se um rato é "teletransportado" mediante uma súbita mudança das cores do assoalho, da parede e do teto, para que eles se assemelhem a outro cômodo familiar, outro quarto conhecido, as células de localização no hipocampo oscilam brevemente entre as duas interpretações, e depois se estabilizam em um padrão de disparos apropriado para o cômodo imaginário.[68] A decodificação dos sinais neurais nessa região é tão avançada que se tornou possível dizer onde o animal está (ou pensa que está) a partir do conjunto de padrões de disparos das células nervosas – e isso até durante o sono, quando a trajetória espacial é meramente imaginada. Daqui a poucos anos, não parece tão mirabolante pensar que códigos abstratos como esses, encriptando a própria trama de nossos pensamentos, se tornarão decodificáveis no cérebro humano.

Em suma, a neurofisiologia abriu de vez a caixa de mistérios da experiência consciente. Durante a percepção consciente, padrões de atividade neuronal únicos para uma dada imagem ou conceito podem ser gravados em vários locais no cérebro. Tais células disparam fortemente se e somente se a pessoa relatar estar recebendo uma imagem – seja ela real ou imaginária. Cada cena visual consciente mostra-se codificada por um padrão de atividade neuronal passível de ser reproduzido, que permanece estável por meio segundo ou mais, enquanto a pessoa vê a cena.

INDUZINDO UMA ALUCINAÇÃO

É isso? Nossa busca por marcas neurais da atividade consciente alcançou um final feliz? Não exatamente. É preciso atender a mais um requisito. Para valer como marca autêntica de uma atitude consciente, a atividade cerebral precisa não só se dar sempre que ocorre o conteúdo consciente correspondente; ela deve *induzir* que esse conteúdo aflore perceptivelmente em nossa consciência.

A predição é simples: se conseguimos induzir certo estado de atividade cerebral, devemos também evocar o estado mental correspondente. Se um estimulador do tipo Matrix pudesse recriar, em nosso cérebro, o estado preciso de disparo neuronal em que estavam nossos circuitos da última vez em que vimos um pôr do sol, deveríamos poder visualizá-lo em plena claridade – uma alucinação completa, indistinguível da experiência original.

Tal recriação dos estados cerebrais pode parecer improvável, mas não é; acontece toda noite. Durante os sonhos, nós estamos deitados e parados, mas nossa mente voa, simplesmente porque nosso cérebro dispara sequências de *spikes* organizados que evocam conteúdos mentais precisos. Nos ratos, os registros neuronais durante o sono mostram uma repetição dos padrões neuronais no córtex e no hipocampo que se relacionam diretamente com a experiência vivida pelo animal durante o dia anterior.[69] E nos seres humanos, as áreas corticais que são ativas exatamente alguns segundos antes do despertar podem predizer o conteúdo do sonho relatado.[70] Por exemplo, sempre que a atividade se concentra em uma região que é conhecida como especializada em rostos, o sonhador relata previsivelmente sonhos em que estiveram presentes outras pessoas.

Essas incríveis descobertas demonstram haver uma correspondência entre estados neurais e estados mentais – mas ainda não são uma prova de causalidade. Provar que um padrão de atividade cerebral causa um estado mental é um dos mais difíceis problemas com que se defrontam os neurocientistas. Quase todos os nossos métodos não invasivos de produção de imagens cerebrais são correlativos e não causativos – envolvem a observação passiva de uma correlação entre a ativação do cérebro e determinados estados mentais. Dois métodos especiais, porém, nos permitem estimular com toda segurança o cérebro humano, com técnicas que são ao mesmo tempo inofensivas e reversíveis.

Em participantes saudáveis, podemos ativar o cérebro de fora para dentro mediante uma técnica chamada estimulação magnética transcraniana (EMT). Introduzida em caráter pioneiro no início do século XX[71] e refeita por tecnologias modernas,[72] essa técnica passou recentemente a ter um uso muito amplo (Figura 23). Funciona assim: uma bateria de acumuladores libera repentinamente uma corrente elétrica forte para uma bobina colocada na parte de cima da cabeça. Essa corrente induz um campo magnético que entra na cabeça e gera uma descarga num "ponto ideal" exato do córtex inferior. Diretrizes específicas garantem a segurança da técnica: um clique audível e, às vezes, uma contração desagradável de um músculo podem ocorrer. Desse modo, qualquer cérebro normal pode ser estimulado em praticamente qualquer região do córtex, com um *timing* preciso.

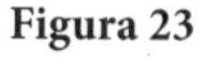

Figura 23

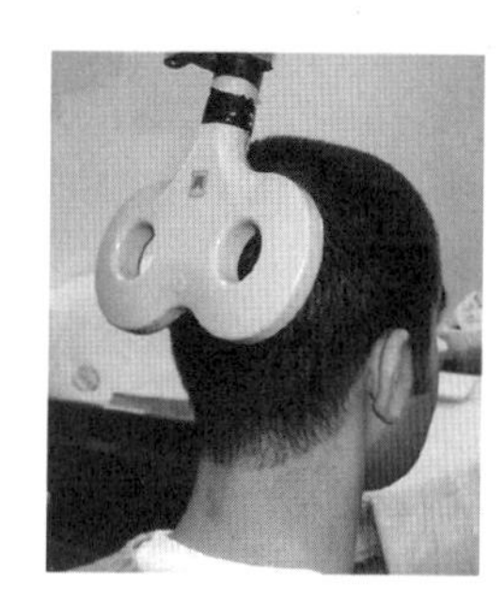

A estimulação magnética transcraniana pode ser usada para interferir na atividade cerebral humana induzindo mudanças na experiência consciente. Tendo tido como pioneiros S. P. Thompson (1910, à esquerda) e C.E. Magnuson e H.C. Stevens (1911, centro), a técnica ficou atualmente muito mais simples e barata (direita). A aplicação de um campo magnético temporário induz um pulso de corrente dentro do córtex, que pode interromper uma percepção em andamento ou mesmo causar uma experiência ilusória, tal como a visão de um clarão de luz. Esses experimentos provam a existência de um nexo causal entre a atividade cerebral e a experiência consciente.

Para obter uma precisão espacial maior, uma alternativa é estimular os neurônios diretamente por meio de eletrodos inseridos no cérebro. Esta opção, é claro, só é disponível para pacientes com epilepsia, com Parkinson ou com distúrbios de movimento, que são cada vez mais explorados por meio de eletrodos intracranianos. Mediante a concordância do paciente, pequenas correntes podem ser injetadas nesses fios, em sincronia com estímulos externos. Uma descarga elétrica pode até mesmo ser aplicada durante o procedimento. Como o cérebro não tem receptores de dor, essa estimulação elétrica é indolor e pode ser muito informativa no sentido de identificar regiões de importância crucial que o bisturi deve evitar, como os circuitos da fala. Muitos hospitais pelo mundo afora levam adiante esses insólitos experimentos intraoperatórios. Deitado na mesa de operação, com o crânio parcialmente aberto, mas inteiramente acordado, o paciente descreve cuidadosamente sua experiência, enquanto um eletrodo injeta uma pequena quantidade de corrente em um ponto preciso de seu cérebro.

Os resultados dessas investigações têm sido altamente compensadores. Muitos estudos de estimulação, realizados em seres humanos e outros primatas, têm comprovado haver um mapeamento causal direto entre estados neurais e percepção consciente. A mera estimulação dos circuitos neurais, na ausência de um evento objetivo, basta para causar um sentimento subjetivo consciente cujo conteúdo varia conforme o circuito que foi estimulado. Por exemplo, a estimulação magnética transcraniana do córtex visual, em plena escuridão, cria uma impressão de luz, conhecida tecnicamente como fosfeno: imediatamente depois da aplicação da corrente, um tênue ponto de luz aparece em uma localização que varia de acordo com o lugar da estimulação cortical. Mova-se a bobina de estimulação para uma área do cérebro chamada MT/V5, que responde por movimento, e o percepto repentinamente muda: o dono do cérebro relata então a impressão de estar passando por um movimento de flutuação. Em um ponto diferente, também podem ser evocadas sensações de cor.

Os registros neuronais estabeleceram há muito tempo que cada parâmetro da cena visual produz mapeamentos em um ponto diferente do córtex visual. Em diferentes setores do córtex occipital, um mosaico de neurônios responde à forma, ao movimento ou à cor. Os estudos por estimulação mostram que a relação entre essas descargas dos neurônios e a percepção correspondente é causal. Uma descarga focal em qualquer desses pontos, mesmo na ausência de uma imagem, pode evocar o tanto correspondente de percepção consciente, com qualidades apropriadas de luminosidade ou cor.

Com eletrodos intracranianos, os efeitos da estimulação podem ser ainda mais específicos.[73] O faiscamento de um eletrodo acima da região facial do córtex visual ventral pode induzir imediatamente à percepção subjetiva de um rosto. Mover a estimulação para frente entrando no lobo temporal anterior pode despertar lembranças complexas provenientes de experiências passadas do paciente. Um paciente sentiu o cheiro de uma torrada queimada. Outro paciente viu e ouviu uma orquestra tocando todos os instrumentos. Outros ainda tiveram a experiência de estados oníricos mais complexos e dramaticamente vívidos: viram-se dando à luz, viveram um filme de terror ou foram projetados de volta a um episódio proustiano de infância. Wilder Penfield, neurocirurgião canadense pioneiro nesses experimentos, concluiu que nossos microcircuitos corticais contêm um registro adormecido dos maiores e menores acontecimentos de nossas vidas, prontos para serem acordados pela estimulação do cérebro.

Uma exploração sistemática sugere que cada ponto do córtex guarda sua parte especializada de conhecimento. Considere-se a ínsula, uma profunda capa do córtex que fica enterrada abaixo dos lobos frontal e temporal. Sua estimulação pode resultar em uma variedade de efeitos desagradáveis, incluindo as sensações de sufocamento, queimadura, picada, formigamento, calor, náusea ou queda.[74] Mova-se o eletrodo para um local abaixo da superfície do córtex, até o núcleo subtalâmico, e o mesmo pulso poderá produzir um imediato estado de depressão, acompanhado de choro e soluços, voz monótona, postura física indicativa de infelicidade e pensamentos sombrios. Estimular partes do lobo parietal pode causar um sentimento de vertigem, e também a experiência de estar levitando até o teto, olhando para o próprio corpo lá embaixo.[75]

Se você ainda tinha alguma dúvida de que sua vida mental nasce inteiramente da atividade do cérebro, esses exemplos devem tê-las dissipado. A estimulação do cérebro parece capaz de produzir qualquer experiência, desde o orgasmo até o *déjà vu*. Mas esse fato em si, não tem ligação direta com a questão dos mecanismos causais do estado de consciência. A atividade neural, depois de surgir no lugar de estimulação, espalha-se para outros circuitos, embaralhando a questão dos mecanismos causais dos estados de consciência. Na verdade, a pesquisa recente sugere que a porção inicial de atividade induzida é inconsciente: só se a ativação se espalhar para regiões distantes do córtex parietal e pré-frontal ocorrerá a experiência consciente.

Considere-se, por exemplo, a impressionante dissociação relatada pelo neurocientista francês Michel Desmurget.[76] Quando ele estimulou o córtex pré-motor num patamar relativamente baixo, durante uma cirurgia, o braço da paciente se moveu, mas a pessoa negou que algo tivesse acontecido (ela não tinha condição de ver seus próprios membros). Por outro lado, quando Desmurget estimulou o córtex parietal inferior, a paciente relatou uma necessidade consciente de movimentar-se, e com uma corrente mais alta, jurou que tinha movimentado a mão – mas na realidade seu corpo tinha ficado completamente imóvel.

Esses resultados têm uma implicação digna de nota: nem todos os circuitos cerebrais são igualmente importantes para a experiência consciente. Os circuitos sensoriais periféricos e os circuitos motores podem ser ativados sem gerar necessariamente uma experiência consciente. Regiões mais elevadas dos córtices temporal, parietal e pré-frontal, por outro lado, estão mais intimamente associadas com uma experiência consciente e passível de ser relatada, porque sua estimulação pode induzir alucinações inteiramente subjetivas, sem base na realidade objetiva.

O próximo passo lógico é criar estimulações cerebrais percebidas e não percebidas, minimamente diferentes entre si, e examinar as diferenças entre os resultados. Como muitos cientistas antes deles, os neurocientistas londrinos Paul Taylor, Vincent Walsh e Martin Eimer usaram a estimulação magnética transcraniana do córtex visual primário para induzir fosfenos visuais – alucinações de luz criadas exclusivamente pela atividade cortical.[77] Mas, muito engenhosamente, regularam a intensidade da corrente injetada até o paciente relatar estar vendo um ponto de luz durante metade do tempo. Eles também cuidaram de acompanhar a atividade induzida pelo pulso no seu limiar por todo o cérebro gravando o EEG do sujeito a cada milissegundo, em diferentes momentos depois do início da estimulação.

Os resultados foram muito esclarecedores. A parte inicial do pulso injetado não mostrou nenhuma relação com atividades conscientes. Por inteiros 160 milissegundos, a atividade do cérebro transcorreu de maneira idêntica para testes visíveis e invisíveis. Somente depois desse longo período é que nossa velha e boa amiga, a onda P3, apareceu na superfície da cabeça, com uma intensidade muito maior para os testes com percepção do que para os testes sem percepção. A diferença foi seu início se dar antes do usual (cerca de 200 milissegundos): o pulso magnético, diferentemente de uma luz vinda do exterior, ultrapassou os estágios de processamento iniciais da visão, abreviando assim a duração do acesso consciente em um décimo de segundo.

A estimulação do cérebro demonstra, portanto, que há uma relação causal entre a atividade cortical e a experiência consciente. Mesmo na escuridão total, um pulso de estimulação mandado para o córtex visual pode induzir uma experiência visual. Todavia, essa relação é indireta: a atividade local não basta para criar uma percepção consciente. Antes de ganhar acesso à consciência, a atividade induzida precisa ser mandada para pontos distantes do cérebro. Mais uma vez, é o ponto final do disparo quando a ativação se difunde pelos centros corticais mais elevados, criando toda uma rede cerebral, que parece ser o que causa a percepção consciente. Durante a formação dessa rede cerebral consciente, a atividade neural circula amplamente no córtex, retornando às vezes para as áreas sensoriais, onde liga, uns aos outros, os fragmentos neuronais de uma imagem percebida. É somente então que temos a experiência de "ver".

DESTRUINDO A CONSCIÊNCIA

Somos capazes de criar percepções conscientes. Podemos também destruí-las? Considerando que a ativação tardia de uma rede cerebral global causa todas as nossas experiências conscientes, a sabotagem dessa rede deveria erradicar a percepção consciente. O experimento é, mais uma vez, conceitualmente simples. Em primeiro lugar, ponha o sujeito diante de um estímulo visível, bem acima do limite normal para a percepção consciente, e em seguida use um pulso de corrente para desativar a rede tardia de longa distância que dá sustentação à consciência. O sujeito deve relatar que não houve estímulo algum – que ele não viu nada nesse sentido. Ou, então, imagine que o pulso não só destrói o estado global de atividade neuronal, mas o substitui por um estado diferente. Então o sujeito deve relatar ter ficado consciente do conteúdo relacionado ao estado neuronal que entrou como substituto – uma experiência subjetiva que pode não ter nada a ver com o verdadeiro estado das coisas.

Embora isso possa soar como ficção científica, muitas variantes desse experimento já foram realizadas, com considerável sucesso. Uma versão usou um simulador magnético transcraniano, que pode produzir correntes em duas regiões diferentes do cérebro em dois momentos arbitrários. A receita é simples: inicialmente, excite a área do movimento MT/V5 com um pulso de corrente elétrica; confirme que essa descarga evoque uma sensação consciente de movimento visual; em seguida, aplique um segundo pulso de corrente, por exemplo, no córtex visual primário. A surpresa é que funciona: o segundo pulso erradica a sensação consciente de ver que o primeiro pulso tinha conseguido produzir. Esse resultado prova que o pulso inicial, por si só, é incapaz de causar uma experiência consciente: a ativação induzida precisa voltar atrás, retomando o córtex visual primário para ativar a consciência.[78] A consciência vive nas ligações: reverberando atividade neuronal, que circula na rede de nossas conexões corticais, causa nossas experiências conscientes.

De maneira ainda mais fascinante, a estimulação pode ser combinada com imagens visuais reais para criar novas ilusões. Por exemplo, o fato de estimular o córtex visual durante um quinto de segundo depois de iluminar brevemente uma pintura pode induzir seu retorno na consciência: o participante relata que está vendo a imagem pela segunda vez, confirmando que um vestígio dela ainda estava presente no córtex visual, 200 milissegundos depois de seu primeiro aparecimento.[79] O efeito é particularmente forte quando a pessoa foi avisada para guardar a imagem na memória. Esses resultados sugerem que, quando mantemos uma imagem na mente, nosso cérebro a mantém viva nos neurônios que estão disparando no córtex visual, num nível abaixo do limite, prontos para reconstituí-la por um pulso de estimulação.[80]

Quão global é a rede cerebral que cria nosso mundo consciente? Segundo o neurofisiologista holandês Viktor Lamme, sempre que duas áreas formam um circuito local, de modo que a área A fale para a área B, e B responda a A, isso já é suficiente para induzir uma forma de comportamento consciente.[81] Um circuito desse tipo faz com que a ativação reverbere causando um "processamento recorrente", a reinjeção de informações no mesmo circuito que as originou. "Poderíamos mesmo definir a consciência como processamento recorrente" escreve Lamme.[82] Para ele, qualquer laço neuronal guarda um pedacinho de consciência. Duvido, porém, que essa visão esteja correta. Nosso córtex está cheio de malhas fechadas: os neurônios se comunicam entre si em todas as escalas, desde os microcircuitos locais de dimensões milimétricas até as grandes vias de comunicação que se estendem por centímetros. Seria realmente surpreendente se cada um desses circuitos, por menores que fossem, bastasse para produzir um fragmento de comportamento consciente.[83] Em minha opinião, é bem mais plausível o fato de que reverberar a atividade é uma condição necessária, mas não suficiente da experiência consciente. Somente os circuitos de longa distância, que envolvem ao mesmo tempo regiões pré-frontais e parietais, seriam capazes de criar um código consciente.

Qual seria o papel dos circuitos locais de dimensão reduzida? Eles são provavelmente indispensáveis para as primeiras operações visuais inconscientes, durante as quais juntamos os múltiplos fragmentos de uma cena.[84] Com seus pequeníssimos campos receptivos, os neurônios visuais não conseguem apreender imediatamente as propriedades globais de uma imagem, tais como a presença de uma grande sombra (como na ilusão de sombra mostrada na Figura 10). Interações entre muitos neurônios são exigidas antes que propriedades globais como essas sejam estabelecidas.[85]

Pois então, serão os circuitos locais ou os globais que induzem o comportamento consciente? Alguns cientistas sustentam que são os locais porque tendem a desaparecer sob anestesia,[86] mas essa evidência é inconclusiva: a atividade que reverbera pode ser um dos primeiros traços que se vão quando o cérebro é imerso na anestesia, uma consequência e não uma causa da perda de consciência.

A adulteração da atividade cerebral com a melhor técnica de estimulação cerebral nos conta outra história. É verdade que uma desativação feita nas malhas de curta distância no interior do córtex visual primário, cerca de 60 milissegundos depois de mostrar uma imagem visual, afeta a percepção consciente, mas, principalmente, essa mesma estimulação também afeta o processamento *inconsciente*.[87] A visão cega, isto é, a capacidade de emitir juízos acima das probabilidades sobre informações visuais subliminares, é destruída junto com a visão consciente. Essa observação implica que os estágios iniciais do processamento cortical, quando há atividade circulando nas malhas locais, não estão associados unicamente com a percepção consciente. Eles correspondem a operações inconscientes e apenas predispõem o cérebro para o procedimento adequado que, mais tarde, resultará em percepção consciente.

Se eu estiver correto, a consciência surge da ativação tardia de múltiplas regiões sincronizadas dos córtices parietal e pré-frontal – e, portanto, desativar essas regiões deveria ter um efeito maior. Na verdade, uma grande variedade de estudos feitos em sujeitos normais usando a estimulação magnética transcraniana para interferir na atividade do cérebro, vêm demonstrando que a estimulação parietal ou frontal cria uma invisibilidade passageira. Praticamente todas as condições visuais de estimulação que tornam as imagens temporariamente invisíveis, tais como o mascaramento e a cegueira por desatenção, podem ser consideravelmente reforçadas se desestabilizarmos brevemente a região parietal esquerda ou direita.[88] Por exemplo, uma mancha de cor fraca mas visível sumirá da vista quando uma região parietal sofrer uma desativação.[89]

Mais notável é um estudo realizado por Hakwan Lau e sua equipe, então trabalhando na Universidade de Oxford, no qual as regiões pré-frontais esquerda e direita foram ambas apagadas por algum tempo.[90] Cada lobo dorsolateral pré-frontal foi bombardeado por 600 pulsos, agrupados em pequenas sessões de 20 segundos, antes à esquerda e depois à direita. O paradigma chama-se *theta-burst* (TBS) porque os pulsos enviados são ajeitados para perturbar especificamente o ritmo theta (5 ciclos por segundo), uma das melhores frequências para o córtex passar mensagens por longas distâncias. A estimulação da *theta-burst* bilateral tem um efeito duradouro que resulta em uma lobotomia virtual: por cerca de 20 minutos os lobos frontais são inibidos, dando aos experimentadores bastante tempo para avaliar o impacto sobre a percepção.

Os resultados foram sutis. Objetivamente, nada mudou. Os participantes desorganizados continuaram a ter o mesmo desempenho ao avaliar o que lhes mostraram (um losango ou um quadrado, apresentados perto do limiar da percepção consciente).

Mas seus relatos subjetivos contaram outra história. Por vários minutos perderam a confiança em seus julgamentos. Ficaram incapazes de avaliar quão bem tinham percebido os estímulos, e tiveram um sentimento subjetivo de desconfiança de sua visão. Como o zumbi do filósofo, eles percebiam e agiam corretamente, mas sem a certeza íntima de estar agindo bem.

Antes de serem desativados, a avaliação dos estímulos de visibilidade dos participantes se correlacionava bem com suas performances objetivas: como qualquer um de nós, sempre que avaliavam ter visto o estímulo, tinham de fato identificado seu formato com uma precisão quase perfeita; e quando avaliavam que as formas eram invisíveis as respostas eram essencialmente aleatórias. Durante a lobotomia temporária, porém, essa correlação se perdeu. Curiosamente, os relatos subjetivos dos participantes deixaram de ter relação com seu comportamento efetivo. Essa é a definição exata de visão cega – uma dissociação entre a percepção subjetiva e o comportamento objetivo. Essa condição, que está normalmente associada a uma lesão grave do cérebro, poderia agora ser reproduzida em qualquer cérebro normal mediante uma interferência na operação dos lobos frontais direito e esquerdo. Sem dúvida, essas regiões desempenham um papel causal nas malhas corticais da consciência.

UMA COISA QUE PENSA

> "Mas então, o que sou eu? Uma coisa que pensa. O que é uma coisa que pensa? É uma coisa que duvida, compreende, afirma, deseja, quer, recusa, que também imagina e sente."
>
> René Descartes, *Meditação II* (1641)

Juntar todas as evidências leva inevitavelmente a uma conclusão reducionista. Todas as nossas experiências conscientes, desde o som de uma orquestra até o cheiro de uma torrada queimada resultam de uma fonte semelhante: a atividade maciça dos circuitos cerebrais que possuem marcas neuronais reprodutíveis. Durante a percepção consciente, grupos de neurônios começam a disparar de um modo coordenado, inicialmente em regiões locais especializadas e depois em vastas áreas de nosso córtex. Finalmente, elas invadem grande parte dos lobos pré-frontal e parietal, enquanto permanecem estreitamente sincronizadas com regiões sensoriais mais antigas. É nesse ponto, onde uma rede coerente do cérebro se inflama subitamente, que parece formar-se a percepção consciente.

Neste capítulo, descobrimos nada menos que quatro marcas confiáveis da consciência – marcadores fisiológicos que indicam se o participante teve a experiência de percepção consciente. Em primeiro lugar, um estímulo consciente causa uma ativação neuronal intensa, que leva a uma súbita ignição dos circuitos pré-frontal e parietal. Em segundo lugar, no EEG, o acesso consciente é acompanhado por uma lenta onda chamada P3, que emerge nada menos do que um terço de segundo depois do estímulo. Em terceiro lugar, a ativação consciente também provoca uma explosão tardia e repentina de oscilações de altas frequências. Por fim, muitas regiões trocam mensagens bidirecionais e sincronizadas durante longas distâncias no córtex, e assim formando uma rede cerebral global.

Um ou outro desses fatos poderiam ainda ser um epifenômeno da atuação consciente, exatamente como o apito que o vapor emite numa locomotiva – que a acompanha, mas não ajuda em nada. A causalidade continua difícil de acessar usando métodos da Neurociência. Ainda assim, muitos experimentos pioneiros começaram a demonstrar que interferir em circuitos corticais elevados pode perturbar a percepção subjetiva, mas deixar intacto o processamento inconsciente. Outras experiências de estimulação induziram alucinações, tais como pontos ilusórios de luz ou uma sensação anômala de movimento do corpo. Se, por um lado, esses estudos são excessivamente rudimentares para traçar uma representação detalhada do estado de consciência, por outro não deixam dúvidas de que a atividade elétrica dos neurônios pode causar um estado mental ou, com a mesma facilidade, destruí-lo.

Em princípio, nós neurocientistas acreditamos na fantasia do filósofo de "um homem em uma cuba", poderosamente representada no filme *Matrix*. Estimulando os neurônios certos e silenciando outros, poderíamos ser capazes de recriar, a todo momento, alucinações de qualquer um dos inúmeros estados subjetivos que as pessoas vivem. rotineiramente. As avalanches neurais poderiam causar sinfonias mentais.

No momento, a tecnologia continua muito atrasada em relação à fantasia dos irmãos Wachowski. Não sabemos como controlar os bilhões de neurônios que seriam necessários para representar adequadamente, na superfície do córtex, o equivalente neural de uma estrada movimentada de Chicago ou um pôr do sol nas Bahamas. Estariam essas fantasias fora de nosso alcance para sempre? Não acredito. Nas mãos dos bioengenheiros contemporâneos, motivados pela necessidade de restaurar funções em pacientes cegos, paralisados ou parkinsonianos, as neurotecnologias progridem com rapidez. Chips de silício com milhares de eletrodos podem agora ser implantados no córtex de animais usados em experimentos, aumentando drasticamente a largura de banda das interfaces cérebro/computador.

Ainda mais instigantes são as recentes descobertas em *optogenética*, uma técnica fascinante que excita os neurônios por meio da luz em vez de corrente elétrica. O momento crucial para essa técnica foi a descoberta, em certas algas e bactérias, de moléculas sensíveis à luz, chamadas "opsinas", que convertem os fótons da luz em sinais elétricos, a moeda corrente básica dos neurônios. Os genes para as opsinas são atualmente conhecidos, e suas propriedades podem ser trabalhadas pela engenharia genética. Injetando um vírus portador desses genes no cérebro de um animal e restringindo sua expressão a um subconjunto determinado de neurônios, tornou-se possível acrescentar novos fotorreceptores à caixa de acessórios do cérebro. Nas entranhas do córtex, em localidades escuras normalmente insensíveis à luz, o fato de fazer brilhar um laser gera imediatamente um fluxo de *spikes* neuronais com precisão de milissegundos.

Usando a optogenética, os neurocientistas podem ativar ou inibir seletivamente qualquer circuito do cérebro.[91] Essa técnica tem sido usada inclusive para despertar um rato do sono, estimulando seu hipotálamo.[92] Logo será possível induzir no cérebro estados de atividade cerebral ainda mais diferenciados – e assim recriar, *ex novo*, um percepto consciente específico. Fique sintonizado, porque os próximos dez anos prometem proporcionar grandes e novos *insights* no código neuronal que sustenta nossa vida mental.

Teorizando a consciência

Descobrimos as marcas distintivas da consciência, mas o que elas significam? Chegamos no ponto em que uma teoria se faz necessária para explicar como a introspecção subjetiva se relaciona às mensurações quantitativas. Neste capítulo, introduzirei a hipótese de uma "área de trabalho neuronal global", o esforço de 15 anos de meu laboratório para dar sentido à consciência. A proposta é simples: a atividade consciente é o compartilhamento da informação em nível cerebral amplo. O cérebro humano desenvolveu redes de longa distância eficientes, particularmente no córtex pré-frontal, para selecionar informações relevantes e disseminá-las pelo cérebro. A atuação consciente é um recurso avançado que permite nos ocuparmos com uma dada informação e mantê-la ativa nesse sistema de transmissão. Tão logo a informação seja consciente, pode ser endereçada flexivelmente para outras áreas de acordo com nossos interesses de momento. Assim, podemos nomeá-la, avaliá-la, memorizá-la ou usá-la para planejar o futuro. Simulações em computador das redes neurais mostram que a hipótese de uma área de trabalho neuronal global gera precisamente as marcas que encontramos nos registros experimentais do cérebro. Isso pode também explicar por que grandes quantidades de conhecimento permanecem inacessíveis à nossa atividade consciente.

"Vou tratar das ações e dos desejos humanos [...] como se eu estivesse interessado em linhas, planos e sólidos."

Baruch Spinoza, *Ética* (1677)

A descoberta de marcas distintivas da consciência é um avanço considerável, mas as ondas cerebrais e os *spikes* neuronais ainda não explicam o que a atuação consciente é ou por que ela ocorre. Por que o disparo neuronal, a ativação cortical e a sincronia cerebral em alta escala criaram um estado mental subjetivo? Por que esses acontecimentos mentais, por mais complexos que sejam, provocam uma experiência mental? Por que o disparo de neurônios da área cerebral V4 evoca a percepção da cor e os da área V5 evocam uma sensação de movimento? Embora a Neurociência tenha identificado muitas correspondências empíricas entre atividade mental e vida mental, o abismo conceitual entre cérebro e mente nos parece hoje tão profundo como nunca.

Na ausência de uma teoria explícita, a busca contemporânea por correlatos neurais de uma atuação consciente pode parecer tão inútil como a velha proposta de Descartes segundo a qual a glândula pineal seria a sede da alma. Essa hipótese parece inadequada porque mantém precisamente a divisão que uma teoria da atuação consciente deveria supostamente resolver: a ideia intuitiva de que o neural e o mental pertencem a domínios completamente diferentes. A mera observação de uma relação sistemática entre esses dois domínios não pode bastar. O que se exige é um quadro teórico abrangente, um conjunto de princípios, que explique como os eventos mentais se relacionam com os padrões de atividade do cérebro.

Os enigmas que desconcertam os neurocientistas contemporâneos não são muito diferentes daqueles solucionados pelos físicos durante os séculos XIX e XX. A pergunta que eles se fizeram foi: como as propriedades macroscópicas da matéria comum resultam de um mero arranjo dos átomos? De onde vem a solidez de uma mesa, se ela consiste quase inteiramente de vazio, esporadicamente povoado por uns poucos átomos de carbono, oxigênio e hidrogênio? O que é um líquido? E um sólido? E um cristal? E um gás? E uma chama que queima? De que modo suas formas e outras características tangíveis resultam de um tecido solto de átomos? Para responder a essas perguntas foi necessária uma dissecação sagaz dos componentes da matéria, mas essa análise, que é feita de baixo para cima, não foi suficiente: uma teoria matemática sintética foi exigida. A teoria cinética dos gases, estabelecida por James Clerk Maxwell e Ludwig Boltzmann, ofereceu uma explicação célebre de como variáveis macroscópicas de pressão e temperatura emergiam do movimento dos átomos em um gás. Esse foi o primeiro de um longo conjunto de modelos matemáticos da matéria – uma cadeia reducionista que hoje dá conta de substâncias tão diferente quanto os adesivos que conhecemos por "colas", as bolhas de uma sopa, a água que passa por nossas cafeteiras elétricas e o plasma em nosso sol distante.

Um esforço teórico semelhante é necessário neste momento para preencher a lacuna entre o cérebro e a mente. Nenhum experimento mostrará jamais como as centenas de milhões de neurônios que há no cérebro humano disparam no momento da percepção consciente. Somente uma teoria matemática pode explicar como o mental se reduz ao neural. A Neurociência está precisando de uma série de leis-ponte, análogas à teoria dos gases de Maxwell-Boltzmann, que conecte um domínio ao outro. Não é uma tarefa fácil: a "matéria condensada" do cérebro é talvez o objeto mais complexo que há na terra. Diferentemente da estrutura simples de um gás, o modelo do cérebro exigirá muitos níveis de explicação encaixados. Num vertiginoso arranjo de bonecas russas, a cognição surge de um sofisticado arranjo de rotinas ou processadores mentais, cada um implementado por circuitos que se distribuem transversalmente no cérebro, os quais, por sua vez, são compostos por dúzias de diferentes tipos de células. Mesmo um simples neurônio, com suas dezenas de milhares de sinapses, é um universo de moléculas em tráfego, que darão trabalho por séculos.

A despeito dessas dificuldades, nos últimos 15 anos, com meus colegas Jean-Pierre Changeux e Lionel Naccache, a lacuna começou a ser preenchida. Esboçamos uma teoria da consciência específica, o "espaço neuronal global", que é a síntese condensada de 60 anos de modelização psicológica. Neste capítulo, espero convencer o leitor de que, embora quaisquer leis matemáticas exatas ainda estejam longe no horizonte, podemos ter alguns vislumbres da natureza da consciência: como ela aparece na atividade coordenada do cérebro e por que apresenta as marcas que observamos em nossos experimentos.

A CONSCIÊNCIA É UM COMPARTILHAMENTO GLOBAL DE INFORMAÇÕES

Que tipo de arquitetura do processamento de informações subjaz à mente consciente? Qual é sua razão de ser, seu papel funcional na economia de base informacional do cérebro? Minha proposta pode ser exposta sucintamente.[1] Quando dizemos que estamos a par de uma determinada informação, o que pretendemos dizer é precisamente isto: a informação entrou em uma área de armazenamento específica que a torna acessível para todo o cérebro. Entre os milhões de representações mentais que se entrecruzam constantemente em nosso cérebro de um modo inconsciente, uma é selecionada por ser relevante para nossos objetivos de momento. A atitude consciente a torna globalmente disponível para todos os nossos sistemas de decisão de alto nível. Possuímos um roteador mental, uma arquitetura evoluída que permite extrair informações relevantes e encaminhá-las. O psicólogo Bernard Baars chama isso de "área de trabalho global": um sistema interno, separado do mundo exterior, que nos permite lidar com nossas imagens mentais particulares e espalhá-las pelo vasto leque de processadores especializados existente na mente (Figura 24).

Figura 24

Baars, 1989

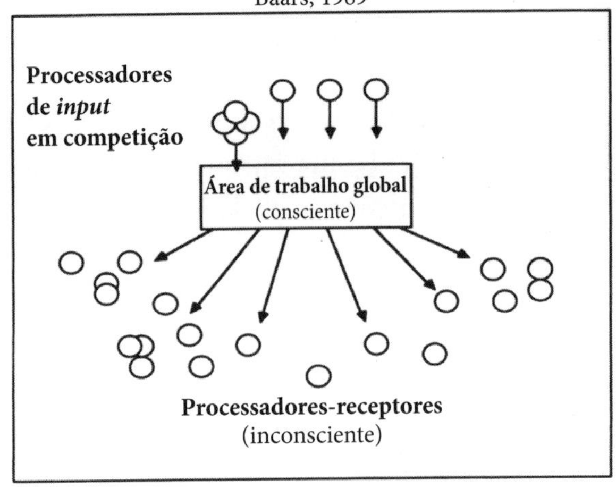

Dehaene e Changeux, 1998

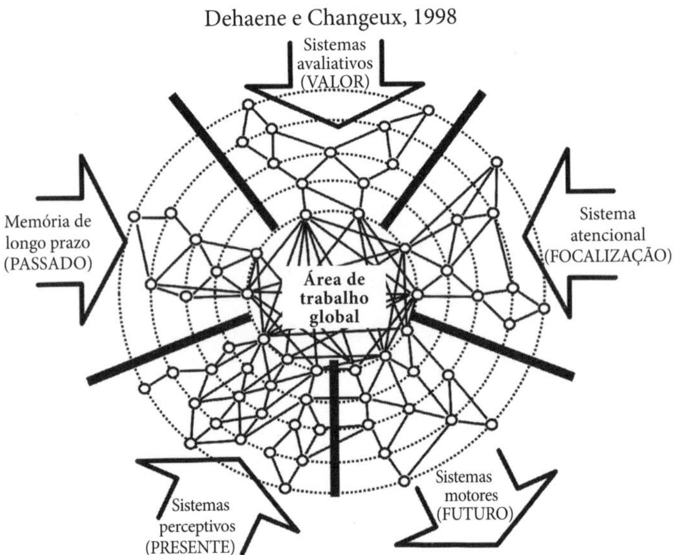

Pela proposta da teoria da área de trabalho neuronal, aquilo que experenciamos conscientemente é o compartilhamento global de informações. O cérebro contém dúzias de processadores locais (representados aqui pelos círculos), cada um especializado em um tipo de operação. Um sistema de comunicação específico, a "área de trabalho global", permite que eles troquem informações de maneira flexível. A qualquer momento dado, a área de trabalho seleciona um subconjunto de processadores, estabelece uma representação coerente da informação que está neles codificada, guarda essa representação na mente por uma duração arbitrária e dissemina-a de volta para praticamente qualquer outro processador. Sempre que uma determinada informação acessa a área de trabalho, ela se torna consciente.

De acordo com essa teoria, a consciência nada mais é do que um compartilhamento de informações que ocorre em nível amplo no cérebro. Qualquer coisa de que fiquemos conscientes pode ser guardada na mente por muito tempo depois que a estimulação correspondente desapareceu do mundo exterior. Isso acontece porque nosso cérebro levou a informação para dentro da área de trabalho, onde será mantida independentemente do tempo e lugar em que foi percebida pela primeira vez. Como resultado, podemos usar esse conteúdo como bem quisermos. Em particular, podemos enviá-lo para nossos processadores linguísticos e lhe dar um nome; é por isso que a capacidade de relatar é um traço fundamental do estado consciente. Mas podemos também guardar esse mesmo conteúdo na memória de longo prazo ou usá-lo para nossos planos futuros, sejam quais forem. A disseminação flexível da informação – eu proponho – é uma propriedade característica do estado consciente.

A ideia de área de trabalho representa uma síntese de muitas propostas anteriores em psicologia da atenção e consciência. Já em 1870, o filósofo francês Hippolyte Taine introduziu a metáfora de um "teatro da consciência".[2] A mente consciente, explicava Taine, é como um palco de teatro estreito que nos deixa ouvir somente um único ator:

> Vocês podem comparar a mente de um homem ao palco de um teatro, muito estreito na ribalta, mas alargando-se constantemente à medida que se caminha para o fundo. Na ribalta, mal há espaço para mais de um ator [...], mas à medida que nos afastamos da frente do palco há outros vultos cada vez menos distintos conforme mais distantes das luzes. E por trás desses grupos, nas laterais e reunidos no fundo, há inúmeras formas obscuras que um chamado repentino pode trazer para a frente e mesmo colocar no foco direto dos refletores. Evoluções indefinidas ocorrem constantemente nessa massa fervilhante de atores de todo tipo, para fornecer os líderes do coro que, por sua vez, como na imagem de uma lanterna mágica, passam diante de nossos olhos.

Décadas antes de Freud, a metáfora de Taine implicava que enquanto apenas um único item consegue entrar em nossa apreensão consciente, nossa mente precisa abarcar uma variedade enorme de processadores inconscientes. Que imensa equipe de apoio para um show de um único ator! A qualquer momento, o conteúdo de nossa consciência surge como uma miríade de operações encobertas, um balé de fundo do palco que permanece escondido da vista.

O filósofo Daniel Dennett nos lembra de que temos que desconfiar da alegoria do teatro, porque ela pode levar-nos a um grande erro: a "falácia do homúnculo".[3] Se a atividade consciente é um palco, quem, por sua vez, são os espectadores? "Eles" também têm pequenos cérebros, com um miniplano e tudo mais? E quem, por sua vez, assiste? Precisamos resistir constantemente à absurda fantasia à la Disney de um homenzinho que está de pé em nossos cérebros, espreitando nossas telas e comandando nossos atos. Não existe um "eu" que olha para dentro de nós. O próprio palco é o "eu". Não há nada de errado com a metáfora do palco desde que eliminemos a inteligência dos espectadores e coloquemos em seu lugar operações explícitas de natureza algorítmica. Como diz Dennett, de uma maneira singular, "Dispensamos os graciosos homúnculos de nosso esquema, organizando exércitos de idiotas que farão o trabalho".[4]

A versão do modelo da área de trabalho de Bernard Baars elimina o homúnculo. A audiência da área de trabalho global não é o homenzinho na cabeça, mas uma coleção de outros processadores inconscientes que recebem uma mensagem transmitida e agem sobre ela, cada um de acordo com sua própria competência. A inteligência coletiva nasce da ampla troca de mensagens selecionadas por sua relevância. Essa ideia não é nova – data, no passado, dos inícios da inteligência artificial, quando os pesquisadores propuseram que subprogramas trocariam dados entre si através de um "quadro negro", uma estrutura de dados compartilhada, semelhante à área de transferência de um computador pessoal. A área de trabalho consciente é a área de transferência da mente.

O palco estreito de Taine, acanhado demais para permitir a atuação simultânea de mais de um ator, exemplifica de maneira viva outra ideia com uma longa história: que a consciência surge de um sistema de capacidade limitada que lida com uma coisa só de cada vez. Durante a Segunda Guerra Mundial, o psicólogo britânico Donald Broadbent desenvolveu uma metáfora melhor, derivada da recém-nascida teoria da informação e computação.[5] Estudando os pilotos de aviões, ele se deu conta de que, mesmo depois de treinados, não conseguiam acompanhar duas sequências de discurso simultâneas, uma em cada ouvido. Broadbent depreendeu que a percepção consciente deve envolver um "canal de capacidade limitada" – um lento gargalo que processa somente um item de cada vez. A descoberta, imediatamente posterior, da piscada atencional e o período psicológico refratário, como vimos no capítulo "Sondando pensamentos inconscientes", corroborou fortemente essa ideia: enquanto nossa atenção é atraída por um primeiro item, ficamos completamente cegos para quaisquer outros. Os psicólogos cognitivos modernos desenvolveram uma variedade de metáforas essencialmente equivalentes, representando o acesso consciente como um "gargalo central"[6] ou um "segundo estágio de processamento",[7] uma sala VIP em que somente os felizardos são admitidos.

Uma terceira metáfora apareceu nos anos 1960 e 1970: ela representava a consciência como um "sistema de supervisão" de alto nível, executivo central todo-poderoso que controlava o fluxo da informação no restante do sistema nervoso.[8] Como William James tinha notado em sua obra-prima de 1890 *Princípios da Psicologia*, a consciência se assemelha a "um órgão acrescentado para garantir um direcionamento de um sistema nervoso demasiado complexo para se regular a si próprio".[9] Tomada literalmente, essa afirmação cheira a dualismo: a consciência não é um estranho acrescentado ao sistema nervoso, e sim um participante, "alguém da família". Nesse sentido, nosso sistema nervoso realiza a notável façanha de "regular-se a si próprio", mas o faz de maneira hierárquica. Os centros mais altos do córtex pré-frontal, que são mais recentes em termos de evolução, tomam a dianteira em relação aos sistemas de nível mais baixo localizados nas áreas corticais posteriores e nos núcleos subcorticais – resultando frequentemente na inibição destes últimos.[10]

Os neuropsicólogos Michael Posner e Tim Shallice propuseram que a informação se torna consciente sempre que é representada dentro desse sistema regulatório de alto nível. Sabemos que esta visão não é totalmente correta; como vimos no capítulo "Sondando pensamentos inconscientes", mesmo um estímulo subliminar, sem ser visto, pode provocar parcialmente algumas das funções regulatórias do sistema executivo de supervisão.[11] Todavia, por outro lado, qualquer informação que chega ao espaço consciente torna-se imediatamente capaz de regular todos os nossos pensamentos, de um modo bastante profundo e amplo. A atenção executiva é somente um dos muitos sistemas que recebem *inputs* da área de trabalho global. Como resultado, qualquer coisa de que fiquemos conscientes se torna disponível para guiar nossas decisões e ações intencionais, dando-nos a sensação de que elas estão "sob controle". Os sistemas da língua, da memória de longo prazo, da atenção e da intenção fazem parte, todos, desse círculo interno de mecanismos intercomunicantes que trocam informações conscientes. Graças a essa arquitetura de uma área de trabalho, tudo aquilo de que nos damos conta pode ser redirecionado arbitrariamente e tornar-se o assunto de uma frase, o ponto crucial de uma lembrança, o foco de nossa atenção, ou o cerne de nosso próximo ato deliberado.

ALÉM DA MODULARIDADE

Como o psicólogo Bernard Baars, eu acredito que a compreensão consciente se resume ao que a área de trabalho faz: ele torna informações relevantes globalmente acessíveis e as distribui de forma flexível a uma variedade de sistemas cerebrais. Em princípio, nada impede a reprodução dessas funções num hardware não biológico, como, por exemplo, um computador que tenha por base o silício. Na prática, porém, as operações relevantes nada têm de trivial. Ainda não sabemos exatamente como o cérebro as implementa, ou como poderíamos implementá-las em uma máquina. O software computacional tende a organizar-se de maneira estritamente modular: cada rotina recebe *inputs* específicos e os transforma de acordo com regras, para gerar resultados bem definidos. Um editor de textos pode armazenar um conjunto de informações (digamos, um bloco de texto) por algum tempo, mas o computador como um todo não tem como decidir se esse conjunto de informações é globalmente relevante, ou tornar as informações amplamente acessíveis a outros programas. Disso resulta que nossos computadores continuam desesperadamente limitados. Executam de maneira perfeita suas tarefas, mas aquilo que é conhecido no interior de um módulo, por mais inteligente que seja, não pode ser compartilhado com outros módulos. Somente um mecanismo rudimentar – a área de transferência – permite que os computadores compartilhem seus conhecimentos –, mas sempre sob a supervisão de um *deus ex machina* inteligente: o usuário humano.

Nosso córtex, diferente do computador, parece ter resolvido esse problema, incorporando ao mesmo tempo um conjunto modular de processadores e um sistema de roteamento flexível. Muitos setores do córtex são dedicados a um processo específico. Vários de seus fragmentos são compostos de neurônios que reagem somente quando uma face aparece na retina.[12] Regiões dos córtices parietal e motor são dedicadas a atos motores determinados, ou a partes específicas do corpo que os executam. Setores ainda mais abstratos codificam nossos conhecimentos dos números, dos animais, dos objetos e verbos. Se a teoria da área de trabalho estiver correta, a atuação consciente pode ter evoluído para mitigar essa modularidade. Graças à área de trabalho neuronal global, a informação pode ser compartilhada livremente através dos processadores modulares de nosso cérebro. Essa disponibilidade global das informações é precisamente aquilo que nós vivenciamos subjetivamente como um estado consciente.[13]

As vantagens evolutivas desse arranjo são óbvias. A modularidade é útil porque diferentes domínios de conhecimento requerem diferentes afinações do córtex: os circuitos para a navegação no espaço realizam operações diferentes das que permitem reconhecer uma paisagem ou armazenar na memória um evento passado. Mas as decisões precisam frequentemente basear-se na consideração simultânea de múltiplas fontes de conhecimento. Imaginem um elefante que esteja com sede, sozinho na savana. Sua sobrevivência depende de encontrar o charco mais próximo. Sua decisão de caminhar em direção a um lugar distante e invisível precisa basear-se no uso mais eficiente possível das informações disponíveis, incluindo um mapa mental do espaço, o reconhecimento de pontos de referência, árvores e caminhos; além de uma lembrança de tentativas passadas, felizes e malsucedidas, de encontrar água. Decisões de longo prazo, tão vital como essa, que guiarão o animal durante uma caminhada extenuante sob o sol da África, têm que lançar mão de todas as fontes de dados existentes. A consciência pode ter evoluído eras atrás para dar acesso a todas as fontes de conhecimento que seriam relevantes para nossas necessidades de momento.[14]

UMA REDE DE COMUNICAÇÃO AVANÇADA

De acordo com um argumento evolucionário, consciência implica conectividade. Compartilhar informações flexíveis exige uma arquitetura neuronal específica, para juntar muitas regiões distantes e especializadas do córtex num todo coerente. Podemos identificar uma estrutura dessas em nossos cérebros? Já no final do século XIX, o neuroanatomista espanhol Santiago Ramón y Cajal notou um aspecto particular do tecido cerebral. Diferentemente do denso mosaico das células que compõem nossa pele, o cérebro contém células enormemente alongadas, os neurônios. Com seus longos axônios, os neurônios têm a propriedade – única entre as células – de chegar a medir alguns metros. Um único neurônio do córtex motor pode mandar seu axônio para regiões extraordinariamente distantes da medula espinhal, a fim de comandar músculos específicos. Mais interessante ainda: Cajal descobriu que células dotadas de projeção de longa distância são particularmente numerosas no córtex (Figura 25), a fina capa que forma a superfície de nossos dois hemisférios. A partir de sua localização no córtex, células nervosas em forma de pirâmides mandam frequentemente seus axônios para bem longe, na parte de trás do cérebro ou para o outro hemisfério. Seus axônios se agrupam em densos feixes de fibras que formam cabos com vários milímetros de diâmetro e vários centímetros de comprimento. Usando as imagens por ressonância magnética, podemos detectar facilmente esses feixes de fibras que se entrecruzam no interior do cérebro humano vivo.

Figura 25

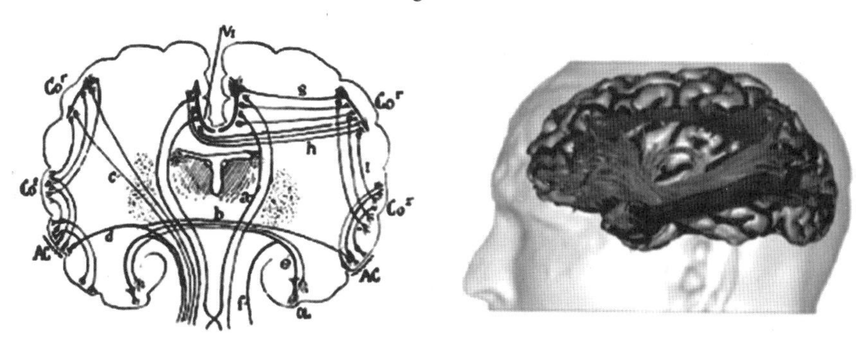

As conexões neuronais de longa distância podem ser o suporte da área de trabalho global. O famoso neuroanatomista Santiago Ramón y Cajal, que dissecou o cérebro humano no século XIX, já tinha notado que os extensos neurônios corticais, em forma de pirâmides, mandam seus axônios para regiões muito distantes (esquerda). Sabemos hoje que essas projeções de longa distância veiculam informações sensoriais para uma rede densamente conectada das regiões parietais, temporais e pré-frontais (direita). Uma lesão nessas projeções de longa distância pode causar a negligência espacial, que é a perda seletiva do reconhecimento de um dos lados do espaço.

Um fato importante é que nem todas as áreas do cérebro são igualmente bem interconectadas. As regiões sensoriais como a área visual primária V1, tendem a ser seletivas e a estabelecer somente um pequeno conjunto de conexões, sobretudo com seus vizinhos. As regiões visuais iniciais são arranjadas em uma hierarquia simples: a área V1 se comunica primariamente com V2, que por sua vez fala com V3 e V4 e assim sucessivamente. O resultado é que, do ponto de vista funcional, as primeiras operações visuais ficam encapsuladas: os neurônios visuais recebem somente uma pequena fração do *input* retiniano e o processam em relativo isolamento, sem qualquer "noção" do quadro todo.

Nas áreas de associação mais altas do córtex, porém, a conectividade perde seu caráter local baseado na imediata vizinhança ou numa relação ponto a ponto, quebrando assim a modularidade das operações cognitivas. Os neurônios com axônios de longa distância são mais abundantes no córtex pré-frontal, a parte anterior do cérebro. Essa região tem conexões com muitos outros lugares no lobo parietal inferior, no lobo temporal médio e no anterior, e com as áreas cinguladas anterior e posterior situadas na linha mediana do cérebro. Essas regiões têm sido identificadas como grandes eixos – os principais centros de interconexão do cérebro.[15] Todas essas áreas são fortemente ligadas por projeções recíprocas: se a área A projeta para a área B, então, quase invariavelmente B também manda uma projeção de volta para A (Figura 25). Além disso, as conexões de longa distância tendem a formar triângulos: se a área A projeta simultaneamente para as áreas B e C, então estas últimas têm muitas chances de estarem interconectadas.[16]

Essas regiões do córtex estão fortemente ligadas também com outros operadores, como os núcleos centrais, laterais e intralaminares do tálamo (envolvidos na atenção, alerta e sincronização), os gânglios basais (cruciais para a tomada de decisão e ação) e o hipocampo (crucial para memorizar os episódios de nossas vidas e recordá-los mais tarde). As vias que ligam o córtex com o tálamo são especialmente importantes. O tálamo é um conjunto de núcleos de neurônios, cada um dos quais entra em um circuito estreito com pelo menos uma região do córtex e às vezes com muitas delas ao mesmo tempo. Praticamente todas as regiões do córtex que são diretamente interconectadas também compartilham informações através de um trajeto paralelo de informação que passa por um retransmissor profundo no tálamo.[17] *Inputs* que vão do tálamo para o córtex também desempenham um papel fundamental em excitar o córtex e mantê-lo em um estado agitado de atividade intensa.[18] Como veremos, a atividade reduzida do tálamo e suas interconexões desempenham um papel crucial no coma e nos estados vegetativos, condições em que o cérebro perde suas funções conscientes.

A área de trabalho é, portanto, sustentada por uma densa rede de regiões cerebrais interconexas – uma organização decentralizada e sem um único ponto de encontro físico. No topo da hierarquia cortical, um conselho elitista de executivos, distribuídos em territórios distantes, mantém-se em sincronia trocando uma infinidade de mensagens. Surpreendentemente, essa rede anatômica de áreas de alto nível interconexas, envolvendo em primeiro lugar os lobos pré-frontal e parietal, coincide com a que descrevi no capítulo "As marcas distintivas de um pensamento consciente", cuja súbita ativação constituiu nossa primeira marca distintiva da consciência. Estamos agora em condições de entender por que essas áreas associativas entram em atividade sistematicamente sempre que uma informação penetra em nossa percepção: essas regiões possuem precisamente a conectividade de longa distância necessária para transmitir mensagens atravessando as longas distâncias do cérebro.

Os neurônios piramidais do córtex que participam dessa rede de longa distância estão bem adaptados à tarefa (Figura 26). Para abrigar o complexo maquinário molecular necessário para sustentar seus imensos axônios, eles possuem corpos celulares gigantescos. Lembre-se de que o núcleo da célula é o lugar em que está codificada a informação genética no DNA – e ainda assim as moléculas receptoras que estão aí inscritas precisam de algum modo encontrar seu caminho para sinapses a uma distância de alguns centímetros. As grandes células nervosas capazes de realizar essa espetacular façanha tendem a concentrar-se em determinadas camadas do córtex – as camadas II e III, que são especialmente responsáveis pelas conexões calosas que distribuem informações através dos dois hemisférios.

Figura 26

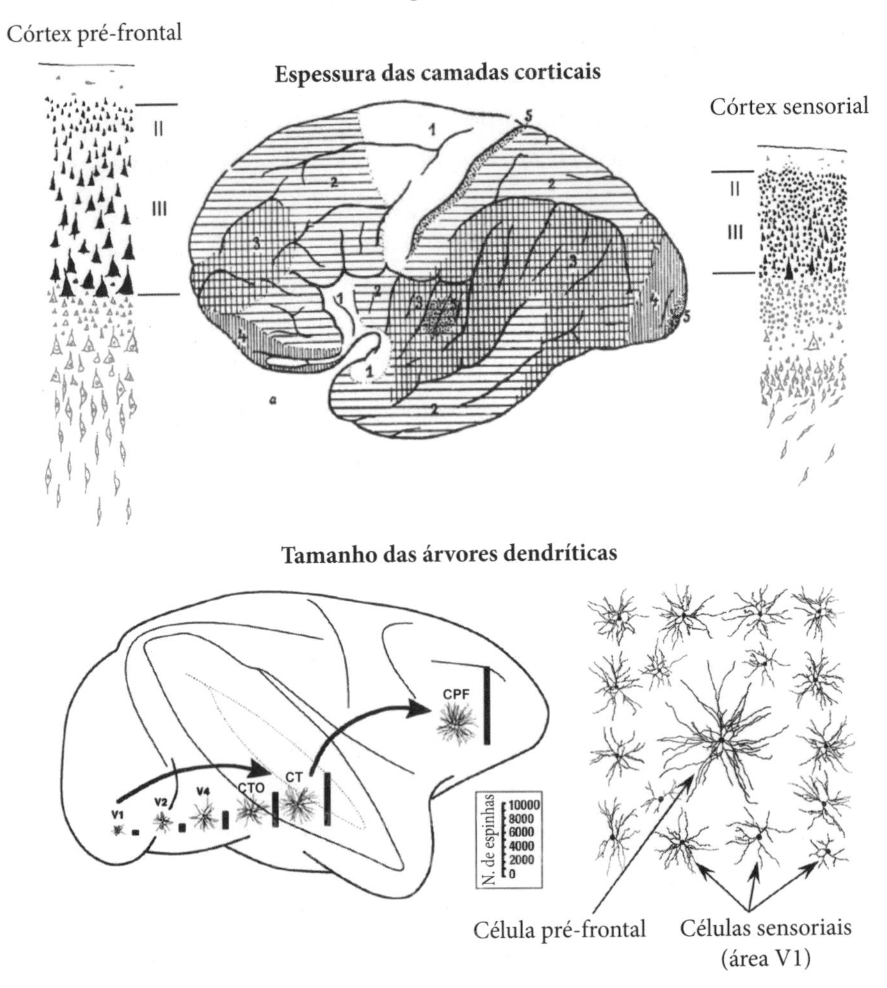

Os grandes neurônios piramidais são adaptados para a transmissão global de informações conscientes, particularmente no córtex pré-frontal. O córtex todo está organizado em camadas, sendo que as camadas II e III contêm os grandes neurônios piramidais cujos longos axônios se projetam para regiões distantes. Essas camadas são muito mais espessas no córtex pré-frontal do que nas áreas sensoriais (figura do alto). A espessura das camadas II e III identifica grosseiramente as regiões ativadas ao máximo durante a percepção consciente. Os neurônios apresentam também adaptações para a recepção de mensagens globais. Suas árvores dendríticas (figura de baixo), que recebem projeções de outras regiões, são muito maiores no córtex pré-frontal do que nas outras regiões. Essas adaptações para a comunicação de longa distância são mais proeminentes no cérebro humano do que nos cérebros de outras espécies de primatas.

Já em 1920, o neuroanatomista austríaco Constantin von Economo tinha observado que essas camadas não estão distribuídas de maneira igual. São muito mais espessas nos córtices pré-frontal e cingulado, bem como em áreas associativas dos lobos parietal e temporal – precisamente as regiões densamente interconectadas que ficam ativadas durante a percepção e o processamento conscientes.

Mais recentemente, Guy Elston, em Queensland, na Austrália, e Javier De Felipe, na Espanha, observaram que esses neurônios gigantes da área de trabalho também comportam imensos dendritos, as antenas receptoras dos neurônios, o que os torna particularmente adaptados para a captação de mensagens provenientes de muitas regiões distantes.[19] Os neurônios piramidais reúnem informações transmitidas por outros neurônios utilizando seus dendritos (a palavra provém da raiz grega que significa "árvore"), a densa arborescência que reúne sinais que entram. No lugar em que um neurônio que entra faz uma sinapse, o neurônio receptor desenvolve uma estrutura anatômica microscópica chamada espinha – uma protuberância em forma de cogumelo. Grande número de espinhas cobrem densamente a árvore dendrítica. Crucialmente para a hipótese da área de trabalho, Elston e De Felipe mostraram que os dendritos são muito maiores, e as espinhas mais numerosas no córtex pré-frontal do que nas regiões posteriores do cérebro (Figura 26).

Além disso, essas adaptações para a comunicação de longa distância são particularmente evidentes no cérebro humano.[20] Em confronto com nossos primos primatas, nossos neurônios pré-frontais são mais ramificados e contêm mais espinhas. Sua densa floresta de dendritos é controlada por uma família de genes que sofreram mutação somente nos seres humanos.[21] A lista inclui o FoxP2, o famoso gene com duas mutações só encontradas na linhagem "*Homo*",[22] que modula nossas redes responsáveis pela linguagem[23], e cuja avaria cria graves perturbações na articulação da fala.[24] A família FoxP2 inclui vários genes responsáveis por construir neurônios, dendritos, axônios e sinapses. Em uma façanha impressionante de tecnologia genômica, os cientistas criaram ratos mutantes que carregam as duas mutações humanas FoxP2 – e, claro, desenvolveram neurônios piramidais com dendritos muito maiores, de tipo humano, e uma facilidade maior de aprendizado (embora eles ainda não falassem).[25]

Devido ao FoxP2 e à família de genes a ele associada, cada neurônio pré-frontal humano pode abrigar 15 mil espinhas ou mais. Isso implica que ele está conversando exatamente com o mesmo tanto de neurônios, localizados em sua maioria muito longe do córtex e do tálamo. Esse arranjo anatômico parece ser a adaptação perfeita para encarar o desafio de coletar informações em qualquer ponto do cérebro, informações essas que, sendo suficientemente relevantes para serem transferidas para a área de trabalho global, são reenviadas para milhares de pontos.

Suponha que pudéssemos seguir a pista de todas as conexões que são ativadas quando reconhecemos um rosto – uma situação parecida com aquela em que o FBI rastreia uma chamada telefônica passando por sucessivas plataformas de telecomunicação. Que tipo de rede encontraríamos? Inicialmente, conexões muito curtas, localizadas dentro de nossas rotinas, limpam a imagem recebida. A imagem comprimida é então mandada, por intermédio do maciço cabo do nervo ótico, para o tálamo visual, e em seguida para a área visual primária no lobo occipital. Através de fibras locais em forma de U, ela é progressivamente transmitida para vários grupos de neurônios no giro fusiforme direito, onde os pesquisadores descobriram "grupos dedicados ao rosto" – áreas de neurônios sintonizados com as faces. Toda essa atividade permanece inconsciente. O que acontece agora? Para onde vão as fibras? A anatomista suíça Stéphanie Clarke descobriu a resposta surpreendente:[26] de repente, os axônios de longa distância permitem que a informação visual seja mandada para praticamente qualquer canto do cérebro. A partir do lobo temporal inferior, conexões intensas e diretas projetam, em uma única etapa sináptica, para áreas distantes do córtex associativo, incluindo as do hemisfério oposto. As projeções concentram-se no córtex frontal inferior (a área de Broca) e no córtex da associação temporal (área de Wernicke). Ambas as regiões são nós-chave da rede de linguagem humana – e nesse ponto, portanto, começa uma associação de palavras com as informações visuais que chegam.

Como essas regiões têm também uma participação própria na rede mais extensa da área de trabalho, as informações podem agora ser mais amplamente disseminadas para o círculo completo central dos sistemas executivos de nível mais alto: podem circular em um ajuntamento de neurônios ativos prontos para dar retorno. De acordo com minha teoria, o acesso a essa densa rede é tudo o que se requer para que a informação que entra se torne consciente.

ESCULPINDO UM PENSAMENTO CONSCIENTE

Tente avaliar o número exato de pensamentos conscientes em que você consegue se envolver: todos os rostos, objetos e cenas que reconhece, cada nuance de emoção que viveu, desde a raiva feroz até a sutil satisfação com o infortúnio alheio; cada trecho de curiosidade geográfica, de informação histórica, de conhecimento matemático, ou simples mexerico, verdadeiro ou falso, que você já ouviu ou possa ouvir; a pronúncia e o sentido de cada palavra que você conhece ou poderia conhecer, em qualquer das línguas do mundo... Não é uma lista sem fim? Entretanto, cada uma dessas coisas poderia, daqui a um minuto, tornar-se o assunto de seus pensamentos conscientes. Como pode tal amplitude de estados ser codificada na área de trabalho neuronal? O que é o código neural da consciência e como ele dá suporte a um repertório de ideias praticamente infinito?

O neurocientista Giulio Tononi sinaliza que o simples tamanho de nosso repertório de ideias restringe fortemente o código neural para pensamentos conscientes.[27] Sua característica principal precisa ser um grau enorme de diferenciação: as combinações de neurônios ativos e inativos em nossa área de trabalho global precisam ser capazes de formar bilhões de padrões de atividade diferentes. Cada um de nossos estados mentais potencialmente conscientes precisa ser atribuído a um estado diferente de atividade neuronal, bem diferenciado dos outros. Consequentemente, nossos estados conscientes precisam apresentar limites nítidos: ou é um pássaro, ou é um avião ou é Superman, mas não as três coisas ao mesmo tempo. Uma mente clara, com uma infinidade de pensamentos potenciais, exige um cérebro com uma infinidade de estados potenciais.

Em seu livro *The Organization of Behavior* (A organização do comportamento) (1949), Donald Hebb já tinha proposto uma teoria visionária de como o cérebro poderia codificar pensamentos. Ele criou o conceito de "ajuntamentos de células" – conjuntos de neurônios que são interconectados por sinapses excitatórias e que, portanto, tendem a continuar ativados muito depois que qualquer estímulo externo desapareceu. "Qualquer estimulação frequentemente repetida", conjecturou ele, "levará a um lento desenvolvimento de um 'ajuntamentos de células', uma estrutura difusa que inclui células no córtex e no diencéfalo (e talvez também nos gânglios basais do cérebro) capazes de atuar brevemente como um sistema fechado".[28]

Todos os neurônios num ajuntamento de células se apoiam reciprocamente mandando pulsos excitatórios, com a consequência de que formam uma "colina" de atividade no espaço neural. E como muitos desses agrupamentos podem ativar-se independentemente em diferentes lugares do cérebro, o resultado é um código combinatório capaz de representar bilhões de estados. Por exemplo, qualquer objeto visual pode ser representado por uma combinação de cor, tamanho e fragmentos de formas. Registros feitos a partir do córtex visual apoiam essa ideia: por exemplo, um extintor de incêndio parece ser codificado por uma combinação de "fragmentos" ativos de neurônios, cada um com algumas centenas de neurônios ativos e cada um representando um componente particular (empunhadura, corpo, mangueira etc.).[29]

Em 1959, o pioneiro da inteligência artificial John Selfridge introduziu outra metáfora útil: o "pandemônio".[30] Ele imaginou o cérebro como uma hierarquia de "demônios", cada um propondo uma interpretação da imagem que chega. Trinta anos de pesquisas neurofisiológicas, incluindo a espetacular descoberta das células visuais relacionadas a cores, olhos, rostos e até mesmo a presidente dos Estados Unidos e estrelas de Hollywood, deram grande sustentação a essa ideia. No modelo de Selfridge, os demônios gritavam sua interpretação preferida uns para os outros, no mesmo ritmo que a imagem promovia sua própria interpretação. Ondas de gritos eram propagadas através de uma hierarquia de unidades cada vez mais abstratas, permitindo que os neurônios respondessem a traços cada vez mais abstratos da imagem – por exemplo, três demônios alertando aos gritos da presença de olhos, nariz e cabelos conspirariam juntos para excitar um quarto demônio que codificasse a presença de um rosto. Dando ouvidos aos demônios mais sonoros, um sistema de decisão poderia formar uma opinião sobre a imagem que entrou – uma percepção consciente.

O modelo de pandemônio de Selfridge recebeu um aperfeiçoamento importante. Originalmente, estava organizado de acordo com uma hierarquia do tipo alimentação progressiva: os demônios só gritavam para seus superiores hierárquicos, mas um demônio de alto nível nunca gritaria de volta para um de baixo nível ou mesmo para um de seu nível. Na realidade, porém os sistemas neurais não se limitam a se reportar a superiores; eles também batem papo entre si. O córtex está cheio de retornos e de projeções bidirecionais.[31] Mesmo os neurônios individuais dialogam entre si. Se um neurônio α projeta para um neurônio β, então provavelmente β projetará de volta para α.[32] Em qualquer nível, neurônios interconectados apoiam uns aos outros, e aqueles que estão no topo de uma hierarquia podem responder a subordinados, de modo que as mensagens se propagam para baixo pelo menos tanto quanto para cima.

A simulação e a modelização matemática de modelos realísticos "conexionistas" com vários círculos revelam uma propriedade muito útil. Quando um subconjunto de neurônios é ativado, o grupo todo se auto-organiza em "estados atratores": grupos de neurônios formam padrões de atividade que ficam estáveis por longo tempo.[33] Como foi antecipado por Hebb, neurônios interconectados tendem a formar ajuntamentos estáveis de células.

Como um esquema de codificação, essas redes recorrentes possuem uma vantagem adicional – frequentemente convergem em um consenso. Em redes neuronais dotadas de conexões recorrentes, diferentemente dos demônios de Selfridge, os neurônios não se limitam a gritar teimosamente um para o outro: eles chegam progressivamente a um acordo inteligente, uma interpretação unificada da cena percebida. Os neurônios que recebem a maior parte da ativação se apoiam reciprocamente e suprimem pouco a pouco qualquer interpretação alternativa. Como resultado, as partes faltantes da imagem podem ser restauradas, e os fragmentos que causavam ruído podem ser removidos. Depois de várias iterações, a representação neuronal codifica uma versão limpa e interpretada da imagem percebida. Também se torna mais estável, resistente ao ruído, internamente coerente e distinta de outros estados atratores. Francis Crick e Christof Koch descrevem essa representação como uma "coalizão neural" vencedora, e sugerem que é o veículo perfeito para uma representação consciente.[34]

O termo "coalizão" aponta para outro aspecto essencial do código neuronal consciente: ele precisa ser estreitamente integrado.[35] Cada um de nossos momentos conscientes tem a coerência de uma peça única. Ao contemplar a *Mona Lisa* de Leonardo da Vinci, não nos vem à mente um Picasso com as tripas de fora e mãos separadas do corpo, um sorriso do gato de Cheshire e olhos flutuantes. Recuperamos todos esses elementos sensoriais e muitos outros (um nome, um sentido, uma conexão com nossas memórias a respeito do gênio que foi Leonardo) – e esses elementos sensórios ficam de algum modo amarrados em um todo coerente. Ainda assim, cada um deles é processado inicialmente por um grupo distinto de neurônios, espalhados separadamente por alguns centímetros na superfície do córtex visual ventral. Como é que eles ficam presos um ao outro?

Uma solução é a formação de um agrupamento global, graças aos núcleos fornecidos pelas áreas mais altas do córtex. Esses núcleos, que o neurologista Antonio Damásio chama "zonas de convergência",[36] são particularmente predominantes no córtex pré-frontal, mas também em outros setores do lobo temporal anterior, lobo parietal inferior e em uma região da linha mediana chamada de pré-cúneo. Todas mandam e recebem numerosas projeções que vão para ou provêm de uma ampla variedade de regiões cerebrais distantes, o que permite que os neurônios presentes nessas regiões integrem informações a respeito do espaço e tempo. Múltiplos módulos sensoriais podem então convergir em uma interpretação coerente única ("uma mulher italiana sedutora"). Por sua vez, essa interpretação global pode ser transmitida de volta para as áreas a partir das quais surgiram originalmente sinais sensoriais. O resultado é um todo integrado. Devido aos neurônios com axônios de longa distância do tipo topo-base, projetando de volta do córtex pré-frontal e de suas redes de áreas associadas de alto nível para áreas sensoriais de nível inferior, a transmissão global cria as condições para um estado de consciência único, ao mesmo tempo diferenciado e integrado.

Essa comunicação permanente feita para frente e para trás é chamada de "reentrada" pelo ganhador do Prêmio Nobel Gerald Edelman.[37] Modelos de redes neurais sugerem que a reentrada permite uma computação sofisticada da melhor interpretação estatística possível da cena visual.[38] Cada grupo de neurônios atua como um estatístico experiente, e múltiplos grupos colaboram para explicar os traços do *input*.[39] Por exemplo, um perito em "sombras" pode decidir que dará conta da zona escura de uma imagem – mas somente se a luz vier da esquerda. Um perito em "iluminação" concorda e, usando essa hipótese, explica por que as partes superiores do objeto estão iluminadas. Um terceiro perito decide então que, uma vez que esses dois efeitos já receberam uma explicação, o resto da imagem se parece com um rosto. Essas trocas continuam até que, cada detalhe da imagem, tenha recebido uma tentativa de interpretação.

O FORMATO DE UMA IDEIA

Ajuntamentos de células, um pandemônio, coalizões que competem, atratores, zonas de conferência com reentrada... cada uma dessas hipóteses parece conter um grão de verdade, e minha própria teoria da área de trabalho neuronal global deve muito a elas.[40] Propõe que um estado consciente é codificado pela ativação estável, durante alguns décimos de segundo, de um subconjunto de neurônios ativos na área de trabalho. Esses neurônios são distribuídos em muitas áreas do cérebro e todos eles codificam diferentes facetas da mesma representação mental. Tornar-se consciente da *Mona Lisa* envolve a ativação conjunta de milhões de neurônios que tratam de objetos, fragmentos de significado e memórias.

Durante o acesso consciente, todos os neurônios da área de trabalho trocam mensagens entre si, graças aos seus longos axônios, em uma tentativa intensa e paralela de chegar a uma interpretação coerente e sincronizada. A percepção consciente se completa quando eles convergem. O conjunto de células que codifica esse conteúdo consciente está espalhado pelo cérebro: fragmentos de informação relevante, cada um destilado por uma região diferente do cérebro, formam um todo coerente porque todos os neurônios são mantidos em sincronia, numa hierarquia descendente, por neurônios dotados de axônios de longa distância.

A sincronia neuronal pode ser um ingrediente fundamental. Vem crescendo a evidência de que neurônios distantes formam conjuntos gigantescos, sincronizando seus *spikes* com contínuas oscilações elétricas de fundo.[41] Se essa descrição estiver correta, a rede cerebral que codifica cada pensamento se assemelha a um enxame de pirilampos que harmonizam suas descargas de acordo com o ritmo geral do padrão do grupo. Na ausência de consciência, conjuntos de células de tamanho médio podem ainda sincronizar localmente – por exemplo, quando codificamos inconscientemente o sentido de uma palavra nas redes dedicadas à linguagem de nosso lobo temporal esquerdo. Todavia, como o córtex pré-frontal não teve acesso à mensagem correspondente, esse sentido não pode ser compartilhado de maneira ampla e permanece, portanto, inconsciente.

Evoquemos mais uma imagem desse código neuronal para a consciência. Tentem representar os 16 bilhões de neurônios que há em seu córtex. Cada um deles toma conta de uma pequena variedade de estímulos. Sua incrível diversidade é espantosa: só no córtex visual, encontram-se neurônios que estão atentos a rostos, mãos, objetos, perspectiva, forma, linhas, curvas, cores, profundidades de três dimensões... Cada célula veicula somente alguns bits de informação acerca da cena percebida. Coletivamente, porém, são capazes de representar um imenso repertório de pensamentos. O modelo da área de trabalho global afirma que, a qualquer momento, a partir desse enorme conjunto potencial, um único objeto de pensamento é selecionado e se torna o foco de nossa atenção consciente. Nesse momento, todos os neurônios relevantes entram em atividade em parcial sincronia, sob o comando de um subconjunto de neurônios do córtex pré-frontal.

É crucial compreender que, nesse tipo de esquema de codificação, os neurônios silenciosos, aqueles que *não* entram em atividade, também codificam informações. Sua mudez assinala implicitamente aos outros que seu traço preferido não está presente ou é irrelevante para a cena mental do momento. Um conteúdo consciente é definido tanto por seus neurônios silenciosos quanto por seus neurônios ativos.

Em uma análise final, a percepção consciente pode ser comparada ao ato de esculpir uma estátua. Partindo de um bloco bruto de mármore, e lascando a maior parte dele, o artista expõe progressivamente sua própria visão. Assim, partindo das centenas de milhões de neurônios da área de trabalho, inicialmente não comprometidos e entrando em ação num ritmo básico, nosso cérebro nos permite perceber o mundo silenciando a maioria deles e mantendo ativos somente uma pequena fração. O conjunto ativo de neurônios delineia os contornos de um pensamento consciente.

O panorama de neurônios ativos e inativos pode explicar nossa segunda marca distintiva da consciência: a onda P3 que eu descrevi no capítulo anterior, a alta voltagem positiva que alcança seu pico no alto do couro cabeludo. Durante a percepção consciente, um pequeno conjunto de neurônios da área de trabalho torna-se ativo e define o conteúdo corrente de nossos pensamentos, enquanto os outros são inibidos. Os neurônios ativos transmitem sua mensagem através do córtex, enviando *spikes* por seus longos axônios. Na maioria dos locais, porém, esses sinais caem sobre neurônios inibidores. Estes agem como um silenciador que abafa inteiros grupos de neurônios: "Por favor, não diga nada, seus dados são irrelevantes". Uma ideia consciente é codificada por pequenos fragmentos de células ativas e sincronizadas, junto com uma pesada coroa de neurônios inibidos.

Ora, a configuração geométrica das células é tal que, nas que estão ativas, as correntes sinápticas fluem dos dendritos superficiais para os corpos das células. Como todos esses neurônios são reciprocamente paralelos, suas correntes elétricas se somam e, na superfície da cabeça, criam uma lenta onda negativa sobre as regiões que codificam o estímulo consciente.[42] Porém, os neurônios inibidos dominam o quadro – e sua atividade se acumula, formando um potencial elétrico *positivo*. Como há mais neurônios inibidos do que neurônios ativados, todas essas voltagens positivas acabam formando uma grande onda na cabeça – nada mais, nada menos que a onda P3 detectada facilmente sempre que ocorre um acesso consciente.[43] Está explicada nossa segunda marca distintiva da consciência.

A teoria explica facilmente por que a onda P3 é tão forte, genérica e sujeita a reproduzir-se: ela indica principalmente aquilo a que o pensamento corrente *não* diz respeito. São as negatividades focais que definem os conteúdos da ação consciente, não a positividade difusa. Em consonância com esta ideia, Edward Vogel publicou lindas demonstrações de voltagens negativas sobre o córtex parietal que registram os conteúdos de correntes em nossa memória de trabalho para padrões de espaço.[44] Sempre que memorizamos uma disposição de objetos, voltagens negativas lentas indicam exatamente quantos objetos nós vimos, e onde eles estavam. Essas voltagens duram por todo o tempo em que mantemos esses objetos na mente; aumentam quando acrescentamos novos objetos à nossa memória, saturam-se quando não conseguimos continuar, caem quando esquecemos, e guardam de maneira confiável o número dos itens de que nos lembramos. No trabalho de Vogel, as voltagens negativas delineiam diretamente uma representação consciente – exatamente como prediz nossa teoria.

SIMULANDO UMA ATIVAÇÃO CONSCIENTE

> "A ciência da realidade não se contenta mais com o 'como' fenomenológico; o que ela busca é o 'como' matemático."
>
> Gaston Bachelard, *A formação do espírito científico* (1938)

O acesso consciente entalha um pensamento em nós, esculpindo um padrão de neurônios ativos e inativos no interior da nossa área de trabalho global. Embora possa bastar para reforçar nossa percepção do que é uma atuação consciente, essa visão metafórica precisaria, em última análise, ser substituída por uma teoria matemática mais sofisticada sobre como as redes neurais operam e por que geram as marcas neurofisiológicas que podemos observar em nossos registros macroscópicos. Num esforço que vai nessa direção, Jean-Pierre Changeux e eu começamos a desenvolver simulações computacionais das redes neurais que capturam algumas das propriedades básicas do acesso consciente.[45]

Nosso objetivo era modesto: sondar como os neurônios se comportariam se fossem conectados de acordo com os preceitos da teoria da área de trabalho global (Figura 27). Para recriar no computador a dinâmica de uma pequena coalizão de neurônios, começamos com neurônios do tipo "integre e dispare" – equações simples que imitam a produção de *spikes* das células nervosas. Cada neurônio possuía sinapses realistas, com parâmetros que capturavam vários tipos principais de receptores para neurotransmissores presentes no cérebro vivo.

Nesse ponto, ligamos esses neurônios virtuais às colunas corticais, imitando a subdivisão do córtex em camadas interconectadas de células. O conceito de "coluna" neuronal deriva do fato de que os neurônios que ficam um em cima do outro, perpendicularmente à superfície do córtex, tendem a ser estreitamente interconectados, de modo a compartilhar respostas semelhantes e a ter origem em divisões de uma mesma célula fundadora durante seu desenvolvimento. Nosso modelo respeitou esse arranjo biológico: os neurônios em nossas colunas simuladas tenderam a se apoiar reciprocamente e a responder a *inputs* semelhantes.

Também incluímos um pequeno tálamo – uma estrutura formada por múltiplos núcleos, cada um firmemente conectado com um setor do córtex ou com uma série avantajada de localizações corticais. Nós o ligamos com intensidades de conexão e atrasos de tempo realistas, levando em conta as distâncias que os *spikes* teriam que percorrer ao longo dos axônios. O resultado foi um modelo rudimentar da unidade computacional básica no cérebro do primata: a coluna tálamo-cortical. Certificamo-nos de que esse modelo funcionava de um modo realista – mesmo na ausência de *inputs*, os neurônios virtuais disparavam espontaneamente e geravam um eletroencefalograma parecido com o que gera o córtex humano.

Tão logo chegamos a um bom modelo da coluna tálamo-cortical, interconectamos vários deles em redes cerebrais funcionais de longa distância. Simulamos uma hierarquia de quatro áreas do cérebro e conjecturamos que cada uma delas continha duas colunas codificando dois objetos-alvo, um som e uma luz. Nossa rede era capaz de estabelecer uma distinção apenas entre duas percepções – uma simplificação excessiva, mas infelizmente necessária para manter a simulação acessível. Simplesmente aceitamos que as propriedades fisiológicas não seriam muito alteradas se um conjunto maior de estados fosse incluído.[46]

Figura 27

Propagação de baixo para cima (processo subliminar)

Áreas visuais

Ativação da área de trabalho neuronal global (acesso consciente)

Córtex parietal

Córtex pré-frontal

Áreas visuais

Conexões de avanço

D

C

B

A

T1

T2

Camadas II e III

Camada IV

Camadas V e VI

Coluna tálamo-cortical

Tálamo

Sinal de alerta

Conexões de autossustentação

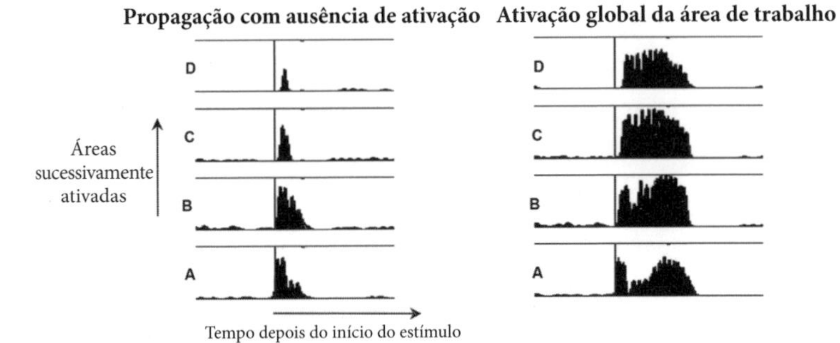

Uma simulação por computador imita as marcas da percepção consciente e inconsciente. Jean-Pierre Changeux e eu simulamos, em computador, um subconjunto das muitas áreas visuais, parietais e pré-frontais que contribuem para o processamento subliminar e consciente (figura superior). Quatro regiões formando uma hierarquia foram ligadas mediante conexões de avanço e de autossustentação de longa distância (figura do meio). Cada área simulada compreendeu células organizadas em camadas e conectadas com neurônios no tálamo. Quando estimulamos a rede mediante um breve *input*, a ativação se propagou de baixo para cima e em seguida morreu, captando assim a ativação breve das vias corticais durante a percepção subliminar. Um estímulo levemente mais longo levou a uma ativação global: as conexões no sentido topo-base amplificaram o *input* e levaram a uma segunda onda, esta de longa duração, captando dessa forma as ativações observadas durante a percepção consciente.

Na periferia, a percepção operou em paralelo: os neurônios para o som e a luz podiam ser ativados simultaneamente, sem interferir uns nos outros. Nos níveis mais elevados da hierarquia cortical, porém, eles se inibiram ativa e mutuamente, de modo que essas regiões puderam assumir apenas um único estado integrado de ativação neural – um único "pensamento".

Como no cérebro real, as áreas corticais se projetavam de forma serial umas sobre as outras em um modelo de avanço progressivo: a área primária recebia *inputs* sensoriais, em seguida mandava seus *spikes* para a área secundária, que por sua vez projetava para uma terceira e quarta regiões. De fato, as projeções com autossustentação de longa distância dobraram a rede sobre si mesma, permitindo que as áreas mais elevadas mandassem um apoio excitatório precisamente para as áreas sensoriais que as haviam estimulado inicialmente. O resultado foi uma área de trabalho global simplificada: um emaranhado de conexões de alimentação para frente e para trás com muitas escamas aninhadas – neurônios, colunas, áreas e conexões de longa distância entre eles.

Depois de tanta programação computacional, foi divertido ligar finalmente a simulação e ver os neurônios se iluminando. Para imitar a percepção, injetamos uma corrente fraca nos neurônios talâmicos visuais – copiando grosseiramente o que acontece quando, digamos, receptores de luz são ativados na retina e, depois de um pré-processamento, eles estimulam os neurônios substitutos em uma subparte do tálamo chamada de corpo geniculado lateral. Neste ponto, deixamos a simulação acontecer de acordo com suas próprias equações. Conforme esperávamos, apesar de drasticamente simplificada, nossa simulação apresentou muitas propriedades fisiológicas já observadas em experimentos reais e cujas origens de repente se tornaram passíveis de investigação.

A primeira dessas propriedades foi a ignição global. Quando apresentamos um pulso de estimulação, ele escalou lentamente até a hierarquia cortical em uma ordem fixa, da área primária até a segunda, depois terceira e quarta. Essa onda alimentou o que havia pela frente, imitando a bem conhecida transmissão de atividade neural seguindo pela hierarquia das áreas visuais. Depois de um momento, o inteiro conjunto de colunas que codificavam o objeto percebido começaram a acender. Como resultado de maciças conexões de retroalimentação, os neurônios que codificavam pelo mesmo *input* perceptual trocaram sinais excitatórios que se reforçaram reciprocamente, assim levando a uma repentina ativação de atividade. Enquanto isso, o percepto alternativo foi ativamente inibido. Essa ativação prolongada durou por centenas de milissegundos. Sua duração não estava basicamente relacionada com a do estímulo inicial; mesmo um breve pulso externo poderia levar a um estado de reverberação durável. Esses experimentos capturaram a essência de como o cérebro forma uma representação duradoura de uma imagem projetada e a mantém conectada.

A dinâmica do modelo reproduziu as propriedades que tínhamos observado em nossas gravações eletroencefalográficas e intracranianas. A maioria dos neurônios estimulados apresentaram um aumento tardio e repentino no total das correntes sinápticas que receberam. A excitação passou adiante mas também retornou às áreas sensoriais originais que lhes tinham dado início – reproduzindo a amplificação tardia que tínhamos visto nas áreas sensoriais durante o acesso consciente. Na simulação, o estado de ativação também levou a uma reverberação da atividade neuronal passando por todas as alças aninhadas em toda a extensão do modelo: dentro de uma coluna cortical, desde o córtex até o tálamo e vice-versa, e também passando pelas longas distâncias do córtex. O efeito evidente foi um aumento nas flutuações oscilatórias em uma ampla faixa de frequências, com um pico proeminente na faixa gama (30 hertz ou mais). Durante a ignição global, os *spikes* tornaram-se fortemente acoplados e sincronizados entre os neurônios que codificavam a representação consciente. Em suma, a simulação pelo computador "bateu" com nossas quatro marcas empíricas do acesso consciente.

Com a simulação desse processo, ganhamos novos *insights* matemáticos. O acesso consciente corresponde àquilo que os físicos teóricos chamam a "transição de fase" – a repentina passagem de um sistema físico de um estado para outro. Como expliquei no capítulo anterior, a transição de fase ocorre, por exemplo, quando a água se transforma em gelo: as moléculas de H_2O de repente se juntam em uma estrutura rígida e outras características emergem. Durante a transição de fase, é comum que as propriedades físicas do sistema mudem súbita e descontinuamente. Em nossas simulações por computador, de maneira semelhante, a atividade dos *spikes* pulou de um estado constante de atividade espontânea e lenta para um momento passageiro de elevada atividade de *spikes* e de trocas sincronizadas.

É fácil ver por que essa transição foi quase descontínua. Desde que os neurônios de nível mais elevado enviaram excitação para as próprias unidades que os tinham ativado de início, o sistema possuía dois estados estáveis separados por uma cordilheira instável. A simulação ora ficou num nível baixo de atividade, ora (assim que o *input* aumentou além de um estágio crítico) atuou como uma bola de neve desencadeando uma avalanche de autoamplificação, precipitando um subconjunto de neurônios em uma combustão frenética. O destino de um estímulo de intensidade intermediária era então impossível de ser antecipado – a atividade ou desapareceu ou galgou repentinamente para um nível elevado.

Esse aspecto de nossas simulações se ajusta bem com um conceito da Psicologia que tem mais de 150 anos: a ideia de que a atenção consciente tem um limiar que claramente separa pensamentos inconscientes (subliminares) e conscientes (supraliminares). O processamento inconsciente corresponde à ativação neuronal que se propaga de uma área para a seguinte sem provocar uma ignição global.

O acesso consciente, por outro lado, corresponde à transição súbita para um estado mais elevado de atividade cerebral sincronizada.

O cérebro, no entanto, é bem mais complicado do que uma bola de neve. Chegar a uma teoria adequada das transições de fase que realmente ocorrem na dinâmica das redes neurais reais levará muitos anos ainda.[47] Na verdade, nossas simulações já continham, encaixadas, duas transições de fase. Uma delas, que acabei de explicar, envolvia a ignição global. Todavia, o limite para essa ignição estava ele próprio sob o controle de outra transição de fase, que correspondia ao "acordar" da rede como um todo. Cada neurônio piramidal de nosso córtex simulado recebia um sinal de alerta, uma pequena quantidade de corrente que resumia, em uma forma altamente simplificada, os conhecidos efeitos ativadores da acetilcolina, da noradrenalina e da serotonina, que ascendiam de vários núcleos do tronco encefálico, do prosencéfalo basal e do hipotálamo e ligavam o córtex. Portanto, nosso modelo captou mudanças no *estado* da consciência, a passagem de um cérebro inconsciente para consciente.

Quando o sinal de alerta estava baixo, a atividade espontânea ficava drasticamente reduzida, e a propriedade de ativação desaparecia: mesmo um *input* sensorial forte, ativando os neurônios talâmicos e corticais nas áreas primárias e secundárias fracassava sem conseguir ultrapassar o limiar da ignição global. Nesse estado, nossa rede funcionava, portanto, como um cérebro adormecido ou anestesiado.[48] Ele respondia a estímulos, mas somente em suas áreas sensoriais periféricas – a ativação tipicamente era incapaz de galgar todo o caminho até a área de trabalho e acender um conjunto completo de células. Mas assim que aumentamos o parâmetro de alerta, um eletroencefalograma estruturado emergiu no modelo, e a ativação por estímulos externos imediatamente se recuperou. O liminar dessa ativação variou em função da sonolência dos modelos, indicando como um alerta mais elevado aumenta a probabilidade de que detectemos até mesmo *inputs* sensoriais fracos.

O CÉREBRO INCANSÁVEL

"Olha só: é preciso ainda haver caos em si para dar à luz uma estrela que dança. E garanto: há ainda esse caos em você."

Friedrich Nietzsche, *Assim falou Zaratustra* (1883-1885)

Outro incrível fenômeno que apareceu em nossa simulação foi a atividade neuronal espontânea. Não foi preciso que estimulássemos constantemente nossa rede. Mesmo na ausência de algum *input*, os neurônios entravam em atividade espontaneamente, provocados por acontecimentos aleatórios em suas sinapses – e essa atividade caótica se auto-organizava em padrões reconhecíveis.

Nos níveis elevados do parâmetro de alerta, padrões complexos de disparo iam e vinham continuamente nas telas de nossos computadores. Entre eles, era possível reconhecer às vezes uma ignição global – desencadeada na ausência de qualquer estímulo. Um conjunto inteiro de colunas corticais, todas codificando o mesmo estímulo, ficavam ativadas por um curto período, apagando-se em seguida. Uma fração de segundo mais tarde, outro conjunto a substituía. Sem aviso prévio, a rede se auto-organizava em uma série de ignições aleatórias, muito parecidas com as evocadas pela percepção de estímulos externos. A única diferença era que a atividade espontânea tendia a começar em níveis corticais mais elevados, dentro da área de trabalho, e a propagar-se em sentido descendente, entrando nas regiões sensoriais – o inverso do que acontecia durante a percepção.

Esses picos de atividade endógena existem no cérebro real? Sim. Na realidade, uma atividade organizada é onipresente no sistema nervoso. Quem já viu um EEG sabe disso: os dois hemisférios geram constantemente numerosas ondas elétricas de alta frequência, quer a pessoa esteja acordada ou dormindo. Essa excitação espontânea é tão intensa que domina o panorama da atividade cerebral. Em comparação, a ativação provocada por um estímulo exterior é quase impossível de detectar, e muito cálculo de médias precisa ser feito antes que ela se torne observável. A atividade provocada por estímulo dá conta apenas de uma parte muito pequena da energia total gasta pelo cérebro, talvez 5%. O sistema nervoso age em primeiro lugar como um mecanismo autônomo que gera seus próprios padrões de pensamento. Mesmo no escuro, enquanto descansamos e não "pensamos em nada", nosso cérebro produz incessantemente séries complexas e mutáveis de atividades neuronais.

Padrões organizados de atividade cortical espontânea foram observados primeiramente nos animais. Usando corantes sensíveis à voltagem, que transformam voltagens invisíveis em mudanças visíveis em relação à capacidade de refletir a luz, Amiram Grinvald e seus colegas do Instituto Weizmann registraram a atividade elétrica de uma grande placa do córtex durante um longo tempo.[49] Foi fascinante. Embora o animal estivesse anestesiado, padrões complexos surgiram. No escuro, e sem qualquer estimulação, um neurônio visual começou repentinamente a emitir descargas em um grau mais elevado. E mais: as imagens mostram que, nesse exato momento, todo um conjunto de neurônios tinha sido ativado espontaneamente.

Um fenômeno semelhante existe no cérebro humano.[50] Imagens da ativação cerebral durante um descanso tranquilo mostraram que, em vez de ficar silencioso, o cérebro humano apresenta constantemente padrões mutáveis de atividade cortical. As redes globais, frequentemente distribuídas entre os dois hemisférios se tornam ativas de modo semelhante em diferentes pessoas. Algumas respondem de maneira estrita aos padrões evocados pela estimulação exterior. Por exemplo, um grande subconjunto do circuito da linguagem é ativado quando ouvimos contar uma história, mas ele também emite descargas espontaneamente enquanto nós descansamos no escuro – o que dá apoio à noção de "discurso interior".

O sentido a ser atribuído a essa atividade que ocorre durante o estado de repouso, continua sendo motivo de debate entre os neurocientistas. Parte da atividade pode estar indicando que as descargas aleatórias do cérebro seguem a rede existente de conexões anatômicas. Para onde mais poderiam ir? Na verdade, parte da ativação correlata continua presente durante o sono, sob anestesia ou em pacientes inconscientes.[51] Contudo, nos participantes despertos e atentos, outra parte parece deixar transparecer os pensamentos que passam pela mente do sujeito. Por exemplo, uma das redes de estado de repouso, chamada rede do modo neutro, liga-se sempre que nós pensamos em nossa situação pessoal, recuperamos lembranças autobiográficas ou comparamos nossos pensamentos com os de outros.[52] Quando as pessoas estão deitadas no scanner e estamos aguardando que seu cérebro entre nesse estado neutro, antes de perguntar no que estavam pensando, eles relatam ter estado viajando mentalmente pelos próprios pensamentos e lembranças – mais do que quando eram interrompidos em outros momentos.[53] Portanto, a rede particular que é ativada espontaneamente prediz, ao menos em parte, o estado mental da pessoa.

Em poucas palavras, descargas neuronais incessantes criam nossa "ruminação" de pensamentos. Ademais, essa corrente interna compete com o mundo exterior. A apresentação de um estímulo inesperado, por exemplo uma imagem, durante momentos de alta atividade no modo neutro, já não provoca uma grande onda cerebral P3, como o faria em um sujeito atento.[54] Estados endógenos de atividade consciente interferem com nossa capacidade de nos tornarmos conscientes de acontecimentos externos. A atividade espontânea do cérebro invade a área de trabalho global e, havendo absorção, pode bloquear o acesso a outros estímulos por longos períodos. Já encontramos uma variante desse fenômeno no primeiro capítulo, sob o nome de "cegueira por desatenção".

Meus colegas e eu ficamos enormemente gratificados quando nossa simulação em computador mostrou exatamente o mesmo tipo de atividade endógena.[55] Episódios de ativação espontânea ocorreram diante de nossos olhos, e eles conseguiam ser mais coerentes globalmente quando o parâmetro de alerta da simulação era elevado. Durante esse período, se estimulássemos a rede com um *input* externo, mesmo muito acima do limite normal para ativação, sua progressão seria bloqueada e não aconteceria a uma ignição global: a atividade interna competia com os impulsos externos. Nossa simulação conseguiu imitar a cegueira por desatenção e a piscada atencional – dois fenômenos que sintetizam a incapacidade do cérebro de dar atenção a duas coisas ao mesmo tempo.

A atividade espontânea também explica por que exatamente o mesmo estímulo às vezes leva a uma ativação arrasadora, e às vezes somente a um laivo de atividade. Tudo depende de uma condição: se o padrão barulhento da ativação anterior ao estímulo é alinhado com a sequência de *spikes* entrante ou é incompatível com ela. Em nossa simulação, assim como no cérebro humano vivo, flutuações ao acaso durante a atividade influenciam a percepção de um estímulo exterior fraco.[56]

DARWIN NO CÉREBRO

A atividade espontânea é um dos traços mais frequentemente negligenciados do modelo de área de trabalho global – no entanto, eu, pessoalmente, considero-a uma de suas características mais originais e importantes. Grande número de neurocientistas ainda adere à ideia obsoleta do arco reflexo como um modelo fundamental para o cérebro humano.[57] Essa ideia, que remonta a René Descartes, Charles Sherrington e Ivan Pavlov, descreve o cérebro como um dispositivo que funciona como um mecanismo receptor e emissor que apenas transfere dados dos sentidos para os músculos, como no famoso esquema de Descartes de como o olho comanda o braço (Figura 2). Sabemos agora que essa concepção é profundamente errada. A autonomia é a propriedade primordial do sistema nervoso. A atividade neuronal intrínseca supera a excitação externa. Consequentemente, nosso cérebro nunca se submete passivamente ao entorno, e gera seus próprios padrões estocásticos* de atividade. Durante o desenvolvimento do cérebro, os padrões relevantes são preservados, ao passo que os padrões irrelevantes são erradicados.[58] Esse algoritmo alegremente criativo, em especial evidente em crianças pequenas, submete nossos pensamentos a um processo de seleção darwiniano.

---

* N. T.: O estudo dos padrões estocásticos é um ramo da matemática (teoria das probabilidades) que encontra grande aplicação na inteligência artificial.

Esse aspecto está no centro da concepção do organismo proposta por William James. "Por que não dizer", perguntava ele retoricamente, "que assim como a medula espinhal é uma máquina de poucos reflexos, assim também os hemisférios são uma máquina de muitos, e que essa é toda a diferença?" Porque, ele responde, o conjunto evoluído de circuitos do cérebro age como "um órgão cujo estado natural é de equilíbrio instável", permitindo que seu "possuidor adapte sua conduta às mais ínfimas alterações nas circunstâncias do entorno".

O aspecto crucial dessa faculdade reside na excitabilidade das células nervosas: no começo da evolução os neurônios adquiriram a capacidade de se autoativar e de descarregar espontaneamente um *spike*. Filtrada e amplificada pelos circuitos do cérebro, essa excitabilidade transforma-se em um comportamento exploratório dotado de um objetivo. Qualquer animal explora seu ambiente de um modo parcialmente aleatório, graças a geradores de padrões centrais organizados hierarquicamente – redes neurais cuja atividade espontânea gera movimentos rítmicos de caminhada ou de natação.

Eu argumento que no cérebro dos primatas, e provavelmente em muitas outras espécies, uma exploração semelhante ocorre dentro do cérebro, num nível puramente cognitivo. Gerando espontaneamente padrões flutuantes de atividade, mesmo na ausência de estimulação externa, a área de trabalho global nos permite gerar livremente novos planos, testá-los e mudá-los à vontade se eles não conseguirem preencher nossas expectativas.

Um processo darwiniano de variação seguido por seleção ocorre no interior de nosso sistema de área de trabalho global.[59] A atividade espontânea age como um "gerador de diversidade", cujos padrões são constantemente esculpidos pela avaliação do cérebro sobre recompensas futuras. Redes neuronais dotadas dessa ideia podem ser extremamente poderosas. Em simulações por computador, Jean-Pierre Changeux e eu demonstramos que elas resolvem problemas e quebra-cabeças complexos, tais como o problema clássico da Torre de Londres.[60] A lógica de aprender por seleção, combinada com regras de aprendizado sinápticas clássicas, produz uma arquitetura robusta, capaz de aprender com os próprios erros, e extrair regras abstratas decorrente de um problema.[61]

Embora "Gerador de Diversidade" possa ser abreviado em GOD ("Deus", em inglês), não há nada de mágico por trás da noção de atividade espontânea – certamente não uma ação dualística da mente sobre a matéria. A excitabilidade é uma propriedade natural, física, das células nervosas. Em cada neurônio, o potencial de voltagem da membrana sofre incessantes flutuações. Essas flutuações são devidas em grande parte à liberação aleatória de pequenas bolhas de neurotransmissores em algumas das sinapses do neurônio. Em última análise, essa aleatoriedade surge do ruído térmico, que agita, sacode e balança nossas moléculas. Era de se pensar que a evolução minimizaria o impacto desse ruído, como os engenheiros fazem nos *chips* digitais, atribuindo tensões muito diferentes para "zeros" e "uns", de forma que o ruído térmico não possa interferir nelas. Não é assim no cérebro: os neurônios não só toleram o ruído, como até o ampliam – provavelmente porque algum grau de aleatoriedade seja útil em muitas situações em que estamos procurando uma solução ótima para um problema complexo. (Muitos algoritmos, como a "cadeia de Markov de Monte Carlo" e o "recozimento simulado" requerem uma fonte de ruído eficiente).

Sempre que as flutuações de membrana de um neurônio ultrapassam um nível-limite, um *spike* é emitido. Nossas simulações mostram que esses *spikes* randômicos podem ser conformados pelos vastos conjuntos de conexões que ligam os neurônios em colunas, ajuntamentos e circuitos, até que emerja um padrão de atividade global. Aquilo que começa como um ruído local termina como uma avalanche estruturada de atividade espontânea que corresponde a nossos pensamentos e objetivos secretos. Torna-nos mais humildes pensar que o "fluxo de consciência", as palavras e imagens que não param de surgir em nossa mente e constroem o tecido de nossa vida mental, têm sua origem mais remota em *spikes* esculpidos pelos trilhões de sinapses formadas durante nossa maturação e educação ao longo da vida.

UM CATÁLOGO DO INCONSCIENTE

Durante os últimos anos, a teoria da área de trabalho global tornou-se uma ferramenta interpretativa de peso, um prisma para se revisitar observações empíricas. Um de seus sucessos foi esclarecer os vários tipos de processos inconscientes no cérebro humano. Assim como o erudito sueco do século XVIII Carl Linnaeus concebeu uma "taxionomia" de todas as espécies viventes (uma classificação organizada das plantas e dos animais em tipos e subtipos), podemos agora começar a propor uma taxionomia do inconsciente.

Lembremos a principal mensagem que ficou do capítulo "Sondando as profundezas do inconsciente": a maioria das operações do cérebro são inconscientes. Nós não nos inteiramos da maioria das coisas que fazemos e sabemos, desde a respiração até o controle da postura corporal, desde a visão de baixo nível até os movimentos finos da mão, desde reconhecer e contar as letras das palavras até as regras gramaticais – e, durante a cegueira por desatenção, podemos até mesmo deixar escapar um jovem fantasiado de gorila batendo no próprio peito. Uma ampla profusão de processadores inconscientes tece o estofo de quem somos e de como agimos.

A teoria da área de trabalho global nos ajuda a pôr alguma ordem nessa selva.[62] Ajuda-nos a classificar nossas ações conscientes em diferentes caixas cujos mecanismos cerebrais diferem radicalmente (Figura 28). Considere-se o que acontece durante a cegueira por desatenção. Nessa situação, um estímulo visual é apresentado bem acima do limiar da percepção consciente – e ainda assim não conseguimos percebê-lo porque nossa mente está completamente focada em uma outra tarefa. Estou escrevendo estas palavras na casa em que nasceu minha esposa, uma casa de fazenda do século XVII, cuja charmosa sala de estar contém um grande relógio de pêndulo de caixa longa. O pêndulo oscila bem na minha frente, e eu consigo ouvir distintamente seu tique-taque. Mas sempre que me concentro na minha atividade de escrita, esse ruído rítmico desaparece de meu mundo mental: a desatenção evita sua percepção.

Em nosso catálogo do inconsciente, meus colegas e eu propusemos rotular esse tipo de informação inconsciente com o adjetivo *pré-consciente*.[63] É o consciente em estado de espera: informações que já estão codificadas por um ajuntamento ativo de disparos de neurônios, e que poderiam tornar-se conscientes a qualquer momento, desde que se atentasse para elas – o que não acontece. Na verdade, tomamos emprestada a palavra *pré-consciente* de Sigmund Freud. Em seu *Esboço de psicanálise*, ele observou que "alguns processos [...] podem cessar de ser conscientes, mas podem tornar-se novamente conscientes sem qualquer problema [...] Qualquer coisa inconsciente que se comporta como tal, que pode facilmente trocar a condição de inconsciente pela condição de consciente, é, portanto, mais bem descrito como 'capaz de passar a consciente' ou como pré-consciente".

Simulações da área de trabalho global apontam para presumíveis mecanismos neuronais do estado pré-consciente.[64] Quando um estímulo penetra em nossa simulação, sua ativação se propaga e acaba por ativar a área de trabalho como um todo. Por sua vez, essa representação consciente cria uma franja de inibição circunstante que impede um segundo estímulo de entrar ao mesmo tempo. Essa competição central é inevitável. Como eu observei anteriormente, uma representação consciente é definida tanto por aquilo que *não é*, quanto por aquilo que *é*. De acordo com nossa hipótese, alguns neurônios da área de trabalho precisam ser silenciados eficientemente, para delimitar o conteúdo consciente do momento, e deixar claro aquilo que ele *não* é. Essa inibição difusa cria um gargalo dentro dos centros mais elevados do córtex. O silenciamento neuronal, que é parte inescapável de qualquer estado consciente, evita que se veja duas coisas de uma vez e se realize duas tarefas pesadas ao mesmo tempo. Não impede, contudo, a ativação das áreas sensoriais iniciais – elas claramente se iluminam, virtualmente no mesmo nível de sempre, mesmo quando a área de trabalho já estiver ocupada por um primeiro estímulo. A informação pré-consciente é guardada provisoriamente nesses depósitos temporários de memória, fora a área de trabalho global. Ali ela cairá lentamente no esquecimento – a menos que decidamos voltar para ela nossa atenção. Por um curto período, a informação pré-consciente em processo de deterioração ainda pode ser recuperada e trazida para um uso consciente, caso em que temos experiência dela em retrospecto, um longo tempo depois do fato.[65]

Figura 28

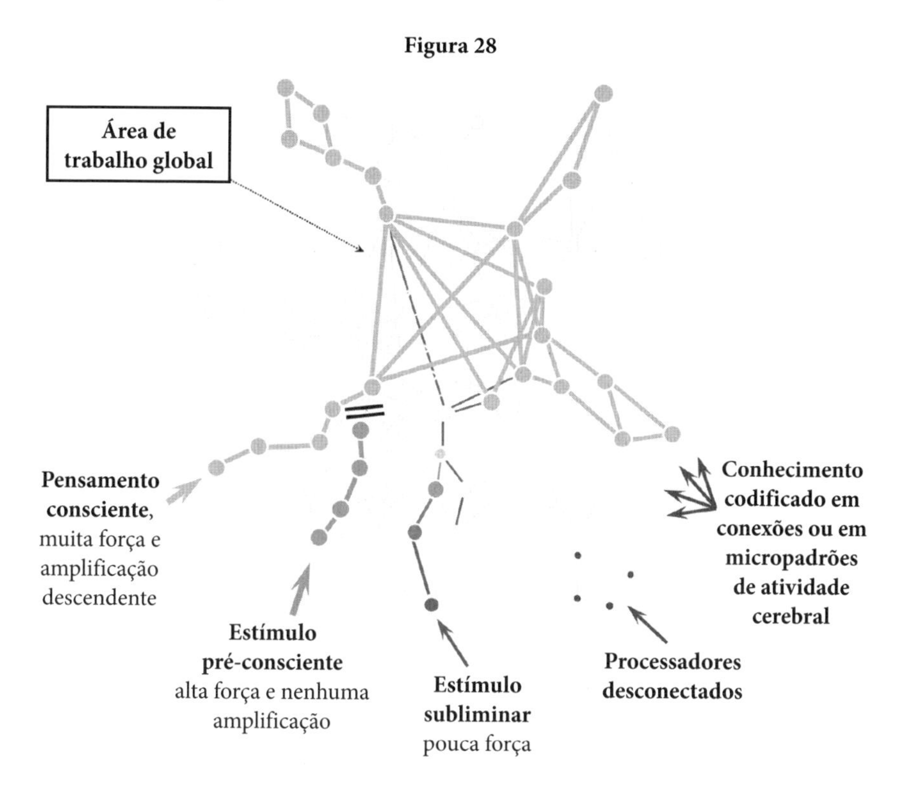

O conhecimento pode ficar inconsciente por várias razões diferentes. Em um dado momento, somente um único pensamento acende a área de trabalho. Outros objetos não conseguem o acesso à consciência, quer porque não estão sendo observados e, portanto, não podem entrar na área de trabalho (pré-consciente) ou porque são fracos demais para causar uma plena avalanche de ativação capaz de subir até o nível da área de trabalho (subliminares). Também ficamos sem perceber as informações que se encontram codificadas em processadores sem conexão com a área de trabalho. Por fim, grandes quantidades de informações inconscientes descansam nas nossas conexões cerebrais e em micropadrões da atividade cerebral.

O estado pré-consciente contrasta marcadamente com um segundo tipo de estado de inconsciência que pode ser chamado de *estado subliminar*. Considere-se uma imagem que foi iluminada tão brevemente ou tão fracamente que não conseguimos vê-la. Aqui, a situação é muito diferente. Por mais que nos esforcemos em prestar atenção, somos incapazes de perceber o estímulo escondido. Ensanduichada entre duas formas geométricas, a palavra mascarada nos escapa para sempre. Um estímulo subliminar como esse produz, sim, uma atividade detectável nas áreas visuais, semânticas e motoras do cérebro, mas essa ativação é vivida por um tempo curto demais para causar uma ignição global. As simulações feitas em meu laboratório também capturam esse estado de coisas. No computador, um breve pulso de atividade pode falhar em desencadear uma ignição global, pois no momento em que os sinais descendentes vindos de áreas mais elevadas voltam às áreas sensoriais primárias com a chance de amplificar a atividade que chega, a ativação original já passou, e foi substituída pela máscara.[66] Pregando peças no cérebro, o psicólogo astucioso imagina estímulos tão fracos, tão curtos ou tão bagunçados que a ignição global fica sistematicamente impedida. O termo *subliminar* aplica-se a situações assim, em que a onda sensorial que entra acaba antes de criar um tsunami nas praias da área de trabalho neuronal global. Por mais que nos esforcemos para percebê-lo, um estímulo subliminar nunca passará a ser consciente, ao passo que isso será sempre possível para um estímulo pré-consciente, desde que arranjemos tempo para dar-lhe atenção. Essa é a diferença fundamental, e suas consequências no nível do cérebro são muitas.

A distinção pré-consciente *vs.* subliminar não esgota o estoque do conhecimento inconsciente em nossos cérebros. Pense na respiração. A cada minuto de sua vida, padrões harmoniosos de disparos neurais, gerados nas profundezas do tronco encefálico e mandados a seus músculos do peito, dão forma aos ritmos de ventilação que o mantém ativo. Ligações engenhosas de retroalimentação adaptam esses ritmos aos níveis de oxigênio e dióxido de carbono presentes em seu sangue. Esse sofisticado funcionamento neural permanece totalmente inconsciente. Por quê? Sua ativação neuronal é forte e contínua, portanto não é subliminar; ainda assim nenhuma carga de atenção é capaz de trazê-lo à mente e, portanto, ele também não é pré-consciente. Em nossa taxionomia, esse caso corresponde a uma terceira categoria de representações inconscientes: os *padrões desconectados*. Encapsulados no tronco encefálico, os padrões de disparos que controlam a respiração ficam desconectados do sistema de área de trabalho global nos córtices pré-frontal e parietal.

Para tornar-se consciente, a informação presente num ajuntamento neural tem que ser comunicada aos neurônios da área de trabalho do córtex pré-frontal e das áreas a ela associados. Os dados da respiração, porém, estão para sempre trancados nos neurônios do seu tronco encefálico. Os padrões de ativação que monitoram o nível de CO_2 de seu sangue não podem ser transmitidos ao restante de seu córtex. Como resultado, você fica sem saber deles. Muitos de nossos circuitos neuronais especializados são tão profundamente enraizados que, simplesmente, carecem das conexões necessárias para alcançar nossa percepção consciente. A única maneira de trazê-los à mente, curiosamente, consiste em recodificá-los passando por outra modalidade sensorial – nos tornamos conscientes de como respiramos só indiretamente, quando prestamos atenção nos movimentos de nosso peito.

Embora tenhamos a sensação de estar no controle de nosso corpo, centenas de sinais neuronais trafegam constantemente pelos módulos do cérebro sem alcançar nossa consciência, desconectados que estão das adequadas regiões corticais de alto nível. Em alguns pacientes que sofreram um AVC, a situação se agrava. Uma lesão nas vias que passam pela substância branca do cérebro pode desconectar sistemas sensoriais ou cognitivos específicos, tornando-os repentinamente inacessíveis ao funcionamento consciente. Um caso espetacular é a síndrome de desconexão que ocorre quando um derrame afeta o *corpus callosum*, o vasto emaranhado de conexões que liga os dois hemisférios. Um paciente com essa lesão pode perder qualquer percepção de seu plano motor. E não se reconhecer, por exemplo, como responsável pelos movimentos de sua mão esquerda, garantindo que ela age ao acaso e fora de controle. O que acontece é que o comando motor da mão esquerda parte do hemisfério direito, ao passo que os comentários verbais são feitos no hemisfério esquerdo. Assim que esses dois sistemas são desconectados, o paciente passa a abrigar duas áreas de trabalho danificadas, cada um dos quais ignora parcialmente o que o outro está gerando.

Para além da desconexão, uma quarta maneira pela qual a informação neural pode ficar inconsciente, de acordo com a teoria da área de trabalho, é ser *diluída* em um padrão complexo de disparos. Como um exemplo concreto, considere a visão de uma grade com espaços tão estreitos, ou avistada de forma tão rápida (50 hertz ou mais), que você não consegue realmente enxergá-la. Embora você perceba somente um cinza uniforme, o reticulado está de fato codificado dentro de seu cérebro: diferentes grupos de neurônios visuais entram em atividade para diferentes orientações do reticulado.[67] Por que esse padrão de atividade neuronal não pode ser trazido para a atuação consciente? Provavelmente porque faz uso de um padrão espaço-temporal de ativação na área visual primária, uma cifra neural demasiado complexa para ser reconhecida explicitamente pelos neurônios da área de trabalho global mais acima no córtex. Embora ainda não se entenda plenamente o código neural, acreditamos que, para tornar-se consciente, uma informação precisa, em primeiro lugar, ser recodificada em uma forma explícita por um conjunto compacto de neurônios. As regiões anteriores do córtex visual precisam dedicar neurônios específicos a *inputs* visuais significativos, antes que sua própria atividade seja ampliada e cause uma ignição global da área de trabalho que traga a informação para o campo da consciência. Se a informação continua diluída nos disparos de miríades de neurônios sem relação entre si, então não pode tornar-se consciente.

Qualquer rosto que vemos, qualquer palavra que ouvimos, começa dessa maneira inconsciente, como um "trem de *spikes*" espaço-temporal absurdamente tortuoso de milhões de neurônios, cada um deles percebendo apenas uma parte minúscula da cena global.

Cada um desses padrões de *inputs* contém quantidades infinitas de informações sobre o falante, a mensagem, a emoção, o tamanho da sala... ah se fôssemos capazes de decodificá-los – só que não somos. Ficamos conscientes dessas informações latentes somente quando nossas áreas cerebrais de alto nível as enquadram em compartimentos com sentido. Tornar explícita a mensagem é o papel essencial da pirâmide hierárquica dos neurônios sensoriais, que sucessivamente vão extraindo traços cada vez mais abstratos de nossas sensações. O treinamento sensorial nos torna atentos a imagens ou sons tênues porque, em todos os níveis, os neurônios reorientam suas propriedades no sentido de amplificar essas mensagens sensoriais.[68] Antes da aquisição do aprendizado, uma mensagem neuronal já estava presente em nossas áreas sensoriais, mas de maneira apenas implícita, na forma de um padrão de disparo amortecido inacessível à nossa atuação consciente.

Esse fato tem uma consequência fascinante: o cérebro detém sinais que seu próprio dono desconhece, por exemplo sobre grades visuais intermitentes e intenções fracas.[69] O estudo das imagens do cérebro está começando a decodificar essas formas enigmáticas. Uma iniciativa do exército americano inclui a projeção de fotos de satélites na espantosa velocidade de dez por segundo, para observadores treinados, monitorando seus potenciais cerebrais para detectar alguma dica inconsciente de que um avião inimigo está presente. Dentro de nosso inconsciente há uma riqueza inimaginável à espera de ser explorada. No futuro, pela ampliação desses fracos micropadrões que nossos sentidos detectam, mas nossa consciência desconsidera, a decodificação do cérebro apoiada pelo computador pode proporcionar-nos uma forma rigorosa de percepção extrassensorial – e uma compreensão mais avançada de nosso entorno.

Finalmente, uma quinta categoria de conhecimento inconsciente jaz adormecida em nosso sistema nervoso, na forma de conexões latentes. De acordo com a teoria da área de trabalho, nós percebemos padrões de descargas neuronais somente se eles formarem conjuntos ativos na escala cerebral. Entretanto, quantidades maiores de informação ficam armazenadas de maneira desordenada em nossas conexões sinápticas tranquilas. Mesmo antes do nascimento, nossos neurônios testam a estatística do mundo e adaptam as conexões de acordo. As sinapses corticais, que chegam a centenas de trilhões no cérebro humano, contêm memórias adormecidas de nossa vida toda. Milhões de sinapses são formadas ou destruídas a cada dia, particularmente durante os primeiros anos de vida, quando o nosso cérebro ainda se adapta ao seu ambiente. Cada sinapse armazena um pedacinho minúsculo de sabedoria estatística: quão propenso a disparar está meu neurônio pré-sináptico antes de meu neurônio pós-sináptico?

Por toda parte no cérebro, essas forças das conexões estão na base de nossas intuições inconscientes aprendidas. No estágio inicial da visão, conexões corticais reúnem estatísticas de como linhas adjacentes se conectam para formar o contorno dos objetos.[70] Nas áreas auditivas e motoras, elas armazenam nosso conhecimento secreto dos padrões sonoros. Nesses locais, anos de prática do piano produzem uma mudança detectável na densidade da substância cinzenta, possivelmente devido a mudanças nas densidades sinápticas, tamanhos dos dendritos, estrutura da substância branca e nas células gliais que lhe dão suporte.[71] E no hipocampo, (uma estrutura em forma de caracol abaixo dos lobos temporais), sinapses reúnem nossas memórias episódicas: onde, quando e com a presença de quem um determinado evento aconteceu.

Nossas memórias podem ficar adormecidas por anos, com seu conteúdo comprimido em uma distribuição de espinhas sinápticas. Não podemos tocar nessa sabedoria sináptica diretamente, porque seu formato é muito diferente do padrão de explosão neuronal que dá suporte aos pensamentos conscientes. Para recuperar nossas memórias, precisamos convertê-las de adormecidas em ativas. Durante a recuperação da memória, nossas sinapses promovem uma reconstrução de padrões muito precisos de ativações neuronais, e é só nesse momento que nós lembramos conscientemente. Uma memória consciente nada mais é do que um momento consciente antigo, a reconstrução aproximada de um exato padrão de animação que existiu outrora. As imagens do cérebro mostram que as memórias precisam ser transformadas em padrões de atividade neuronal explícita, que invadem o córtex pré-frontal e as regiões cinguladas interconexas, antes de recuperarmos a consciência de um episódio específico de nossas vidas.[72] Essa reativação de áreas corticais distantes durante uma recuperação consciente se insere, à perfeição, em nossa teoria da área de trabalho.

A distinção entre conexões latentes e disparos ativos explica por que nós desconhecemos totalmente as regras gramaticais pelas quais processamos a fala. Na sentença "O João acha que ele é inteligente", o pronome *ele* pode referir-se ao próprio João? Sim. E quanto à sentença "Ele acredita que João é inteligente"? Não. E "A velocidade com que ele resolveu o problema deixou João feliz?" Sim. Sabemos as respostas, mas não temos nenhuma ideia das regras pelas quais chegamos a elas. Nossas redes linguísticas estão conectadas para processar palavras e frases, mas esse diagrama de conexões é permanentemente inacessível à nossa percepção. A teoria da área de trabalho global pode explicar por quê: o conhecimento está no contexto errado para o acesso consciente.

A gramática contrasta drasticamente com a aritmética. Quando multiplicamos 24 por 31, estamos extremamente conscientes. Cada operação intermediária, sua estrutura e ordem, e mesmo os erros ocasionais que cometemos são acessíveis à nossa introspecção. Quando processamos a fala, ao contrário, ficamos paradoxalmente incapacitados de falar sobre nossos processos internos. Os problemas que vão sendo resolvidos pelo nosso processador sintático são tão difíceis como os da aritmética, mas nós não temos pistas sobre como os resolvemos. Por que essa diferença? Os cálculos aritméticos complexos são realizados passo a passo, sob o controle direto dos nós principais da rede da área de trabalho (áreas pré-frontal, cingulada e parietal). Tais sequências complexas são codificadas explicitamente nos disparos dos neurônios pré-frontais. Células individuais codificam nossas intenções, nossos planos, nossos passos individuais, seu número, e mesmo nossos erros e suas correções.[73] Portanto, para a aritmética, tanto o plano quanto seu desenvolvimento são codificados explicitamente no disparo neural, dentro da rede neuronal que sustenta a atuação consciente. A gramática, ao contrário, é implementada por feixes de conexões que ligam o lobo temporal superior e o giro frontal inferior, e reserva as redes para o esforço exigido pelo que ocorre no córtex pré-frontal dorsolateral[74]. Durante a anestesia, uma grande parte do córtex temporal dedicado à linguagem continua a processar a fala de maneira autônoma, sem se dar conta disso.[75] Não sabemos ainda como os neurônios codificam as regras gramaticais – mas quando isso acontecer, prevejo que seu esquema de codificação será radicalmente diferente do esquema de codificação da aritmética mental.

ESTADOS SUBJETIVOS DA MATÉRIA

Em resumo, a teoria da área de trabalho neuronal global dá sentido a um grande número de observações sobre o estado consciente e seus mecanismos cerebrais. Ela explica por que nos tornamos conscientes apenas de uma porção mínima do conhecimento armazenado em nossos cérebros. Para ser acessível conscientemente, a informação precisa ser codificada em um padrão organizado de atividade neuronal nas regiões corticais mais elevadas, e esse padrão precisa, por sua vez, inflamar um círculo interior de áreas estreitamente interconectadas, formando uma área de trabalho global. As características dessa ativação de longa distância dão conta das marcas de consciência identificadas nos experimentos de neuroimagem.

Embora as simulações computacionais de meu laboratório reproduzam alguns traços do acesso consciente, esses traços estão longe de representar o cérebro real, a simulação está longe de ser consciente. Em princípio, porém, não duvido que um programa de computador possa capturar os detalhes de um estado consciente. Uma simulação mais apropriada teria bilhões de estados neuronais diferenciados. Em vez de meramente propagar ativação em volta de si, produziria inferências estatísticas úteis acerca de seus *inputs*, por exemplo, computando a probabilidade de que um determinado rosto esteja presente, ou a probabilidade de que um gesto motor alcançará com êxito seu alvo.

Começamos a visualizar como redes de neurônios podem ser configuradas para realizar esses cálculos estatísticos.[76] Decisões perceptivas elementares surgem da acumulação de ruidosas evidências propiciadas por neurônios especializados.[77] Durante a ignição consciente, um conjunto deles cai numa interpretação unificada, levando a uma decisão interna sobre o que fazer em seguida. Imagine uma ampla arena interna onde múltiplas regiões do cérebro, como os demônios no pandemônio de Selfridge, brigam por coerência. Suas regras operacionais os levam a buscar constantemente uma única interpretação coerente das várias mensagens que recebem. Mediante conexões de longa distância, eles confrontam seu conhecimento fragmentário e acumulam evidências – agora em um nível global – até que uma resposta coerente seja alcançada, satisfatória para os objetivos visados pelo organismo naquele momento.

A máquina como um todo só é parcialmente afetada por *inputs* externos. Autonomia é a palavra de ordem. Ela gera seus próprios objetivos, graças a uma atividade espontânea, e esses padrões, por sua vez, dão forma ao restante da atividade cerebral em um procedimento que vai do topo para a base. Eles induzem outras áreas a recuperarem memórias de longo prazo, gerando uma imagem mental e transformando-a de acordo com regras linguísticas ou lógicas. Um fluxo constante de ativação neuronal circula dentro do espaço de trabalho interno, sendo filtrado cuidadosamente por milhões de processadores paralelos. Cada resultado coerente nos leva um passo adiante em um algoritmo mental que nunca para – o fluxo do pensamento consciente.

Simular essa máquina estatística enormemente paralela, baseada em princípios neuronais realistas, seria fascinante. Na Europa, grupos de pesquisa estão se reunindo para o Human Brain Project, uma tentativa épica para compreender e simular redes corticais de dimensão humana. Já estão ao nosso alcance, baseadas em chips de silício "neuromórficos",[78] simulações de redes compreendendo milhões de neurônios e bilhões de sinapses. Na próxima década, esses instrumentos computacionais desenharão uma imagem muito mais detalhada de como os estados cerebrais causam nossa experiência consciente.

O teste definitivo

Qualquer teoria da consciência precisa encarar o teste definitivo: a clínica. A cada ano, milhares de pacientes entram em coma. Muitos ficarão permanentemente incomunicáveis, numa terrível condição conhecida como "estado vegetativo". Poderia nossa ciência da consciência, que está em pleno desenvolvimento, ajudar essas pessoas? A resposta é um sim sujeito a ressalvas. O sonho de um "medidor do estado de consciência" está ao alcance. Uma análise matemática sofisticada dos sinais cerebrais está começando a identificar de forma confiável quais pacientes mantêm uma vida consciente e quais não. Também estão à espreita intervenções clínicas. A estimulação dos núcleos profundos do cérebro pode tornar mais rápida a recuperação da consciência. Interfaces do cérebro e do computador podem inclusive restaurar uma forma de comunicação em pacientes fechados em si mesmos, conscientes, mas completamente paralisados. As futuras neurotecnologias mudarão para sempre o tratamento clínico das doenças da consciência.

"Quão gelado e quão fraco fiquei então
Não me perguntes, ó leitor, pois não consigo escrever
Porque palavras não conseguiriam te contar meu estado.
Eu não estava morto nem vivo."

Dante Alighieri, *A Divina Comédia* (ca. 1307-1321)

A cada ano que passa um número terrível de acidentes de carro, AVCs, suicídios que não deram certo, envenenamentos por monóxido de carbono e afogamentos deixam adultos e crianças terrivelmente inválidos. Em estado de coma e quadriplégicas, incapazes de mover-se e de falar, essas pessoas parecem ter perdido a chama da vida mental. Ainda assim, bem no fundo, a consciência pode ainda estar presente. No romance *O Conde de Monte Cristo* (1844), Alexandre Dumas apresentou uma imagem dramática de como uma consciência intacta pode encontrar-se enterrada viva no túmulo de um corpo paralisado:

> Monsieur Noirtier, embora quase imóvel como um cadáver, olhou para os recém-chegados com uma expressão rápida e inteligente [...]. A visão e a audição eram os únicos sentidos que permaneciam, e esses sentidos, como duas centelhas solitárias, continuavam animando o corpo miserável que só parecia prestar para o túmulo; porém, era somente através de um desses sentidos que ele conseguia revelar os pensamentos e sentimentos que ainda lhe ocupavam a mente, e o olhar por meio do qual ele dava expressão a sua vida interior era como o brilho distante da vela que o viajante vê passando à noite por uma praça deserta, e então fica sabendo que há um vivente que ali habita, além do silêncio e da escuridão.

Monsieur Noirtier é um personagem de ficção – provavelmente a primeira descrição literária de alguém aprisionado em uma síndrome. Sua condição médica, porém, é totalmente real. Dominique Bauby, editor da revista de moda *Elle*, tinha somente 43 anos quando sua vida sofreu repentina reviravolta. "Até então", escreveu ele, "nunca tinha ouvido falar do tronco encefálico. Aprendi a partir de então que é um componente essencial de nosso computador interior, o elo inseparável entre o cérebro e a medula espinhal. Fui apresentado brutalmente a essa peça vital da anatomia quando um acidente cardiovascular fez com que meu tronco encefálico parasse de funcionar".

No dia 8 de dezembro de 1995, um AVC mergulhou Bauby num coma de 20 dias. Quando acordou, viu que estava num quarto de hospital, completamente paralisado, exceto por um olho e uma parte da cabeça. Ele sobreviveria por 15 meses, tempo suficiente para conceber, memorizar, ditar e publicar todo um livro. Testemunho comovente da vida interior de um paciente afetado por uma síndrome do encarceramento, *O escafandro e a borboleta* (publicado em 1997) tornou-se imediatamente um *best-seller*. Aprisionado em um corpo impossibilitado de qualquer movimento, como um Noirtier moderno, Jean-Dominique Baudy ditou esse livro caractere por caractere piscando a pálpebra esquerda enquanto um assistente recitava as letras E, S, E, R,

I, N, T, U, L, O, M... Duzentas mil piscadelas contam a história de uma mente maravilhosa, destruída por um derrame cerebral. A pneumonia tirou-lhe a vida apenas três dias depois que o livro foi publicado.

De uma maneira sóbria, às vezes humorística, o ex-editor da revista *Elle* descreve sua provação diária, misturada com frustração, isolamento, incomunicabilidade e momentos de desespero. Embora estivesse preso em um corpo incapaz de movimento, que ele compara, com propriedade, a um escafandro, sua prosa concisa e elegante brota com a leveza da borboleta – a metáfora com que descreve o zigue-zaguear completamente intacto de sua mente. Não existe uma prova melhor da autonomia dos estados conscientes do que a vívida imaginação e a escrita sensível de Jean-Dominique Bauby. Claramente, um repertório inteiro de estados mentais, que vai da visão ao tato, de um cheiro delicioso até a emoção do afogamento, pode fluir tão livre como sempre, mesmo partindo da jaula de um corpo para sempre trancado.

Contudo, em muitos pacientes nas condições de Bauby, a presença de uma rica vida mental passa despercebida.[1] De acordo com um levantamento recente feito pela Association du Locked-in Syndrome (Associação Francesa da Síndrome do Encarceramento em tradução livre, fundada por Bauby e gerenciada pelos próprios pacientes, que usam interfaces computacionais altamente atualizadas), a primeira pessoa que detecta uma reação consciente do paciente não é o médico: na maioria das vezes é um membro da família.[2] E ainda pior: depois do acidente cerebral, leva em média 2,5 meses até se estabelecer um diagnóstico correto. Alguns pacientes só são diagnosticados quatro anos mais tarde. Como seu corpo paralisado tem espasmos involuntários e reflexos estereotipados, os movimentos voluntários do olho, se é que são percebidos, são desconsiderados como sendo movimentos reflexos. Mesmo nos melhores hospitais, cerca de 40% dos pacientes inicialmente classificados como completamente incapazes de responder e "vegetativos" mostram sinais mínimos de consciência após exames mais atentos.[3]

Pacientes incapazes de expressar sua condição consciente representam um desafio urgente para a Neurociência. Uma boa teoria da consciência deve explicar por que certos pacientes perdem essa habilidade e outros não. Acima de tudo, deve oferecer ajuda concreta. Se as marcas de consciência são detectáveis, deveriam ser aplicadas àqueles que mais necessitam dela: pessoas incapacitadas para as quais a percepção de um sinal de consciência é, literalmente, uma questão de vida ou morte. Nas unidades de tratamento intensivo pelo mundo afora, metade das mortes resultam de uma decisão clínica de suspender o suporte de vida.[4] Fica no ar a dúvida de quantos Noirtiers e Baubys morreram apenas porque a Medicina não dispunha de meios para detectar sua consciência residual ou de antever que eles poderiam afinal emergir do coma e recuperar uma vida mental válida.

Hoje, porém, o futuro decididamente se parece mais promissor. Os neurologistas e os cientistas especializados em neuroimagem estão fazendo progressos significativos na identificação dos estados conscientes. O campo está caminhando para métodos mais simples e baratos para detectar a condição de consciência e restaurar a comunicação com pacientes conscientes. Neste capítulo olharemos para essa fronteira nova e fascinante da ciência, da Medicina e da tecnologia.

COMO PERDER SUA MENTE

Comecemos por distinguir os diferentes tipos de distúrbios neurológicos da consciência ou da comunicação com o mundo exterior (Figura 29).[5] Podemos iniciar pelo termo familiar *coma* (que vem do grego antigo κωμα, "sono profundo"), já que muitos pacientes começam nesse estado. O coma geralmente se dá nos minutos ou horas que seguem a ocorrência do dano cerebral. Suas causas são várias e incluem um trauma na cabeça (em geral decorrente de um acidente de carro), AVC (a ruptura ou entupimento de uma artéria do cérebro), anoxia (a interrupção do fornecimento de oxigênio para cérebro, geralmente devido a parada cardíaca, envenenamento por monóxido de carbono ou afogamento) e envenenamento (causado às vezes por excesso de bebida). O coma define-se clinicamente como uma perda prolongada da capacidade de ser despertado. O paciente jaz sem reposta, de olhos fechados. Nenhuma quantidade de estimulação pode acordá-lo, e ele não dá nenhum sinal de estar ciente do que acontece com ele e no seu entorno. Para que a palavra *coma* se aplique, os clínicos exigem além disso que esse estado dure uma hora ou mais (isso distingue o coma dos transitórios síncope, concussão e estupor).

Figura 29

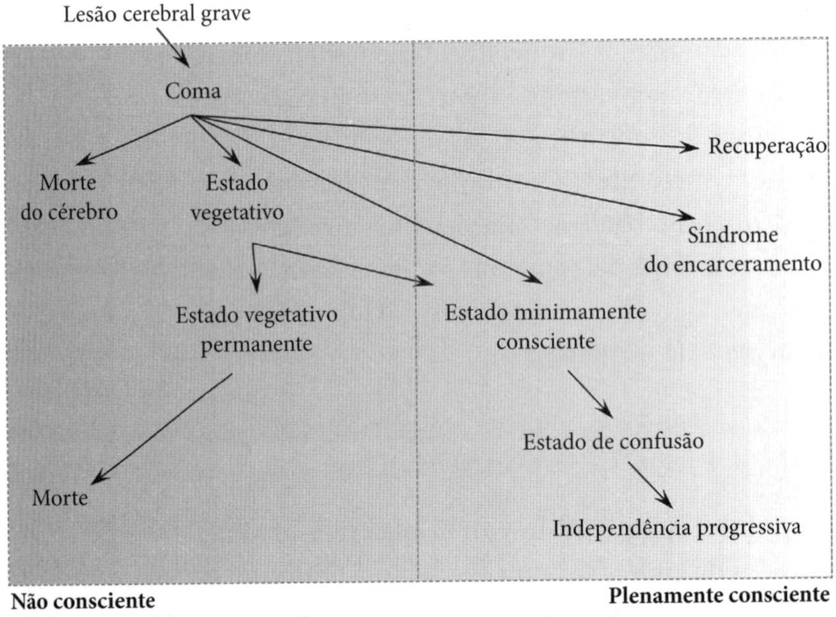

Traumas no cérebro podem causar uma variedade de desordens da consciência e comunicação. Nesta ilustração, as principais categorias de pacientes são ordenadas da esquerda para a direita numa aproximada correspondência com a presença da consciência e sua estabilidade durante o tempo. As setas indicam como a condição do paciente pode mudar ao longo do tempo. Um contraste mínimo separa os pacientes em estado vegetativo, que não apresentam sinal algum de consciência, de pacientes minimamente conscientes, que ainda conseguem realizar alguns atos voluntários.

Mas os pacientes de coma não têm morte cerebral. *A morte cerebral* é um estado diferente, caracterizado pela ausência total de reflexos no tronco encefálico, juntamente com um encefalograma sem atividade e uma incapacidade para iniciar a respiração. Nos pacientes com morte cerebral, a tomografia por emissão de pósitrons (PET, em inglês) e outras medidas, como a ultrassonografia por Doppler, mostram que o metabolismo cortical e o bombeamento de sangue para o cérebro estão aniquiladas. Uma vez excluída a hipotermia, bem como os efeitos de substâncias farmacológicas e tóxicas, um diagnóstico definido da morte cerebral pode ser estabelecido no prazo de seis horas a um dia. Os neurônios corticais e talâmicos se degeneram rapidamente e derretem, apagando as memórias de toda uma vida que definem cada pessoa. O estado de morte cerebral é, portanto, irreversível: nenhuma tecnologia reviverá jamais as células e molécula dissolvidas. A maioria dos países, inclusive o Vaticano,[6] identificam a morte cerebral com a morte, e ponto final.

Por que o coma é radicalmente diferente? E como pode um neurologista distingui-lo da morte cerebral? Em primeiro lugar, no coma, o corpo continua a exibir algumas reações coordenadas. Muitos reflexos de alto nível continuam presentes. Por exemplo, a maioria dos pacientes em coma engasga quando sua garganta é estimulada, e suas pupilas se contraem em resposta a uma luz forte. Essas respostas provam que uma parte do circuito inconsciente do cérebro, localizado bem fundo no tronco encefálico, continua em condições de trabalhar.

O eletroencefalograma dos pacientes em coma também fica longe de ser uma linha reta. Continua flutuando num ritmo lento, produzindo ondas de baixa frequência muito semelhantes àquelas que se veem durante o sono e a anestesia. Muitas células talâmicas e corticais ainda estão vivas e ativas, mas sem condições de se comunicar. Alguns casos raros mostram inclusive ritmos de alta frequência teta e alfa ("coma alfa"), mas com uma regularidade incomum, como se grandes blocos do cérebro, em vez de apresentar os ritmos dessincronizados que caracterizam uma rede talâmico-cortical com bom funcionamento, fossem invadidos por ondas exageradamente sincrônicas.[7] Meu colega, o neurologista Andreas Kleinschmidt, compara o ritmo alfa ao limpador de para-brisa do cérebro – e mesmo no cérebro consciente normal, as ondas alfa são usadas para desligar regiões específicas, como é comum que se faça com as áreas visuais quando nos concentramos em um som.[8] Durante alguns comas, exatamente como na anestesia induzida por propofol (o sedativo que matou Michael Jackson),[9] um ritmo alfa gigante parece invadir o córtex e varrer a própria possibilidade de um estado consciente. Ainda assim, como as células continuam ativas, seus ritmos normais de codificação podem um dia voltar.

Os pacientes em coma têm, portanto, um cérebro evidentemente ativo. Seu córtex gera um eletroencefalograma flutuante, mas não tem a capacidade de sair do "sono profundo" e provocar um estado consciente. Por sorte, o coma raramente dura muito. Em dias ou semanas, se forem evitadas complicações médicas como a infecção, grande parte dos pacientes se recupera gradualmente. O primeiro sinal costuma ser a volta do ciclo vigília-sono. Depois dele, a maioria dos pacientes de coma recuperam a consciência, a comunicação e o comportamento intencional.

Nos casos infelizes, porém, a recuperação para em um estado muito estranho de agitação sem consciência.[10] Todo dia o paciente acorda – mas durante os momentos que passa acordado, permanece não responsivo e aparentemente sem se dar conta do que o cerca, perdido de certo modo num limbo infernal dantesco, "nem vivo e nem morto". Um ciclo vigília-sono preservado, sem sinais de consciência, é a marca registrada do estado vegetativo, também conhecido como "vigília arresponsiva", uma condição que pode persistir por muitos anos. O paciente respira espontaneamente e, quando alimentado artificialmente, não morre. Os leitores americanos lembrarão de Terri Schiavo, que passou 15 anos em um estado vegetativo enquanto sua família, o estado da Califórnia e até o presidente George W. Bush travavam batalhas legais; finalmente em 2005, o tubo que a alimentava foi desconectado e ela morreu.

O que significa exatamente *vegetativo*? O termo é um tanto infeliz, porque traz à mente um "vegetal" impotente – e tristemente, em enfermarias malcuidadas, esse apelido pegou. Os neurologistas Jennett e Plum criaram o adjetivo a partir do verbo inglês *vegetate*, que, de acordo com o *Oxford English Dictionary*, significa "viver uma vida meramente física, destituída de atividade intelectual e intercâmbio social".[11] As funções que dependem do sistema nervoso autônomo, como a regulação da frequência cardíaca, o tônus vascular e a temperatura do corpo ficam geralmente intactos. O paciente não está imóvel, faz ocasionalmente movimentos lentos e espetaculosos com o corpo ou com os olhos. Um sorriso, um grito ou um olhar de reprovação podem repentinamente iluminar a face do paciente, sem qualquer razão óbvia. Esse comportamento pode criar uma confusão considerável na família (no caso de Terri Schiavo, convenceu os pais de que ela poderia ainda ser ajudada). Mas os neurologistas sabem que essas respostas corporais podem ser simples reflexos. A medula espinhal e o cérebro geram com frequência movimentos estritamente involuntários, sem objetivo específico. O paciente nunca responde a ordens verbais, nem diz qualquer palavra, embora possa emitir grunhidos aleatórios.

Quando se passa um mês desde o acidente inicial, os médicos falam em "estado vegetativo persistente", e depois de um período de 3 a 12 meses, dependendo se o dano cerebral resultou de anoxia ou de trauma craniano, é proposto o diagnóstico de "estado vegetativo permanente". Esses termos são, porém, discutíveis, porque implicam a impossibilidade de qualquer recuperação e sugerem uma condição de inconsciência definitiva, podendo, portanto, levar a uma decisão prematura de interromper o apoio à vida. Alguns clínicos e pesquisadores preferem a expressão neutra "estado de vigília não responsivo", uma maneira de deixar em aberto a natureza do estado presente e do futuro do paciente. A verdade a respeito desse assunto, como veremos em breve, é que o estado vegetativo é um conjunto de condições mal compreendidas que incluem até casos raros de pacientes conscientes que não se comunicam.

Em alguns pacientes com danos cerebrais graves, a consciência pode flutuar amplamente, mesmo num espaço de horas. Durante alguns períodos, recuperam algum grau de controle voluntário sobre suas ações, que justifica colocá-los numa categoria distinta: o estado "minimamente consciente". Em 2005, um grupo de neurologistas introduziu o termo para referir-se a pacientes com respostas raras, incoerentes e limitadas, que sugeriam uma compreensão e controle parcial.[12] Pacientes minimamente conscientes podem responder a uma ordem verbal piscando ou acompanhar com o olhar um espelho. Pode-se estabelecer com eles alguma forma de comunicação; muitos pacientes podem responder sim ou não pronunciando as palavras ou simplesmente balançando a cabeça. À diferença do paciente vegetativo, que sorri ou grita em momentos imprevisíveis, um paciente minimamente consciente pode também expressar emoções decorrentes do contexto.

Um único indício não basta para fazer um diagnóstico seguro; os sinais de consciência precisam ser observados com certa consistência. E ainda assim, paradoxalmente, pacientes minimamente conscientes estão num estado que pode impedi-los de expressar seus pensamentos de um modo consistente. Seu comportamento pode ser altamente variável. Em certos dias, não é observado qualquer sinal de consciência, ou alguns sinais podem ser observados durante a manhã, mas não pela tarde. Além disso, a avaliação do observador de que o paciente riu ou gritou em determinado momento pode ser muito subjetiva.

Para aumentar a credibilidade do diagnóstico, o neurologista Joseph Giacino criou a escala CRS (da sigla em inglês *Coma Recovery Scale* / "Escala de Recuperacao do Coma"), uma série de testes objetivos aplicados à beira do leito de forma rigorosamente controlada.[13] As sondagens avaliam funções simples, como a capacidade de reconhecer e manipular objetos, de orientar o olhar, espontaneamente ou em resposta a instruções verbais, de reagir a um barulho inesperado. A equipe médica é treinada a questionar o paciente de forma persistente e observar com cuidado a resposta comportamental, mesmo que extremamente lenta ou pouco adequada. Em geral, os testes são aplicados várias vezes, em diferentes momentos do dia.

Usando essa escala, a equipe médica pode distinguir pacientes vegetativos e minimamente conscientes com uma precisão muito maior.[14] Essa informação é importante tanto para apoiar decisão sobre interrupção da vida como para prever a possibilidade de recuperação. Pensando em temos estatísticos, os pacientes diagnosticados como minimamente conscientes têm uma chance maior de recuperar um estado de consciência estável do que os que ficam em estado vegetativo por anos (embora sempre seja difícil predizer o destino de alguém). Com frequência, a recuperação é penosamente lenta: semana após semana, as respostas do paciente se tornam cada vez mais consistentes e confiáveis. Em alguns poucos casos emocionantes, ocorre um despertar repentino em alguns dias. Ao recuperar uma capacidade estável de se comunicar, não são mais considerados minimamente conscientes.

Como é estar num estado minimamente consciente? Acaso esses pacientes vivem uma vida interior praticamente normal, fértil em memórias, esperanças futuras e mais importante talvez, uma consciência rica do presente, talvez cheia de sofrimento e desespero? Ou estão em uma névoa, incapazes de juntar as energias necessárias para uma resposta perceptível? Não sabemos, mas as grandes flutuações na capacidade responsiva sugerem que a segunda alternativa é a que mais se aproxima da verdade. É possível que uma analogia adequada seja o estado mental vagaroso que experimentamos quando "nocauteados", anestesiados ou muito bêbados.

A esse respeito, a condição de consciência mínima é provavelmente muito diferente da última condição médica de nossa lista: a síndrome do encarceramento vivida por Jean-Dominique Bauby. A condição de encarceramento resulta em geral de uma lesão bem delimitada na protuberância do tronco encfálico. Com uma incrível precisão, esse tipo de lesão desconecta o córtex de seus percursos na medula espinhal. Poupando o córtex e o tálamo, frequentemente deixa a consciência inteiramente intacta. O paciente acorda do coma e se descobre prisioneiro de um corpo paralisado, incapaz de mover-se e de falar. Seus olhos ficam estáticos. Somente persistem pequenos movimentos verticais do olho e algumas piscadelas, geradas por vias neuronais distintas, o que abre um canal de comunicação com o mundo exterior.

Em *Thérèse Raquin* (1867), o escritor naturalista francês Émile Zola captou vivamente a vida mental de Madame Raquin, uma velha senhora confinada e quadriplégica. Zola observou cautelosamente que os olhos eram a única janela para a mente de sua pobre alma:

> A face era a de uma pessoa morta, em que dois olhos vivos tinham sido fixados. Somente os olhos se movimentavam, girando rapidamente nas órbitas. As bochechas e a boca mantinham uma imobilidade tal que pareciam petrificadas [...]. A cada dia, a doçura e o brilho dos olhos ficavam mais penetrantes. Ela conseguira que eles assumissem tarefas da mão ou da boca, comunicando o que desejava ou expressando um agradecimento. Assim, substituía os órgãos que lhe faziam falta, de maneira peculiar e charmosa. Os olhos, no centro de sua face flácida e com trejeitos, eram de uma beleza celestial.

A despeito da impossibilidade de comunicação, os pacientes encarcerados podem conservar uma mente cristalina, vivamente conscientes não só de suas deficiências, mas também das próprias capacidades mentais e cuidados que recebem. Assim que sua condição é detectada e a dor é aliviada, podem viver uma vida gratificante. A prova de que um córtex e tálamo intactos bastam para gerar estados mentais autônomos é que os cérebros encarcerados continuam a usufruir toda a variedade de experiências da vida. No romance de Zola, Madame Raquin saboreia uma doce vingança, quando sua sobrinha e o amante, que ela odeia por ter matado seu filho, cometem duplo suicídio diante de seus olhos sempre atentos. No *Conde de Monte Cristo*, de Dumas, um Noirtier paralisado consegue alertar a neta de que ela está prestes a se casar com o filho de um homem que ele matou muitos anos antes.

A vida dos pacientes encarcerados dentro de si é menos pródiga em acontecimentos, mas não menos extraordinária. Com a ajuda de recursos de monitoramento ocular computadorizado, alguns desses pacientes conseguem responder a e-mails, chefiar uma organização sem fins lucrativos ou, como o executivo francês Philippe Vigand, escrever dois livros e ser pai de uma criança. Diferentemente dos pacientes em coma, que são vegetativos e minimamente conscientes, esses pacientes não podem ser considerados afetados por uma desordem da consciência. Mesmo o ânimo pode ser classificado como "para cima": um levantamento recente da qualidade subjetiva de vida deles revelou que a grande maioria, depois dos terríveis primeiros meses, mostrou indícios de felicidade, situados na média da população normal e sadia.[15]

CORTICO ERGO SUM

Em 2006, a subdivisão de pacientes não comunicativos nos estados de coma, vegetativos, minimamente conscientes e encarcerados parecia bem estabelecida quando um relatório chocante, publicado na prestigiosa revista *Science*, abalou repentinamente o consenso clínico. O neurocientista britânico Adrian Owen descrevia uma paciente que apresentava todos os sinais clínicos de estado vegetativo, mas uma atividade cerebral que sugeria um grau considerável de consciência.[16] De maneira assustadora, o relatório insinuava a existência de pacientes em um estado pior do que o da síndrome do encarceramento: conscientes, mas sem qualquer possibilidade de expressar essa consciência para o mundo exterior, nem mesmo por meio do movimento de pálpebra. Ao mesmo tempo que demolia as regras clínicas estabelecidas, essa pesquisa também trazia uma mensagem de esperança: a neuroimagem era agora capaz de detectar a presença de uma mente consciente, e mesmo, como veremos, de reconectá-la com o mundo exterior.

A paciente que Adrian Owen e seus colegas estudaram no artigo da *Science* era uma mulher de 23 anos que sofrera um dano bilateral nos lobos frontais em um acidente de trânsito. Cinco meses mais tarde, apesar de ter preservado o ciclo vigília-sono, continuava completamente não responsiva – a própria definição do estado vegetativo. Mesmo uma equipe experiente de clínicos foi incapaz de detectar quaisquer sinais residuais de consciência, comunicação ou controle voluntário.

A surpresa veio com a visualização de sua atividade cerebral. Como parte de um protocolo de pesquisa para monitorar o estado do córtex em pacientes vegetativos, ela passou por uma série de exames de IRMf (Imagens por Ressonância Magnética funcional). Quando ouvia sentenças, sua rede cortical para a linguagem mostrava-se plenamente ativa, o que deixou os pesquisadores estupefatos. Tanto o giro superior quanto o giro médio-temporal, que abrigam os circuitos para a audição e a compreensão da fala, entraram em ação de maneira muito intensa. Havia inclusive uma forte ativação no córtex frontal inferior esquerdo (área de Broca), quando as sentenças ficaram mais difíceis pela inclusão de palavras ambíguas.

Uma atividade cortical tão elevada sugeria que o processamento de fala dela incluía momentos de análise lexical e de integração na sentença. Mas será que realmente compreendia o que estava sendo dito? Por si só, a ativação da rede de linguagem não oferecia evidência conclusiva de consciência; vários estudos anteriores tinham mostrado que essa rede podia ser amplamente preservada durante o sono ou a anestesia.[17] Para descobrir se a paciente compreendia alguma coisa, Owen fez uma segunda série de escaneamentos em que as sentenças que ela ouvia veiculavam instruções complexas. Foram ditas a ela instruções do tipo "Imagine que está jogando tênis", "Imagine que está visitando os cômodos de sua casa" e "Apenas relaxe". As instruções dadas pediam que ela começasse e interrompesse essas atividades em momentos determinados. Episódios de trinta segundos de imaginação vivaz, estimulada pela emissão de palavras como "tênis" ou "navegação" alternavam com trinta segundos de repouso, sugeridos pela emissão da palavra "repouso".

Fora do scanner, Owen não tinha como saber se a paciente muda e inerte compreendia esses comandos, e muito menos se ela os seguia. Todavia, a IRMf ofereceu rapidamente a resposta: sua atividade mental seguiu de perto as instruções faladas. Quando lhe foi pedido que se imaginasse jogando tênis, a área motora suplementar ligou e desligou a cada trinta segundos, exatamente como pedido. E quando ela visitou mentalmente seu apartamento, uma rede cerebral distinta se acendeu, envolvendo áreas comprometidas com a representação do espaço: o giro para-hipocampal, o lobo parietal posterior e o córtex pré-motor. Surpreendentemente, ela ativou exatamente as mesmas regiões ativadas por sujeitos sadios quando realizam as mesmas tarefas mentais ligadas a imagens.

Então ela estava consciente? Alguns cientistas assumiram o papel de advogado do diabo.[18] Argumentaram que talvez fosse possível ativar essas áreas de maneira totalmente inconsciente, sem que a paciente compreendesse as instruções. A simples audição do substantivo *tênis* poderia bastar para ativar áreas motoras, precisamente porque a ação é parte integral do sentido dessa palavra. Analogamente, talvez a audição da palavra *navegação* bastasse para ativar um sentido de espaço. Talvez então, a ativação do cérebro poderia ocorrer automaticamente, sem a presença de uma mente consciente. E pensando mais filosoficamente: alguma imagem cerebral poderia provar ou refutar a existência de uma mente? O neurologista americano Allan Ropper expressou uma avaliação pessimista com um gracejo inteligente: "Os médicos e a sociedade não estão preparados para um '*Tenho ativação cerebral, logo existo*'. Isso seriamente colocaria Descartes na frente do cavalo".*[19]

Deixando de lado o jogo de palavras, a avaliação está errada. A neuroimagem chegou à maioridade, e mesmo um problema complexo como a identificação de uma consciência residual a partir de imagens do cérebro estritamente objetivas está na iminência de ser resolvido. As críticas, mesmo as aparentemente boas, foram abaladas quando Owen realizou um elegante experimento de controle. Escaneou voluntários normais enquanto ouviam as palavras *tênis* e *navegação* Não tinham recebido instruções sobre o que fazer quando as ouvissem.[20] Sem surpresa, até onde foi possível detectar, as ativações provocadas pelas duas palavras, não foram diferentes entre si. Nesses ouvintes passivos, o panorama da atividade mental diferiu da rede que se ativou quando a paciente de Owen ou os sujeitos analisados a título de controle receberam as instruções referentes à imaginação. Esse achado refutava claramente os advogados do diabo. No momento em que ativou suas áreas pré-motora, parietal e hipocampal de um modo relevante para a tarefa, a paciente de Owen fez muito mais do que reagir inconscientemente a uma única palavra – ela pareceu estar *pensando* na tarefa.

---

* N.T.: Em inglês, "Descartes" é pronunciado como "the cart", que significa "a carruagem" e o gracejo faz sentido na língua original, em que o provérbio é "To put the cart before the horse(s)" (em português, "Colocar a carruagem na frente dos bois"). Ambos recomendam respeito à ordem natural das coisas, na qual é o animal que puxa o veículo.

Como salientaram Owen e colegas, ouvir uma única palavra não provocaria atividade por inteiros trinta segundos, a menos que o paciente estivesse usando a palavra para realizar a tarefa mental solicitada. A partir da perspectiva teórica de meu modelo da área de trabalho neuronal global, se a palavra tivesse provocado somente uma ativação inconsciente, era de se esperar que ela se dissipasse rapidamente, voltando para a linha de base no máximo em poucos segundos. Ao contrário, a observação de uma ativação continuada de regiões pré-frontais e parietais específicas por trinta segundos refletia quase com certeza a presença de pensamentos conscientes na memória de trabalho. Embora Owen e seus colegas possam ser criticados por ter selecionado uma tarefa um tanto arbitrária, essa escolha foi inteligente e pragmática: a tarefa de imaginação era fácil para a paciente realizar, ainda que fosse difícil imaginar como a atividade cerebral que ela evocava pudesse ocorrer na ausência de consciência.

LIBERTANDO A BORBOLETA INTERIOR

Se restavam dúvidas de que os pacientes vegetativos podiam estar conscientes, um segundo artigo publicado na importante revista *New England Journal of Medicine* as dissipou por completo.[21] Esse artigo forneceu a prova de que a neuroimagem poderia abrir um canal de comunicação com pacientes vegetativos. O experimento foi surpreendentemente simples. Antes de mais nada, os pesquisadores replicaram o estudo de Owen envolvendo a imaginação. De um total de 54 pacientes com distúrbios de comportamento consciente, 5 apresentaram uma atividade cerebral diferenciada quando foram instruídos a imaginar uma partida de tênis ou uma visita à própria casa. Quatro deles eram vegetativos. Um deles foi então convidado para uma segunda sessão de IRM. Antes de cada sessão de scanner, foi-lhe feita uma pergunta de caráter pessoal como “Você tem irmãos?". Ele era incapaz de mover-se ou falar – mas Martin Monti e colaboradores lhe pediram uma resposta puramente mental. "Se quiser responder *sim*, disseram, "por favor imagine mentalmente estar jogando tênis. Se quiser responder *não*, por favor imagine estar visitando seu apartamento. Comece quando ouvir a palavra *responda*, e pare quando ouvir a palavra *relaxe*".

Essa estratégia inteligente deu resultados muito bons (Figura 30). Para cinco das seis perguntas, uma das duas redes cerebrais anteriormente identificadas apresentou uma ativação significativa. (Para a sexta pergunta, nenhuma das duas foi ativada, portanto nenhuma resposta foi marcada). Os pesquisadores não tinham como saber quais seriam as respostas corretas – mas quando compararam a atividade cerebral que tinham observado com a verdade dos fatos apresentada pela família do paciente, tiveram a satisfação de ver que todas as cinco respostas estavam corretas.

Vamos fazer uma pequena pausa para assimilar as implicações dessas descobertas surpreendentes. No cérebro do paciente, uma longa cadeia de processos mentais deve ter ficado intacta. Em primeiro lugar, o paciente compreendeu a pergunta, achou a resposta correta e a guardou na mente por vários minutos antes da operação de escaneamento. Isso implica que estavam intactas sua compreensão linguística, sua memória de longo prazo e sua memória de trabalho. Em segundo lugar, ele seguiu voluntariamente as instruções do experimentador, quando este associou arbitrariamente as respostas *sim* com jogar tênis e as respostas *não* com a navegação mental. Portanto, o paciente ainda era capaz de encaminhar informações, flexivelmente, por um conjunto arbitrário de módulos cerebrais – uma descoberta que por si só sugere que sua área de trabalho neuronal global estava intacta. Finalmente, o paciente aplicou as instruções no momento certo e mudou de resposta ao passar pelos cinco exames sucessivos.

Figura 30

Paciente que se encontra, aparentemente, em estado vegetativo

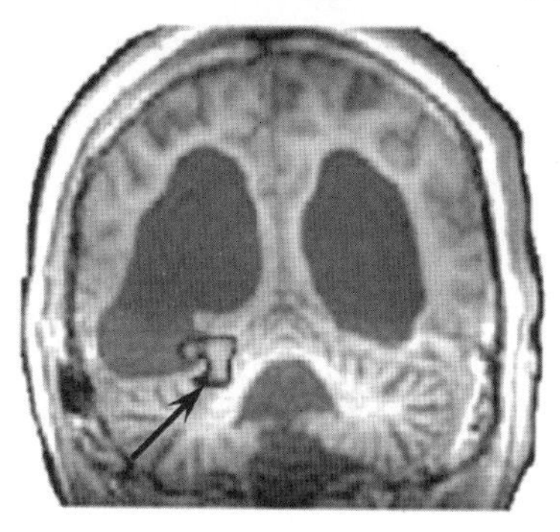

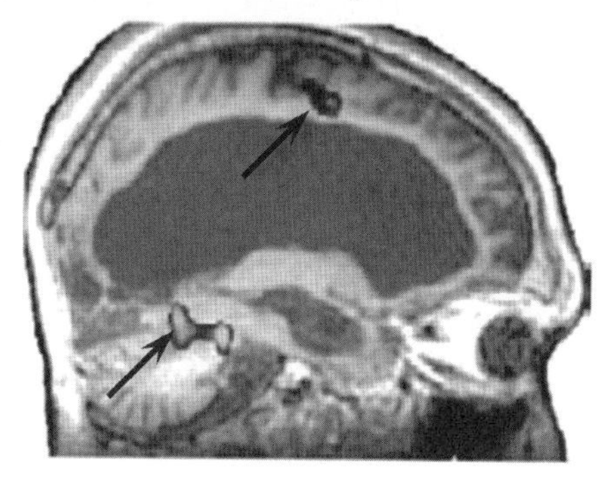

Indivíduo testado para fins de controle

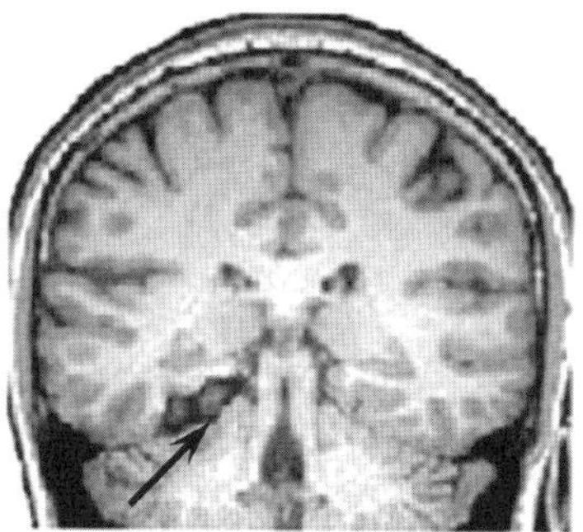

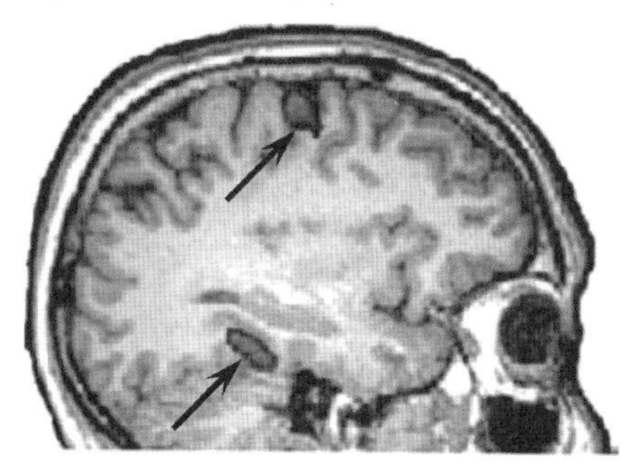

Alguns pacientes em aparente estado vegetativo apresentam atividade cerebral normal durante testes mentais complexos, o que leva a pensar que eles estão, de fato, conscientes. O paciente representado na figura de cima já não era capaz de se mover ou falar, mas deu um retorno correto às perguntas verbais, ativando seu cérebro. Para responder "não", foi instruído a imaginar que estava visitando seu apartamento; e para responder "sim", imaginar que estava jogando tênis. Quando lhe perguntaram se o nome de seu pai era Thomas, suas regiões cerebrais para a navegação espacial entraram em ação exatamente como aconteceria em um sujeito normal, e assim ele deu a resposta correta: "não". Como o paciente não apresentava absolutamente nenhum sinal de comunicação visível nem de consciência, considerava-se que estaria em estado vegetativo. As grandes lesões do paciente são claramente visíveis.

Essa capacidade de atenção executiva e de mudança de tarefas faz pensar que o sistema executivo central foi preservado. Embora as evidências continuem limitadas (um estatístico exigente teria exigido que ele respondesse a vinte perguntas em vez de apenas cinco), é difícil evitar a conclusão de que esse paciente tinha uma mente consciente e obstinada.

Essa conclusão abala as categorias clínicas estabelecidas e nos obriga a encarar uma dura realidade: alguns pacientes são vegetativos somente na aparência. A borboleta da consciência ainda tremula por aí, mesmo que uma bateria completa de exames médicos não seja capaz de detectá-la.

Assim que a pesquisa de Owen saiu publicada, a notícia foi reproduzida em jornais. Infelizmente seus achados sofreram má interpretação. Uma das conclusões mais disparatadas de jornalistas foi que "os pacientes em coma são pacientes conscientes". Nada disso! O estudo tratava somente de casos de indivíduos em estado vegetativo ou minimamente conscientes, não havia um único caso de paciente em coma. E mesmo assim, somente uma pequena proporção, 10% ou 20%, respondeu ao teste; isso sugere que essa síndrome do "superencarceramento" é relativamente rara.

Na realidade, não temos uma ideia dos números exatos, pois o exame de neuroimagem é desigual. Quando produz uma resposta positiva, a presença da consciência é quase uma certeza; por outro lado, um paciente pode estar consciente e ainda assim não responder ao exame por vários motivos que incluem surdez, distúrbios de linguagem, baixo grau de alerta ou incapacidade de manter a atenção. Um fato impressionante: os únicos pacientes que responderam tinham sobrevivido a um acidente cerebral traumático. Outros pacientes, nos quais a perda de consciência foi causada por um AVC grave ou por uma falta de oxigênio, apresentaram incapacidade total de realizar a tarefa, talvez porque o cérebro, como o de Terri Schiavo, tenha sofrido dano difuso e irreversível nos neurônios corticais. O "milagre" de encontrar uma consciência intacta em um paciente vegetativo dizia respeito somente a um pequeno subconjunto de casos, e usar esse fato como base para manter vivo, com apoio médico ilimitado, qualquer paciente em coma seria algo completamente irracional.

Talvez ainda mais surpreendente é que 30 dos 31 pacientes *minimamente conscientes* fracassaram no teste. Em exames realizados no leito, todos esses pacientes manifestavam sinais de preservação do controle e da consciência. Mas, por uma terrível ironia, todos, exceto um, perderam a chance de provar definitivamente essa condição durante o exame de neuroimagem. Por que seria? Talvez o exame tenha sido realizado em um momento de menor alerta. Talvez eles tivessem dificuldade para se concentrar no ambiente estranho e barulhento da máquina de ressonância magnética. Ou talvez suas funções cognitivas estivessem muito debilitadas para executar essa complexa tarefa. No mínimo duas conclusões saem disso: em primeiro lugar, o diagnóstico clínico de "consciência mínima" certamente não quer dizer que esses pacientes têm uma mente consciente perfeitamente normal; e segundo, o teste de imaginação de Owen provavelmente subestima em grande medida a consciência.

Por essas questões, teste algum provará sozinho a presença da consciência. Uma abordagem ética consistiria em desenvolver uma bateria completa de testes, verificando qual deles, se é que existe, seria capaz de estabelecer comunicação com a borboleta interior de um paciente. O ideal seriam testes muito mais simples do que ter de imaginar um jogo de tênis. Além disso, deveriam ser repetidos por vários dias, de modo a não deixar escapar um paciente confinado cujo estado de consciência flutue ao longo do tempo. Infelizmente, a IRMf é uma péssima ferramenta para esse fim, porque o equipamento é tão complexo e caro que os pacientes, normalmente, passam por apenas uma ou duas sessões de scanner. Como o próprio Adrian Owen observou, "É ruim abrir um canal de comunicação com um paciente, e depois não seguir dando acesso a uma ferramenta que ele e a família possam manter rotineiramente".[22] Mesmo o segundo paciente de Owen, que deu sinais tão claros de querer responder, só pôde ser testado uma vez, e depois retornou à prisão de sua condição de enclausurado.

Percebendo a urgência de ir além desse estado frustrante, algumas equipes de pesquisa estão agora desenvolvendo interfaces cérebro-computador que se baseiam na tecnologia mais simples da eletroencefalografia – uma técnica barata, quase sempre disponível nas clínicas, que requer somente a amplificação dos sinais elétricos emitidos na superfície da cabeça.[23]

Infelizmente, jogar tênis e "navegar" pelo próprio apartamento são coisas um tanto difíceis de rastrear por EEG. Em um dos estudos, os pesquisadores se valeram de uma instrução mais simples dada aos pacientes: "Toda vez que você ouvir um bipe, tente imaginar que está fechando a mão direita formando um punho e em seguida relaxe-a. Concentre-se no modo como seus músculos se sentiriam se você estivesse realmente fazendo esse movimento".[24] Em outra prova, os pacientes tinham que imaginar que estavam balançando os dedões de seus pés. Enquanto os pacientes realizavam mentalmente essas ações, os pesquisadores procuravam padrões distintos de atividade do córtex motor no EEG. Para cada paciente, um algoritmo computadorizado de aprendizado por máquina tentou separar os sinais nos testes com punho *versus* testes com dedões. E em 3 dos 16 pacientes vegetativos, isso pareceu funcionar – mas a técnica continua muito pouco confiável para que se possa excluir o acaso no resultado.[25] (Mesmo com participantes sadios e conscientes, funcionou somente em 9 de 12 ocasiões). Outra equipe, atuando em Nova York sob a direção de Nicholas Schiff, realizou um teste em que cinco voluntários saudáveis e três pacientes precisavam imaginar ou que estavam nadando ou visitando seu apartamento.[26] De novo, embora o teste parecesse ter dado resultados confiáveis, os números foram pequenos demais para serem conclusivos.

Apesar de limitações, essa comunicação baseada em EEG representa o caminho mais prático para a pesquisa futura.[27] Muitos engenheiros abraçaram o desafio de conectar um computador ao cérebro, e estão desenvolvendo sistemas cada vez mais sofisticados. Enquanto a maioria desses sistemas ainda se baseia no olhar e na atenção visual, que é incômodo para muitos pacientes, há avanços em andamento na decodificação da atenção auditiva e na representação motora. A indústria dos jogos vem se associando com recursos de captação mais leves e sem fios. É possível inclusive implantar cirurgicamente eletrodos no córtex de pacientes paralisados. Usando um dispositivo desse tipo, um paciente quadriplégico conseguiu controlar mentalmente um braço robótico.[28] Talvez, se esse recurso for aplicado nas áreas da linguagem, um sintetizador de fala poderá um dia transformar em palavras reais o que o paciente tem em mente.[29]

Grandes caminhos acabam de ser abertos. Eles não só levarão a melhores dispositivos de comunicação para pacientes confinados, como também haverão de proporcionar novos meios para detectar a consciência residual. Em certos centros avançados de pesquisa clínica, como o Coma Science Group, liderado por Steven Laureys em Liège, Bélgica, interfaces cérebro-computador já são incluídas nas baterias de testes sistematicamente realizadas sempre que um paciente vegetativo dá entrada. Imagino que daqui a 20 anos será perfeitamente banal ver pacientes quadriplégicos e confinados guiando sua cadeira de rodas mediante um simples ato de vontade.

DETECÇÃO CONSCIENTE DE NOVIDADES

Embora eu admire a pesquisa inovadora de Adrian Owen, o teórico que há em mim permanece frustrado. Responder satisfatoriamente ao teste que ele propôs sem dúvida requer uma mente consciente, mas o exame não se relaciona facilmente com alguma teoria específica da consciência. Como esse teste envolve linguagem, memória e imaginação, muitos são os modos como o paciente poderia falhar, sem por isso deixar de estar consciente. Não haveria um teste muito mais simples e transparente para a consciência? Graças aos avanços dos exames de neuroimagem, muitas marcas da consciência podem ser identificadas. Quem sabe talvez monitorar essas marcas para decidir se um paciente é ou não consciente? Um teste teórico mínimo desse tipo teria também a vantagem de ajudar na difícil questão de determinar se crianças pequenas, bebês prematuros e mesmo ratos e macacos possuem uma forma de consciência.

Em 2008, durante um almoço memorável em Orsay, no sul de Paris, meus colegas Tristan Beckinschtein, Lionel Naccache, Mariano Sigman e eu nos fizemos esta inocente pergunta: se precisássemos planejar o detector de consciência mais simples possível, como procederíamos? Decidimos rapidamente que ele teria que se basear no EEG – a mais simples e barata de todas as técnicas de neuroimagem. Também decidimos que deveria basear-se em estímulos auditivos, porque a audição fica preservada na maioria dos pacientes, enquanto a visão é frequentemente prejudicada. A decisão de usar a audição levantou alguns problemas, porque as marcas de consciência que tínhamos descoberto se baseavam sobretudo em experimentos visuais. Ainda assim, estávamos confiantes de que os princípios gerais do acesso consciente que tínhamos revelado poderiam ser generalizados para a modalidade auditiva.

Decidimos tirar proveito da mais clara das marcas que tínhamos gravado experimento após experimento: a enorme onda P3, que representa a ativação síncrona da rede cerebral das regiões corticais. Provocar uma P3 auditiva é particularmente simples. Imagine-se ouvindo uma sinfonia e de repente toca o celular de alguém. Esse som inesperado dispara uma imensa onda P3, à medida que você reorienta sua atenção e toma conhecimento desse evento anormal.[30]

Segundo nosso plano, apresentaríamos uma série de sons repetidos regularmente: *bip*, *bip*, *bip*, *bip*... Num momento imprevisível, surgiria um som estranho, *bup*. Quando um sujeito está acordado e atento, esse acontecimento anormal gera sistematicamente um evento do tipo P3, nosso "procurador" da consciência. Para garantir que essa resposta do cérebro não decorria simplesmente da intensidade do som ou de outro traço de baixo nível, inverteríamos os sons, num conjunto separado de tentativas: *bup* se tornaria o padrão, e *bip* o desvio. Usando esse truque, poderíamos provar que a P3 tinha ocorrido apenas por causa da improbabilidade do som no contexto dado.

Esse cenário, no entanto, tinha uma complicação persistente. Os sons desviantes provocam não só uma onda P3, mas também uma série de respostas anteriores do cérebro que, reconhecidamente, refletem processamentos inconscientes. Apenas 100 milissegundos depois do começo do som, o córtex auditivo já está gerando uma ampla resposta ao desviante. Essa resposta tem sido chamada "resposta de incompatibilidade" ou "negatividade de incompatibilidade" (MMN, na sigla em inglês) porque aparece como uma voltagem negativa no alto da cabeça.[31] O problema é que essa MMN não é uma marca distintiva da consciência; é uma resposta automática a qualquer novidade auditiva que ocorre quando a pessoa está prestando atenção, divagando com a mente, lendo um livro, assistindo a um filme ou mesmo quando está dormindo ou em coma. Efetivamente, nosso sistema nervoso contém um detector inconsciente de novidades. Para detectar rapidamente sons desviantes, compara inconscientemente os estímulos correntes a uma predição baseada nos sons passados. Esse tipo de predição é onipresente: qualquer placa do córtex provavelmente abriga uma simples rede de neurônios que prediz e compara.[32] Essas operações são automáticas, e somente seu desfecho atrai nossa atenção e consciência.

Isso significa que, como uma marca da consciência, o paradigma do "som fora do lugar" não serve: até mesmo o cérebro de um indivíduo em coma pode ter um sobressalto ao ouvir um som inesperado. A resposta MMN mostra apenas que o córtex auditivo está apto o suficiente para detectar a novidade, não que o paciente está consciente.[33] Essa resposta pertence ao catálogo das operações sensoriais iniciais sofisticadas, mas operam fora da consciência. Eu e minha equipe precisávamos avaliar os acontecimentos cerebrais subsequentes: o cérebro do paciente geraria a avalanche tardia de atividade neuronal que indica a consciência?

Para criar uma versão "do som fora de lugar" que provoca uma reação tardia e consciente em relação à introdução da novidade, inventamos um truque que opunha entre si novidades locais e globais. Imagine que você ouve uma sequência de cinco sinais sonoros que terminam com um som diferente: *bip, bip, bip, bip, bup*. Em resposta ao som final desigual, seu cérebro gera inicialmente tanto um MMN imediato como um P3 tardio. Repita agora essa sequência por várias vezes. Seu cérebro fica logo acostumado a ouvir quatro *bip*s seguidos por um *bup* – num nível consciente, foi-se a surpresa. Note-se que o segmento desviante final continua a gerar uma resposta imediata

MMN. O córtex auditivo, evidentemente, abriga um mecanismo de detecção de novidades um tanto estúpido. Em vez de reagir ao padrão total, persiste na predição míope de que os *bips* são seguidos por *bips* – algo que é evidentemente contrariado pelo *bup* final.

Curiosamente, a onda P3 é uma "fera" muito mais esperta. Mais uma vez, ele rastreia de perto a consciência: tão logo o sujeito nota o padrão global de cinco sons sem se surpreender pela mudança final, o P3 desaparece. Assim que essa expectativa consciente é estabelecida, podemos transgredi-la apresentando, em raras ocasiões, cinco sons idênticos *bip, bip, bip, bip, bip.* Esse desvio raro pode, sim, provocar uma onda P3 tardia. Note-se o quanto isso é curioso – o cérebro classifica uma sequência perfeitamente uniforme de sons como nova. Ele só faz isso porque detecta que essa sequência se desvia de uma outra previamente registrada na memória de trabalho.

Nosso objetivo foi alcançado: podemos provocar uma autêntica onda P3 na ausência de respostas inconscientes anteriores. Podemos mesmo ampliá-la pedindo que nossos sujeitos façam uma contagem das sequências desviantes. A contagem explícita engrossa grandemente a onda P3 observada, tornando-a um marcador facilmente detectável (Figura 31). Quando vemos isso, podemos ter certeza de que o paciente está atento e capaz de seguir nossas instruções.

De modo empírico, o teste local-global funciona perfeitamente. Eu e meu time detectamos com facilidade a resposta global P3 em todas as pessoas normais, mesmo depois de sessões de gravação curtas. Além disso, ela esteve presente apenas quando os sujeitos estavam atentos e cientes da regra como um todo.[34] Quando os distraímos por meio e uma tarefa visual difícil, o P3 auditivo desapareceu. Quando deixamos que divagassem, o P3 esteve presente somente naqueles que, no final do experimento, mostraram-se capazes de relatar a regularidade auditiva e suas transgressões. Os participantes que haviam esquecido a regra não tinham P3 nenhum.

A rede das áreas ativadas por desvios globais também sugere uma ativação consciente. Usando o EEG, a IRMf e as gravações intracranianas em pacientes epiléticos, confirmamos que a rede global da área de trabalho entra em ação sempre que aparece a sequência globalmente desviante. Assim que ouve uma sequência desviante, a atividade do cérebro não fica confinada no córtex auditivo, mas invade um amplo circuito da área de trabalho, que inclui o córtex pré-frontal, o cingulado anterior, o parietal e mesmo algumas áreas occipitais. Isso faz com que a informação sobre o caráter inesperado do som seja transmitida globalmente – um sinal de que essa informação é consciente.

Figura 31

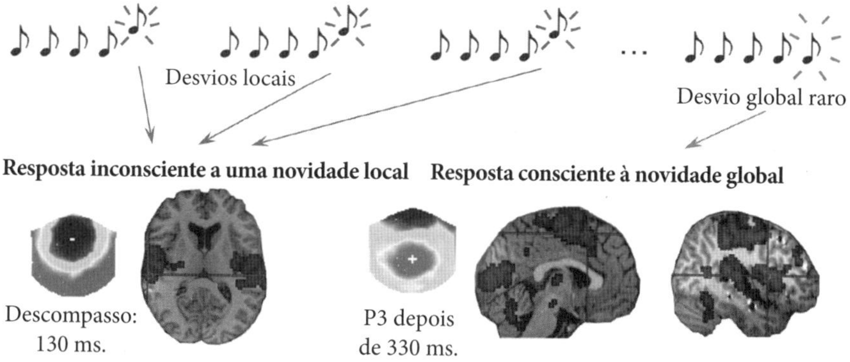

Desvios locais

Desvio global raro

Resposta inconsciente a uma novidade local **Resposta consciente à novidade global**

Descompasso: 130 ms.

P3 depois de 330 ms.

O teste global-local pode detectar uma consciência residual em pacientes que sofreram acidentes. Consiste em repetir muitas vezes uma sequência idêntica de cinco sons. Quando o último som difere dos primeiros quatro, as áreas auditivas reagem com uma "resposta de descompasso" – uma reação automática à novidade que é totalmente inconsciente e persiste mesmo durante sono profundo e coma. Conscientemente, porém, o cérebro se adapta rapidamente à melodia que vai sendo repetida. Depois dessa adaptação, é agora a ausência de um final diferente que dispara uma resposta à novidade. Essencialmente, esta última resposta parece existir apenas em pacientes conscientes. Ela apresenta todas as marcas da consciência, incluindo uma onda P3 e uma ativação síncrona das áreas parietais e pré-frontais distribuídas pelo cérebro.

Esse teste funcionaria também em um contexto clínico? Pacientes conscientes reagiriam à novidade auditiva global? Nosso primeiro teste com oito pacientes foi bastante feliz.[35] Em todos os quatro pacientes vegetativos não houve resposta para os desvios globais, mas em três dos quatro minimamente conscientes essa reposta esteve presente (e esses três pacientes, mais tarde, recuperaram a consciência).

Meu colega Lionel Naccache começou então a aplicar esse teste rotineiramente no Hospital Salpêtrière em Paris, com resultados muito positivos.[36] Sempre que a resposta global estava presente, o paciente parecia estar consciente. Dentre 22 pacientes em estado vegetativo, somente dois indivíduos apresentaram uma onda global P3, e eles recuperaram algum grau de consciência mínimo nos dias seguintes, sugerindo, assim, que poderiam ter estado conscientes durante o teste, exatamente como os pacientes que responderam positivamente a Owen.

Nas UTIs, nosso teste local-global pode proporcionar uma ajuda vital. Por exemplo, devido a um terrível acidente de carro, um jovem ficara em coma por três semanas, totalmente irresponsivo, apresentando tantas complicações que a equipe médica discutiu a ideia de interromper o tratamento. Mas seu cérebro ainda apresentava uma resposta robusta a desvios globais. Estaria ele confinado transitoriamente num bloqueio, incapacitado de expressar sua consciência residual? Lionel convenceu os médicos de que uma evolução positiva ainda poderia ocorrer nos dias seguintes... e foi o que aconteceu: o paciente recuperou mais tarde o estado de consciência pleno. Na realidade, sua condição médica melhorou tanto que ele conseguiu voltar a ter uma vida praticamente normal.

A teoria da área de trabalho global ajuda a explicar por que o teste funciona. Para detectar a sequência repetida, os participantes precisam armazenar na memória uma sequência de cinco sons. Em seguida terão que comparar essa sequência com outra, que chega mais de um segundo depois. Como discutimos no capítulo "Para que serve a consciência?", a capacidade de guardar informação na mente por alguns segundos é uma das marcas registradas da mente consciente. Em nosso teste, essa função intervém de duas maneiras diferentes: a mente precisa integrar as notas individuais em um padrão mais abrangente e precisa comparar vários desses padrões.

Nosso teste explora também um segundo nível de processamento de informações. Pense nas operações necessárias para decidir que uma sequência perfeitamente monótona de bipes é, de fato, nova. Depois de ter ouvido a sequência padrão *bip, bip, bip, bip, bup*, nosso cérebro se acostuma com o som final diferente. Embora esse som ainda gere um sinal de novidade de primeira ordem nas áreas auditivas, um sistema de segunda ordem dá conta de predizê-lo.[37] Nas raras ocasiões em que a sequência monotônica de cinco bips é ouvida, este sistema de segunda ordem acusa uma surpresa. A novidade, de fato, é que não há novidade no segmento final. Nosso teste funciona porque contorna o detector de novidades de primeira ordem e entra seletivamente num estágio de segunda ordem, estreitamente relacionado com a ignição global do córtex pré-frontal e, portanto, com a consciência.

*PINGING** O CÓRTEX

Meu grupo de pesquisa e eu temos agora um número suficiente de histórias de sucesso para acreditar que nosso teste global-local classifica a consciência. Mas o teste ainda está longe de ser perfeito. Tivemos um número muito grande de falsos negativos – pacientes que se recuperaram do coma e agora estão claramente conscientes, mas nos quais nosso teste falhou. Conseguimos ir um pouco mais longe aplicando um sofisticado algoritmo de aprendizado de máquina aos nossos dados.[38] Essa ferramenta permite-nos vasculhar o cérebro em busca de qualquer resposta a uma novidade global, mesmo que incomum e limitada a um único paciente. Ainda assim, em cerca de metade dos pacientes que estavam minimamente conscientes, ou cujas capacidades de comunicação voltaram, continuamos incapazes de detectar qualquer reação para as sequências raras.

Os estatísticos descrevem isso como um caso de alta especificidade, mas de pequena sensitividade. Em termos simples, nosso teste, como de Owen, é assimétrico: se ele der uma resposta positiva,

* N.T.: *Pinging* é uma operação que os usuários de computador aplicam para avaliar a eficiência de sua máquina.

estaremos quase certos de que o paciente *é* consciente, mas se ele der uma resposta negativa não podemos usar isso para concluir que o paciente *não é* consciente. São muitas as razões possíveis para essa baixa sensitividade. Nossa gravação EEG pode ter sido barulhenta demais; é sabidamente difícil obter um sinal claro de um leito de hospital, cercado de pilhas de equipamentos eletrônicos e com um paciente que é frequentemente incapaz de ficar imóvel ou manter fixo o olhar. O mais provável é que alguns dos pacientes conscientes sejam incapazes de compreender o teste. Suas lesões são tão extensas que não conseguem contar os desvios sonoros, ou mesmo detectá-los – ou simplesmente concentrar a atenção nos sons por mais do que uns poucos segundos.

Ainda assim, esses pacientes têm uma vida mental ativa. Se nossa teoria estiver correta, o cérebro deles continua capaz de propagar informação global cobrindo longas distâncias corticais. Então, como os pesquisadores poderiam detectar isso? No final dos anos 2000, Marcello Massimini, da Universidade de Milão, teve uma ideia engenhosa.[39] Como todos os testes de consciência de meu laboratório envolviam o acompanhamento da progressão de um sinal sensorial no cérebro, Massimini propôs usar um estímulo interior. Vamos provocar uma atividade elétrica diretamente no córtex – pensou ele. Como o *ping* do pulso de um sonar, esse estímulo intenso se propagaria no córtex e no tálamo, e a força e duração de seu eco indicaria a integridade das áreas atravessadas. Se a atividade fosse transmitida a regiões distantes e reverberasse por um tempo longo, então o paciente estaria provavelmente consciente. Note-se que o paciente não precisaria nem mesmo prestar atenção no estímulo ou compreendê-lo. Um pulso poderia sondar as condições das vias corticais de longa distância mesmo que o paciente ficasse alheio a isso.

Para implementar essa ideia, Massimini utilizou uma combinação sofisticada de duas tecnologias: EMT e EEG. A estimulação magnética transcraniana, como expliquei no capítulo "As marcas distintivas de um pensamento consciente", usa a indução magnética para estimular o córtex mediante uma descarga de corrente em uma bobina colocada perto da cabeça; o EEG, como o leitor já sabe, é apenas a velha e boa gravação das ondas cerebrais. O truque de Massimini pretendia "dar um *ping* no córtex", usando a EMT e depois utilizar o EEG para gravar a propagação da atividade cerebral provocada por esse pulso magnético. Isso demandava amplificadores especiais, que se recuperariam rapidamente da intensa corrente liberada pela EMT e produziriam uma representação exata da atividade consequente poucos milissegundos mais tarde.

Os resultados de Massimini são instigantes até hoje. Ele aplicou a técnica, primeiramente, em sujeitos normais durante a vigília, o sono e a anestesia. Durante a perda do estado consciente, o pulso da EMT causou somente uma ativação curta e focal, que ficou limitada aos 200 primeiros milissegundos, ou coisa parecida. Em contraste, sempre que o participante se encontrava consciente – ou mesmo sonhando – esse mesmo pulso provocou uma sequência complexa e duradoura de atividade cerebral. A localização exata do ponto de estimulação não pareceu ter importância: toda vez que o pulso disparador inicial entrou no córtex, a complexidade e duração da resposta subsequente fornecerem um índice excelente de estado consciente.[40] Essa observação pareceu altamente compatível com aquilo que minha equipe tinha descoberto usando estímulos sensoriais: a difusão de sinais em uma escala de rede cerebral, acima de 300 milissegundos, é indício do estado consciente.

Massimini deu continuidade a esse tipo de pesquisas, testando outros pacientes: cinco em estado vegetativo, cinco minimamente conscientes e dois com a síndrome do encarceramento.[41] Embora os números sejam pequenos, o teste foi 100% positivo: todos os pacientes conscientes apresentaram respostas complexas e de duração longa para um impulso cortical. Mais cinco pacientes em estado vegetativo foram em seguida acompanhados por vários meses. Durante esse período, três deles passaram para a categoria de "minimamente conscientes", recuperando aos poucos algum grau de comunicação. Esses foram precisamente os três pacientes em quem os sinais cerebrais progrediram em complexidade. E, compatibilizando com o modelo da área de trabalho global, a progressão dos sinais nas regiões pré-frontal e parietal foi um índice particularmente bom do nível de consciência dos pacientes.

DETECTANDO PENSAMENTO ESPONTÂNEO

Somente o tempo poderá dizer se o teste de pulso de Massimini é tão bom quanto parece e se se tornará uma ferramenta clínica padrão para detectar a consciência em determinados pacientes. O que ele tem de mais instigante é que parece funcionar em qualquer caso particular. A tecnologia, no entanto, continua complexa. Nem todo hospital tem um sistema de EEG capaz de absorver os fortes choques gerados por um estimulador magnético transcraniano. Em teoria, deveria existir uma solução muito mais simples. Se a hipótese da área de trabalho global está correta, mesmo no escuro, na ausência de qualquer estimulação externa, uma pessoa consciente deveria exibir marcas detectáveis de comunicação cerebral de longa distância. Uma corrente constante de atividade cerebral deveria passar entre os lobos pré-frontal e parietal, gerando períodos flutuantes de sincronia com regiões distantes do cérebro. Essa atividade deveria estar associada com uma condição aumentada de atividade elétrica, principalmente nas frequências média (beta) e alta (gama). Essa difusão de longa distância deveria gastar uma grande quantidade de energia. Não poderíamos simplesmente detectar isso?

Sabemos há muitos anos que o metabolismo global do cérebro, medido pelas tomografias por emissões de pósitron (PET), decai durante a perda de consciência. Um scanner PET (PET-Scan) é um detector sofisticado de raios gama de alta energia, que pode ser usado para medir a quantidade de glicose (uma fonte química de energia) consumida em qualquer parte do corpo. O truque é injetar no paciente com um precursor de glicose, marcado com traços de um componente radioativo, e usar o scanner para detectar os picos de desintegração radioativa. As localizações dos picos de radioatividade indicam em que lugar do cérebro a glicose está sendo consumida. O resultado impressionante é que em pessoas normais, a anestesia e o sono profundo causam uma redução de 50% no consumo de glicose por todo o córtex. Um estado semelhante de queda de consumo de energia ocorre durante o coma e o estado vegetativo. Já na década de 1990, a equipe de Steven Laurey, em Liège, produziu imagens impressionantes de anomalias no metabolismo cerebral no estado vegetativo (Figura 32).[42]

Importante: a redução no consumo de glicose, e o metabolismo do oxigênio diferem de uma área do cérebro para outra. A perda de consciência parece associada especificamente a uma queda de atividade das regiões bilaterais pré-frontal e parietal, bem como das áreas da linha mediana do cingulado e do pré-cúneo. Essas regiões coincidem quase exatamente com nossa área de trabalho global, as regiões mais ricas em projeções corticais de longa distância – confirmando mais uma vez que esse sistema de área de trabalho é crucial para a experiência consciente. Outras regiões isoladas do córtex sensorial e motor podem ficar anatomicamente intactas e metabolicamente ativas, mesmo na ausência de qualquer resposta consciente.[43] Por exemplo, pacientes vegetativos que fazem movimentos faciais ocasionais mostram uma atividade preservada nas áreas motoras focais. Nos últimos 20 anos, um paciente vinha emitindo palavras ocasionais, aparentemente inconsciente e sem qualquer relevância para a circunstância. Sua atividade neuronal e seu metabolismo ficavam confinados em poucas ilhas preservadas no córtex, nas áreas da linguagem do hemisfério esquerdo. Claramente, uma ativação esporádica desse tipo não bastava para confirmar um estado consciente: tornava-se necessária uma comunicação mais ampla.

Figura 32

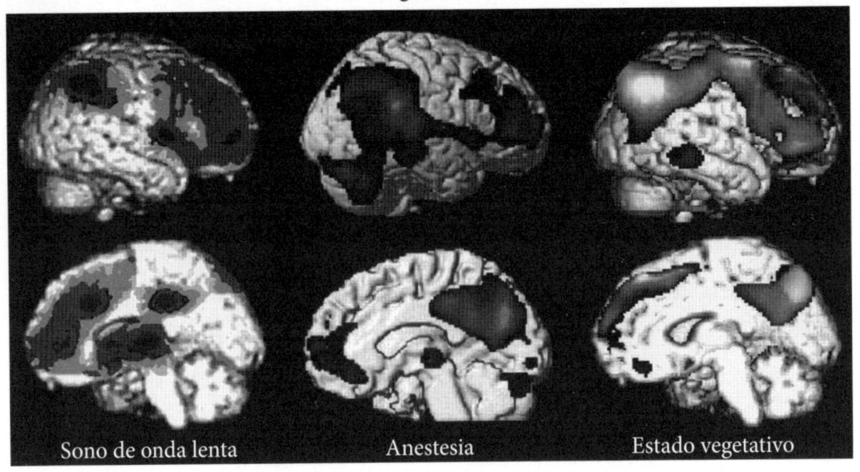

Reduções no metabolismo frontal e parietal estão na base da perda de consciência no sono de onda lenta, na anestesia e em pacientes em estado vegetativo. Embora outras regiões possam também apresentar uma atividade reduzida, as áreas que formam a área de trabalho neuronal global exibem uma queda no consumo de energia que pode reproduzir-se quando há perda da consciência.

Infelizmente, o metabolismo cerebral, por si só, não basta para inferir presença ou ausência de consciência residual. Alguns pacientes vegetativos têm um metabolismo cortical praticamente normal; presume-se que sua lesão afetou apenas as estruturas ascendentes do diencéfalo, não o próprio córtex. Por outro lado, e mais importante, muitos pacientes vegetativos que se recuperam parcialmente e passam para a categoria de "minimamente conscientes" não exibem um metabolismo normal. A comparação entre imagens anteriores e posteriores à recuperação revela um aumento no consumo de energia nas regiões da área de trabalho, mas o ganho é pequeno. O metabolismo em geral não consegue voltar ao normal, talvez porque o córtex continua danificado e sem possibilidade de recuperação. Mesmo as imagens minuciosas das lesões, obtidas com os melhores recursos de imagens por ressonância, são somente indicativas:[44] elas não são capazes de fornecer um conjunto de estimativas infalíveis da consciência. Usando apenas imagens metabólicas ou anatômicas, não tem sido possível ainda medir com precisão a circulação de informações neuronais que fundamentam o estado consciente.

Com o objetivo de criar um detector mais confiável da consciência residual, Jan-Rémi King, Jacobo Sitt e Lionel Naccache e eu voltamos à ideia de usar o EEG bruto como um marcador de comunicação cortical.[45] A equipe de Naccache tinha obtido cerca de 200 gravações de alta densidade, com 256 eletrodos monitorando a atividade elétrica de pacientes vegetativos, minimamente conscientes ou conscientes. Poderíamos usar essas mensurações para quantificar as trocas de informações no córtex? Pesquisando a literatura, Sitt, um físico genial, cientista da computação e psiquiatra, apareceu com uma ideia brilhante. Ele "bolou" um programa rápido para computar uma quantidade matemática chamada "peso da informação mútua simbólica", destinada a avaliar quanto de informação está sendo compartilhado entre dois pontos do cérebro.[46]

Figura 33

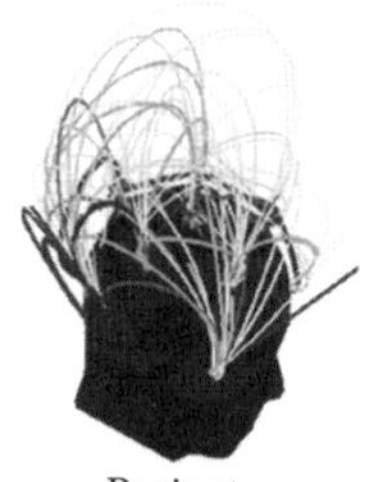

Informação trocada através de longas distâncias corticais é um indicador excelente do estado de consciência de pacientes lesionados. Para criar essa imagem, sinais cerebrais eletroencefalográficos foram gravados a partir de 256 eletrodos colocados em cerca de 200 pacientes com ou sem perda de consciência. Para cada par de eletrodos, simbolizados por um arco, calculamos um índice matemático da quantidade de informação compartilhada pelas áreas cerebrais subjacentes. Os pacientes em estado vegetativo apresentaram uma quantidade muito menor de informações compartilhadas do que os pacientes conscientes e os sujeitos do grupo de controle. Essa descoberta se encaixa com um princípio da teoria da área de trabalho global, segundo o qual a troca de informações é uma função essencial para a consciência. Um estudo posterior feito a título de acompanhamento mostrou que os poucos pacientes vegetativos que apresentaram um alto compartilhamento de informações tiveram melhores chances de recuperar a consciência nos dias ou meses seguintes.

Aplicada aos dados de nossos pacientes, essa medição separou claramente os pacientes vegetativos de todos os demais (Figura 33). Comparado com os sujeitos conscientes, o grupo vegetativo mostrou um nível muito reduzido de compartilhamento de informações. Isso foi particularmente verdadeiro quando restringimos a análise a pares de eletrodos distantes entre si pelo menos sete ou oito centímetros – mais uma vez, a transmissão em longa distância ficou restrita aos cérebros conscientes. Usando outra medida direcional, vimos que a comunicação do cérebro é bidirecional: áreas especializadas da parte de trás do cérebro estavam se comunicando com as áreas generalistas dos lobos parietais e pré-frontais, que davam sinais de retorno.

A consciência dos pacientes também se refletiu em muitas outras características dos EEGs.[47] As medidas matemáticas da quantidade de energia em diferentes faixas de frequência mostraram, conforme esperado, que a perda de consciência levava ao desaparecimento das altas frequências que caracterizam a codificação e processamento neural, em favor das baixíssimas frequências que são típicas do sono e da anestesia.[48] Medições da sincronia entre essas oscilações cerebrais confirmaram que, durante o estado consciente, as regiões corticais tenderam a harmonizar suas trocas.

Cada uma dessas quantidades matemáticas lançou uma luz ligeiramente diferente sobre o fenômeno da consciência, fornecendo visões complementares referentes ao mesmo estado de consciência. Para combiná-las, Jean-Rémy King elaborou um programa que detectou, quase automaticamente, qual combinação de medidas oferecia uma predição ótima do estado clínico do paciente. Vinte minutos de gravação EEG forneciam um diagnóstico excelente. Quase nunca confundimos um paciente em estado vegetativo com um consciente. A maioria dos erros de nosso programa consistiram em classificar um paciente minimamente consciente como vegetativo. Não podemos garantir que eles não eram, de fato, precisos: durante esses 20 minutos, um paciente minimamente consciente poderia ter escapado – e portanto, a repetição do teste em outro dia poderia ter melhorado o diagnóstico.

O erro inverso também aconteceu: nosso programa classificou um paciente como minimamente consciente, enquanto o exame clínico o colocava na categoria vegetativa. Era mesmo um erro? Não poderia tratar-se daqueles pacientes paradoxais que parecem vegetativos, mas estão, de fato, conscientes e completamente travados? Quando examinamos a história clínica de nossos pacientes nos meses posteriores às gravações dos EEGs, vimos um resultado muito animador. Para dois terços deles, nosso programa de computador concordava com o diagnóstico clínico de estado vegetativo – e somente 20% se recuperaram, passando à categoria de minimamente conscientes. No terço restante, todavia, nosso sistema detectou um indício de consciência onde o clínico não tinha visto nenhum – e entre esses casos, exatamente 50% recuperaram um evidente estado clínico de consciência nos meses seguintes.

A diferença nos prognósticos tem implicações enormes. Significa que, usando medidas cerebrais automatizadas, podemos detectar traços de consciência muito antes que se manifestem de forma visível. Nossas marcas de consciência com fundamentação teórica tornaram-se mais sensíveis do que a do clínico experiente. A nova ciência da consciência está proporcionando seus primeiros frutos.

RUMO A INTERVENÇÕES CLÍNICAS

"Não podes curar uma mente doente?
Afastar da mente dela a lembrança da dor?
Eliminar os pensamentos que torturam seu cérebro?"

Shakespeare, *Macbeth* (1606)

Detectar um traço de consciência é somente o ponto de partida. O que os pacientes e suas famílias esperam é uma resposta para a interrogação shakespeariana "Não podes curar uma mente doente?" Podemos ajudar os pacientes em coma e em estado vegetativo a recuperar a consciência? Algumas vezes suas faculdades mentais voltam subitamente, anos depois do acidente pelo qual passou. Será que podemos acelerar esse processo de recuperação?

Quando as famílias desoladas fazem essas perguntas, a comunidade médica dá, em geral, uma resposta pessimista. Passado um ano inteiro, se o paciente continua inconsciente, é declarado em "estado vegetativo permanente". Esse rótulo médico vem acompanhado de um subtexto simples: bem poucas mudanças vão acontecer, por maior que seja a estimulação aplicada. E em muitos pacientes é essa a triste verdade. Em 2007, porém, Nicolas Schiff e Joseph Giacino publicaram um artigo espetacular na respeitadíssima revista *Nature*, sugerindo que toda a questão precisaria ser revista.[49] Pela primeira vez, era apresentado um tratamento que, aos poucos, trouxe um paciente minimamente consciente de volta para um estado consciente mais estável. Sua intervenção tinha consistido em inserir longos eletrodos no cérebro e estimular uma área de importância central: o tálamo central, cujo nome é adequado, e os núcleos intralaminares circundantes.

Graças à pesquisa pioneira feita por Giuseppe Moruzzi e Horace Magoun na década de 1940, essas regiões já eram conhecidas como nós essenciais do sistema ascendente que regula o nível de alerta geral do córtex.[50] Os núcleos talâmicos centrais contêm uma alta densidade de neurônios de projeção, marcados por uma proteína particular (a proteína *calcium binding*) e conhecidos por projetar amplamente em direção ao córtex, em particular para os lobos frontais. Um fato relevante é que seus axônios escolhem como alvo especificamente os neurônios piramidais nos níveis mais altos do córtex – precisamente aqueles que são dotados de longas projeções subjacentes à área de trabalho neuronal global. Nos animais, a ativação do tálamo central pode modular toda a atividade do córtex, aumentar a atividade motora e impulsionar o aprendizado.[51]

No cérebro normal, a atividade do tálamo central é, por sua vez, modulada pelas áreas pré-frontal e cingulada do córtex. É um circuito autossustentado que nos possibilita ajustar dinamicamente a estimulação cortical em função das demandas da tarefa: uma tarefa que ativa o circuito, aumentando a capacidade de processamento do cérebro.[52] No cérebro fortemente danificado, porém, uma redução global no nível genérico de circulação de atividade neuronal pode destruir esse circuito essencial que regula constantemente nosso nível de estímulo. Schiff e Giacino prognosticaram que a estimulação aplicada ao tálamo central poderia "acordar novamente" o córtex. Essa ação restauraria, a partir de fora, o nível contínuo de estímulo que o cérebro do paciente se tornou incapaz de controlar.

Como já discutimos, alerta e acesso consciente não são a mesma coisa. Os pacientes em estado vegetativo têm, muitas vezes, um sistema de alerta parcialmente preservado: acordam pela manhã e abrem os olhos, mas isso não basta para levar o córtex de volta ao modo consciente. Na verdade, a maioria dos pacientes em estado vegetativo persistente mostram ser pouco beneficiados por um estimulador talâmico. Terri Schiavo tinha um desses aparelhos, mas não apresentou nenhuma melhora a longo prazo, provavelmente porque seu córtex, e especialmente a substância branca que fica por baixo, tinham sido gravemente afetados. Nos poucos casos em que o estimulador pareceu funcionar, a hipótese de ter havido recuperação espontânea não pode ser excluída.

Cientes desse cenário desfavorável, Schiff e Giacino ainda assim traçaram um plano para aumentar suas chances de êxito. Em primeiro lugar, apontaram para o núcleo central lateral do tálamo, que entra naqueles laços diretos com o córtex pré-frontal. Em segundo lugar, selecionaram um paciente no qual acreditaram que a intervenção daria certo, porque já estava no limiar da consciência. Lembre-se de que Joseph Giacino tinha desempenhado um papel ativo em definir o estado minimamente consciente como uma categoria de pacientes que exibem sinais efêmeros de um processamento consciente e de uma comunicação intencional, mas ainda são incapazes de manifestá-los de modo sistemático e passível de reprodução. A equipe de Schiff identificou um desses pacientes, cujas imagens cerebrais mostravam um córtex bastante preservado. Embora tivesse ficado em um estado inalterável de consciência mínima por muitos anos, ambos os hemisférios ainda ficavam ativados em resposta à fala. Seu metabolismo cortical global, porém, encontrava-se drasticamente reduzido, sugerindo que o estado de alerta estava mal controlado. Poderia a estimulação talâmica dar o empurrão ausente que o traria de volta para um estado de consciência estável?

Schiff e Giacino foram avançando aos poucos. Antes de implantar eletrodos no paciente, eles o monitoraram com cuidado por meses. Testaram-no repetidamente com a mesma bateria (a escala de recuperação do coma) até terem uma estimativa estável de suas habilidades e das flutuações delas. Importante: vários testes deram resultados intermediários: o paciente exibiu uns tantos sinais de estar agindo intencionalmente, e inclusive emitiu ocasionalmente uma palavra, mas seu comportamento era errático. Isso significava que ele era minimamente consciente e que havia muito chão para progressos.

Tendo em mente essas observações, Schiff e Giacino passaram a implantar os eletrodos. Durante essa cirurgia, inseriram cuidadosamente dois longos condutores pelo córtex esquerdo e direito, chegando ao centro do tálamo. Quarenta e oito horas depois, os eletrodos foram ligados. Logo de início, os resultados foram impressionantes: o paciente, que tinha estado minimamente consciente por seis anos, abriu os olhos, sua frequência cardíaca aumentou e ele se virou espontaneamente ao ouvir vozes. Mas suas respostas continuaram limitadas; quando foi instado a nomear objetos, sua fala continuou "ininteligível e ficou limitada a episódios de balbucios incompreensíveis".[53] Assim que o estimulador foi desligado, esses comportamentos sumiram.

Para estabelecer um parâmetro posterior à intervenção, os pesquisadores deixaram passar dois meses sem aplicar qualquer nova estimulação. Durante esse período não foi observada nenhuma melhora. Então, a cada novo mês, em um estudo duplo-cego, eles ligaram ou desligaram o estimulador, em um padrão alternado. O paciente fez progressos espetaculares. Em todas as medições de estímulo, comunicação, controle motor e nomeação de objeto, os escores nos testes dispararam durante os períodos em que o estimulador estava ligado. Além disso, e principalmente, essas medidas caíram apenas ligeiramente quando ele foi desligado – o paciente não voltou à estaca zero. O efeito foi lento, mas cumulativo, e seis meses mais tarde ele conseguia alimentar-se levando um copo à boca. A família notou um progresso visível em suas interações sociais. Ele continuou severamente deficiente, mas podia agora tomar parte ativa em sua vida e mesmo discutir seu tratamento médico.

Essa história de sucesso suscita grandes esperanças. A estimulação cerebral profunda, aumentando o nível da estimulação cortical e, portanto, levando a atividade neuronal mais perto de seu nível operacional normal, pode ajudar o cérebro a recuperar sua autonomia.

Mesmo em pacientes com uma longa história de um estado vegetativo ou uma consciência mínima, o cérebro mantém sua plasticidade e uma recuperação espontânea não pode ser descartada. É verdade que curiosos relatórios de repentina remissão são abundantes em registros clínicos. Um indivíduo ficou em um estado minimamente consciente por 19 anos, e aí recuperou repentinamente a linguagem e a memória. Imagens de seu cérebro, criadas com a técnica do tensor de difusão, sugeriram que várias dessas conexões cerebrais de longa distância tinham voltado a crescer lentamente.[54] Em outro paciente, a comunicação entre o córtex frontal e o tálamo, que tinha sido prejudicada quando ele estava vegetativo, voltou ao normal depois que ele se recuperou espontaneamente.[55]

Não esperamos que uma recuperação desse tipo seja possível em qualquer paciente – mas podemos compreender por que alguns pacientes se recuperam e outros não? Claro, se muitos dos neurônios do córtex pré-frontal estiverem mortos, nenhuma estimulação vai ressuscitá-los. Em alguns casos, porém, os neurônios estão intactos, mas perderam as conexões. Ou ainda, as dinâmicas autossustentadas dos circuitos cerebrais parecem ser as responsáveis: embora as conexões ainda estejam presentes, a informação que circula já não basta para manter um nível elevado de atividade, e o cérebro se desliga por sua própria conta. Se o circuito tiver sido suficientemente poupado para conseguir se religar, esses pacientes podem apresentar uma recuperação surpreendentemente rápida.

Mas como podemos mover o interruptor cortical para a posição "ligado"? Os agentes farmacológicos que atuam nos circuitos de dopamina do cérebro são os principais candidatos. A dopamina é um neurotransmissor que tem envolvimento principalmente com os circuitos cerebrais de recompensa. Os neurônios que usam a dopamina mandam projeções modulatórias maciças para o córtex pré-frontal e para os núcleos cinzentos profundos que controlam nossas ações voluntárias. Estimular os circuitos da dopamina pode, portanto, ajudá-los a recuperar um nível normal de estímulo. E, de fato, três pacientes que estavam em um estado vegetativo persistente recuperaram repentinamente a consciência depois que lhes foi subministrada uma droga chamada levodopa, um precursor químico da dopamina que é dado particularmente a pacientes com doença de Parkinson.[56] A amantadina é outro estimulante do sistema da dopamina que em testes clínicos controlados se mostrou capaz de acelerar bastante a recuperação de pacientes vegetativos e minimamente conscientes.[57]

Outros casos registrados são mais curiosos. É sobretudo paradoxal o efeito do Ambien, um comprimido contra a insônia que, curiosamente, pode ressuscitar a consciência. Um paciente tinha ficado totalmente mudo e imóvel por meses, em uma síndrome neurológica chamada "mutismo acinético". Para facilitar seu sono, foi-lhe dado um comprimido de Ambien, um hipnótico bem conhecido – e de repente, não mais que de repente, ele acordou, se mexeu e começou a falar.[58] Em outro caso, o Ambien foi receitado a uma mulher que estava com dificuldades para adormecer. Ela havia sofrido um AVC no hemisfério esquerdo e estava profundamente afásica, incapaz de pronunciar mais do que uma ou outra sílaba. Quando tomou essa medicação pela primeira vez, voltou a falar por algumas horas. Foi capaz de responder, contar e mesmo nomear objetos. Em seguida adormeceu e, claro, na manhã seguinte, sua afasia tinha voltado. O fenômeno se repetiu toda noite, sempre que a família lhe dava o comprimido para dormir.[59] Além de não conseguir colocá-la para dormir, o medicamento teve o efeito paradoxal de despertar seu circuito cortical para a linguagem.

Esses fenômenos estão começando a ser explicados. Parecem ter origem nos múltiplos circuitos que conectam a área de trabalho cortical, o tálamo e dois dos gânglios basais (estriado e o globo pálido). Mediante esses circuitos, o córtex pode indiretamente estimular a si próprio, à medida que a ativação se propaga em uma via circular desde o córtex frontal até o estriado, o globo pálido e o tálamo, retornando ao córtex. Mas duas dessas conexões dependem de inibição e não de estímulo: o estriado inibe o globo pálido e o globo pálido, por sua vez, inibe o tálamo. Quando o cérebro fica sem seu suprimento de oxigênio, as células inibitórias do estriado parecem estar entre as primeiras a sofrer. Como resultado, o globo pálido é insuficientemente inibido. Sua atividade fica livre para disparar, e assim desativa o tálamo e o córtex e os impede de dar sustentação a qualquer atividade consciente.

Contudo, essas vias ainda estão em grande parte intactas; só estão muito inibidas. Elas podem ser religadas pela inserção de um mecanismo de interrupção nesse círculo vicioso. Muitas soluções parecem estar disponíveis. Um eletrodo implantado fundo no tálamo pode neutralizar a inibição excessiva dos neurônios talâmicos e assim religá-los. Como alternativa, a dopamina ou a amantadina podem ser usadas para estimular o córtex, seja diretamente ou por meio dos neurônios remanescentes no estriado. Finalmente, uma droga como o Ambien pode conter a inibição: ao se ligar aos inúmeros receptores inibitórios do globo pálido, ela força suas células inibitórias superestimuladas a desligar-se, e assim livra o córtex e o tálamo de sua quietude indesejada. Todos esses mecanismos, embora ainda sejam hipotéticos, podem explicar por que essas drogas têm, afinal, efeitos semelhantes: elas aproximam a atividade cortical de seu nível normal.[60]

Os truques anteriormente comentados só funcionarão se o próprio córtex não estiver excessivamente danificado. Um sinal favorável é quando o córtex pré-frontal parece intacto numa imagem anatômica, mas apresenta um metabolismo drasticamente reduzido. O córtex pode ter sido simplesmente desligado e precisa ser novamente despertado. Depois de religado, ele voltará aos poucos para um estado de autorregularão. Em seu leque normal de operação, muitas das sinapses do cérebro são plásticas e podem aumentar sua potência para ajudar a estabilizar as formações neuronais ativas. Graças a essa plasticidade do cérebro, as conexões da área de trabalho de um paciente podem ganhar força progressivamente e tornar-se cada vez mais capazes de sustentar um estado de atividade consciente durável.

Mesmo para os pacientes cujos circuitos corticais foram danificados podemos pensar em soluções futuristas. Se a hipótese da área de trabalho estiver correta, a consciência nada mais é do que a circulação flexível de informações dentro de um quadro de distribuição de neurônios corticais. Seria muito pretencioso imaginar que alguns de seus nós e conexões poderiam ser substituídos por circuitos externos? As interfaces cérebro-computador, particularmente as que usam dispositivos implantados, têm potencial para restaurar no cérebro a comunicação de longa distância. Logo mais, seremos capazes de recolher descargas espontâneas do cérebro no córtex pré-frontal ou pré-motor e mandá-las de volta a outras regiões – quer diretamente na forma de descargas elétricas ou mais simplesmente gravando-as em sinais visuais ou auditivos. Essa substituição sensorial já é usada para fazer com que os cegos enxerguem, treinando-os para reconhecer sinais de áudio que codificam a imagem a partir de uma câmera de vídeo.[61] Seguindo o mesmo princípio, a substituição sensorial pode ajudar a reconectar o cérebro consigo mesmo, restaurando uma forma mais densa de comunicação interna. Circuitos mais densos podem devolver ao cérebro a quantidade necessária de autoestimulação para manter-se em estado ativo e permanecer consciente.

Quem dirá se esta ideia é mirabolante é o tempo. O certo é que, nas próximas décadas, o interesse renovado pelo coma e pelos estados vegetativos, baseado em uma teoria cada vez mais sólida de como os circuitos neuronais engendram estados conscientes, levará a massivos avanços nos cuidados médicos. Estamos diante de uma revolução no tratamento das desordens da consciência.

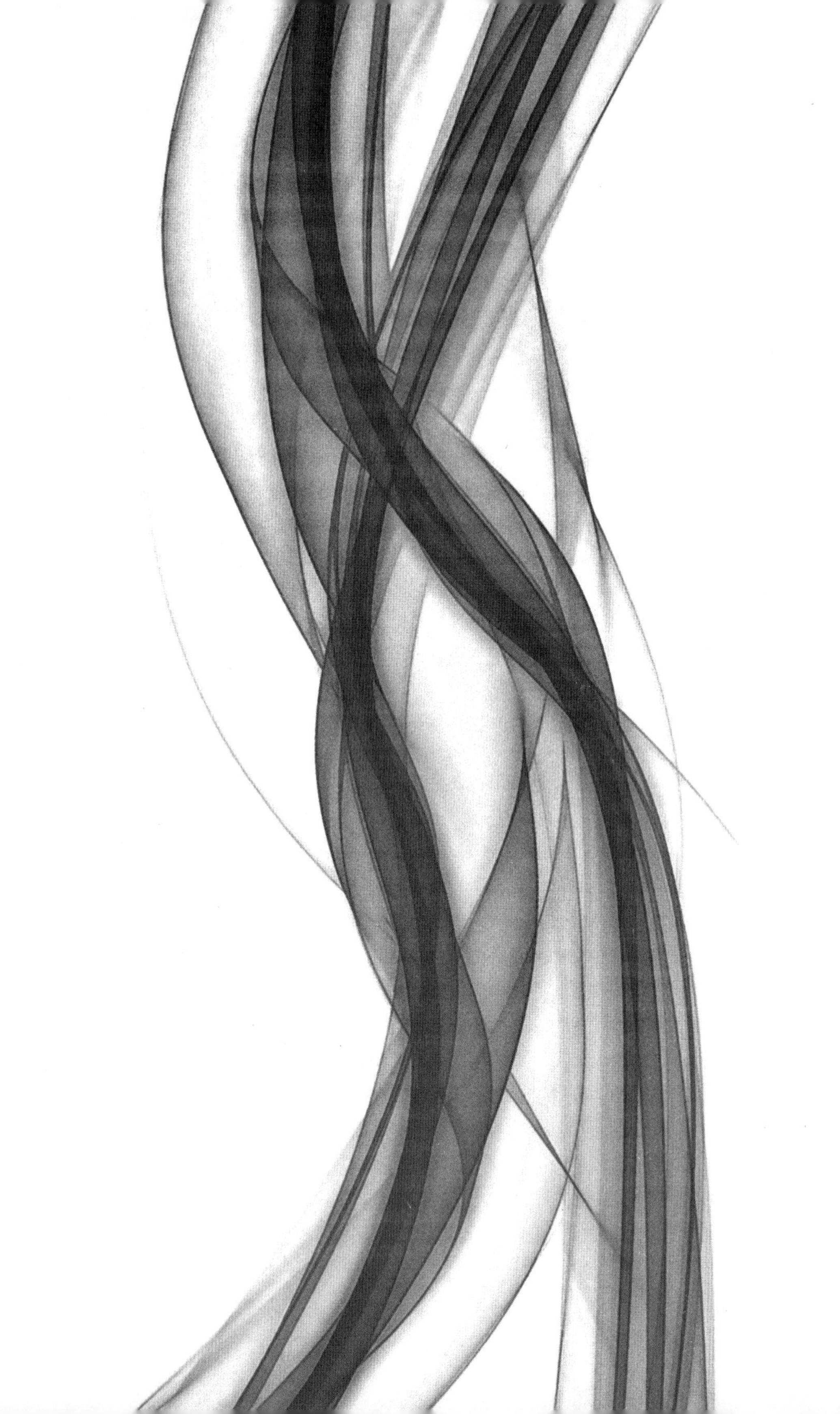

O futuro da consciência

A emergente ciência da consciência ainda tem diante de si muitos desafios. Somos capazes de determinar o momento exato em que a consciência emerge pela primeira vez nos bebês? Conseguimos descobrir se um macaco (ou um cachorro, ou um golfinho) é consciente dos seus entornos? Somos capazes de resolver o enigma da autoconsciência, nossa surpreendente capacidade de pensar a respeito do nosso próprio pensamento? O cérebro humano é único a esse respeito? Será que abriga circuitos distintos e, em caso afirmativo, poderá a sua disfunção explicar as origens de doenças exclusivamente humanas, como a esquizofrenia? E se conseguirmos analisar esses circuitos, poderemos finalmente duplicá-los em um computador, dando assim origem a uma consciência artificial?

"Fico meio ressentido com a ideia de uma ciência que mete o nariz nesses assuntos, meus assuntos. Acaso a ciência já não se apropriou o suficiente da realidade? Precisa reivindicar direitos também sobre o intangível, invisível e essencial '*eu mesmo*'?"

David Lodge, *Pense...* (2001)

"De fato, quanto mais a ciência avança, mais profundo é o mistério."

Vladimir Nabokov, *Opiniões fortes* (1973)

Agora a caixa-preta da consciência está aberta. Graças a uma variedade de paradigmas experimentais, aprendemos a tornar as imagens visíveis ou invisíveis, e em seguida a rastrear os padrões de atividade neuronal que ocorrem somente quando o acesso consciente acontece. Compreender como o cérebro lida com imagens vistas ou não vistas passou a não ser tão complicado como havíamos temido de início. Muitas marcas eletrofisiológicas têm manifestado a presença de uma ativação consciente. Essas marcas da consciência confirmaram ser sólidas a tal ponto que estão sendo usadas hoje em clínicas para sondar uma atividade consciente residual em pacientes que sofreram graves lesões cerebrais.

É claro que isso é somente um começo. As respostas a muitas perguntas ainda nos escapam. Neste último capítulo, gostaria de esboçar o que será, a meu ver, o futuro da pesquisa sobre a consciência – as grandes questões que manterão ocupados os neurocientistas por muitos anos mais.

Algumas dessas questões são inteiramente empíricas e já receberam um começo de resposta. Por exemplo, quando é que a consciência aparece – tanto no desenvolvimento como na evolução? Os recém-nascidos são conscientes? E os bebês prematuros ou os fetos? Os macacos, camundongos e pássaros compartilham uma área de trabalho semelhante à nossa?

Outros problemas ficam nos limites do filosófico – ainda assim eu mantenho firme crença de que acabarão recebendo uma reposta empírica, assim que encontrarmos uma linha experimental para enfrentá-los. Por exemplo, o que é a autoconsciência? Seguramente, há algo especial na mente humana que lhe permite virar a lanterna da consciência para si mesma e pensar sobre seu próprio pensamento. Somos únicos neste aspecto? O que torna o pensamento humano, tão poderoso, mas também tão singularmente vulnerável diante de doenças psiquiátricas como a esquizofrenia? Esse conhecimento nos permitirá construir consciências artificiais – um robô dotado de sensibilidade? Esse robô teria sentimentos, experiências e até uma noção de livre-arbítrio?

Ninguém pode dizer ter respostas para esses enigmas, e eu não fingirei ser capaz de resolvê-los. Mas eu gostaria de mostrar como nós poderíamos começar a tratar deles.

BEBÊS CONSCIENTES?

Considere-se o aparecimento da consciência na infância. Os bebês são conscientes? E os recém-nascidos? E os prematuros? E os fetos ainda no útero? Certamente, algum grau de organização se faz necessário antes que nasça a mente consciente, mas que grau de organização é esse?

Por décadas, essa questão controversa jogou os defensores da santidade da vida humana contra os racionalistas. Pronunciamentos provocativos são comuns de ambos os lados. Por exemplo, o filósofo Michel Tooley, da Universidade do Colorado, escreve de maneira nua e crua que "os recém-nascidos humanos não são nem pessoas nem quase-pessoas, e sua eliminação não está de maneira alguma intrinsecamente errada".[1] De acordo com Tooley, até a idade dos três meses pelo menos, o infanticídio fica justificado moralmente porque o bebê recém-nascido "não possui o conceito de um ser contínuo, igualmente a qualquer gatinho recém- nascido" e, portanto, não tem "nenhum direito à vida".[2] Na mesma linha dessa sombria citação, o professor de bioética de Princeton Peter Singer argumenta que "a vida só começa num sentido moralmente significativo quando há a percepção da própria existência no tempo":

> O fato de que um ser é um ser humano, no sentido de membro da espécie *Homo sapiens*, não é relevante para o erro de matá-lo; o que faz a diferença são características como a racionalidade, a autonomia e autoconsciência. Essas características inexistem nas crianças. Portanto, matar as crianças não pode ser equiparado a matar seres humanos normais ou quaisquer outros seres autoconscientes.[3]

Essas assertivas são disparatadas por inúmeras razões. Elas entram em choque com a percepção moral de que todos os seres humanos, desde os ganhadores do Prêmio Nobel até as crianças com deficiência têm os mesmos direitos a uma boa vida. Também batem de frente com nossas percepções a respeito do que é consciência – basta perguntar a qualquer mãe cujo olhar cruzou com o de seu bebê recém-nascido e repercutiu os primeiros gugu dadás dele. Mais chocante é que Tooley e Singer fazem essas afirmativas sem apoiá-las em evidências. Como sabem que os bebês não têm experiências? Suas opiniões têm fundamento em uma base científica sólida? De jeito nenhum – são opiniões estritamente apriorísticas, desligadas de qualquer experimentação – e, de fato, é possível demonstrar que muitas delas são falsas. Por exemplo, Singer escreve que "sob muitos aspectos [os pacientes em coma e os pacientes vegetativos] não diferem significativamente das crianças deficientes. Não são autoconscientes, racionais ou autônomos... suas vidas não têm valor intrínseco. Sua trajetória de vida precisa chegar ao fim". No capítulo anterior, vimos que esse ponto de vista é completamente errado: as imagens do cérebro revelam uma consciência residual em uma parte dos pacientes vegetativos. Um ponto de vista tão arrogante como o desses autores, que nega a complexidade da vida e a consciência, é aterrador. O cérebro merece uma filosofia melhor.

O caminho alternativo que proponho é simples: precisamos aprender a fazer os experimentos corretos. Embora a mente da criança continue sendo uma grande *terra incognita*, o comportamento, a anatomia e a neuroimagem podem fornecer muitas informações sobre os estados conscientes. As marcas da consciência, uma vez validadas nos adultos humanos, podem e devem ser buscadas para crianças de todas as idades.

É claro que essa estratégia não é perfeita, porque se apoia em uma analogia. Nossa expectativa é encontrar, bem cedo no desenvolvimento da primeira infância, as mesmas marcas que conhecemos como distintivas da experiência subjetiva nos adultos. Se as encontrarmos, concluiremos que nessa fase as crianças possuem um ponto de vista subjetivo a respeito do mundo exterior. Claro, a natureza pode ser mais complexa: os marcadores da consciência talvez mudem com a idade. E também pode acontecer de não encontrarmos sempre uma resposta inequívoca. Diferentes marcadores podem levar a conclusões diferentes, e a área de trabalho que opera como um sistema integrado na idade adulta pode conter fragmentos ou partes que se desenvolvem em ritmo próprio durante a infância. Ainda assim, o método experimental tem uma capacidade única de configurar o lado objetivo do debate. Qualquer conhecimento científico será melhor do que as proclamações apriorísticas dos líderes filosóficos e religiosos.

Então, as crianças pequenas possuem uma área de trabalho consciente? O que diz sobre isso a anatomia do cérebro? No século passado, os córtices imaturos dos bebês, cheios de neurônios esqueléticos, dendritos fracos e axônios magrinhos e sem cobertura de mielina, levaram muitos pediatras a acreditar que a mente não é operacional no momento do nascimento. Somente umas poucas ilhas de córtex visual, auditivo e motor, pensavam eles, estavam suficientemente maduras para dotar os bebês de sensações e reflexos primitivos. Os *inputs* sensoriais se confundiam criando "uma grande confusão, florescente e marcada por zumbidos", para usar a observação famosa de William James. Acreditava-se, de maneira geral, que os centros de raciocínio de alto nível no córtex pré-frontal dos bebês permaneciam em silêncio pelo menos até o fim do primeiro ano de vida, quando, aí sim, começavam a amadurecer. Essa lobotomia frontal virtual explicava o fracasso sistemático dos bebês em testes comportamentais de planejamento motor e controle executivo, como a famosa tarefa A não B de Piaget.[4] Para muitos pediatras, era perfeitamente óbvio, então, que os recém-nascidos não tinham a experiência da dor – sendo assim, para que seria preciso anestesiá-los? Injeções e mesmo cirurgias eram realizadas rotineiramente neles sem que fosse dada a menor atenção à possibilidade de o bebê ter consciência.

Avanços nos testes de comportamento e nos exames de neuroimagem refutam, porém, essa opinião pessimista. O grande erro, na realidade, consistia em confundir imaturidade e disfunção. Mesmo no útero, começando por volta dos seis meses e meio de gestação, um córtex de bebê começa a formar-se e a criar dobras. No recém-nascido, regiões corticais distantes já aparecem fortemente interconectadas por fibras de longa distância.[5] Embora não tenham a cobertura de mielina, essas conexões processam informação, ainda que numa velocidade muito mais lenta do que nos adultos. Logo após o nascimento, elas já promovem uma auto-organização da atividade neuronal espontânea em redes funcionais.[6]

Considere-se o processamento da fala. Os bebês têm uma grande atração pela linguagem. Provavelmente começam a aprendê-la dentro do útero, porque os recém-nascidos conseguem distinguir sentenças em sua língua materna de sentenças numa língua estrangeira.[7] A aquisição da linguagem ocorre tão rapidamente, que uma longa linhagem de cientistas de prestígio, desde Darwin até Chomsky e Pinker, postulou um órgão específico, "um dispositivo para a aquisição da linguagem" especializado no aprendizado da linguagem, existente apenas no cérebro humano. Minha esposa, Ghislaine Dehaene-Lambertz, e eu testamos essa ideia usando a IRMf para olhar dentro dos cérebros de bebês enquanto ouviam sua língua materna.[8] Enrolados num colchonete confortável, com os ouvidos protegidos do barulho da máquina por um enorme fone auricular, dois bebês de dois meses escutavam calmamente uma fala dirigida a bebês, enquanto nós fotografávamos a atividade de seus cérebros a cada três segundos.

Para nossa surpresa, a ativação foi enorme e definitivamente não restrita à área auditiva primária. Ao contrário, uma rede inteira de regiões corticais entrou em funcionamento (Figura 34). A atividade seguiu bem os contornos das áreas de linguagem clássicas, exatamente nos mesmos lugares que no cérebro adulto. Os *inputs* da fala já eram direcionados para as áreas da linguagem do hemisfério esquerdo temporal e frontal, enquanto estímulos igualmente complexos, como a música de Mozart, eram canalizados para outras regiões do hemisfério direito.[9] Mesmo a área de Broca, no córtex pré-frontal inferior, já era agitada pela linguagem. Essa região estava suficientemente madura para sofrer ativação em bebês de dois meses. Descobriu-se mais tarde que é uma das primeiras regiões a amadurecer e uma das áreas mais bem conectadas do córtex pré-frontal dos bebês.[10]

Por meio da IRMf, medimos a velocidade dessa ativação e confirmamos que estava funcionando uma rede de linguagem infantil – embora numa velocidade muito mais lenta do que nos adultos, especialmente no córtex pré-frontal.[11] Seria essa lentidão um empecilho para o aparecimento da consciência? As crianças pequenas processam a fala num "estilo zumbi", exatamente como o cérebro das pessoas em coma respondem inconscientemente a sons desconhecidos? O fato de uma criança de dois meses, quando atenta, processar a linguagem, ativando a mesma rede cortical que um adulto, infelizmente não é conclusivo, porque sabemos que muito dessa rede (mas talvez não a área de Broca) pode ativar-se inconscientemente – por exemplo, num contexto de anestesia.[12] Porém, nosso experimento também mostrou que os bebês possuem uma forma rudimentar de memória de trabalho verbal. Quando repetimos a mesma sentença a um intervalo de 14 segundos, as crianças de dois meses mostraram evidências de estar lembrando:[13] sua área de Broca reagiu muito mais fortemente na segunda ocasião do que na primeira. Já aos dois meses, seu cérebro produziu uma das marcas distintivas da consciência, a capacidade de conservar informações na memória de trabalho por alguns segundos.

Figura 34

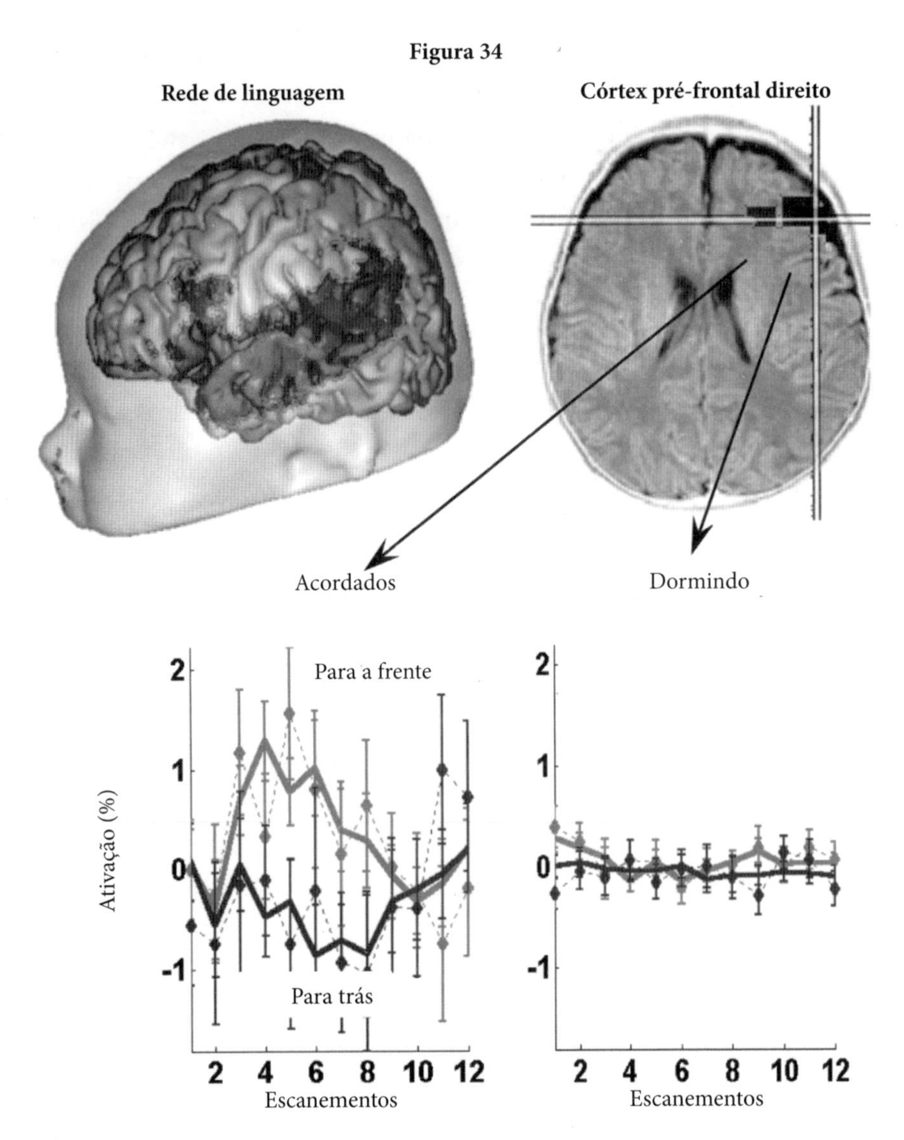

O córtex pré-frontal já se encontra ativo nas crianças pequenas acordadas. Bebês de dois meses de idade ouviram sentenças na língua materna enquanto seu cérebro era escaneado por IRMf. A fala ativou uma ampla rede de linguagem, incluindo a região frontal inferior esquerda, conhecida como "Área de Broca". Uma nova audição da mesma gravação, passada de trás para a frente – o que destruía a maioria das "dicas" de linguagem –, causou uma ativação muito reduzida. Crianças acordadas também apresentaram ativação no córtex pré-frontal direito. Essa atividade foi relacionada a uma atuação consciente, porque desapareceu quando as crianças adormeceram.

Igualmente importante, as reações dos bebês à fala diferiam quando eles estavam acordados e dormindo. O córtex auditivo sempre esteve aceso, mas a atividade só seguiu para o córtex pré-frontal dorsolateral nos bebês que ficaram acordados; nos que dormiam, vimos nessa área uma curva achatada (Figura 34). Portanto, o córtex pré-frontal, esse importante nó da área de trabalho adulta, parece já contribuir sobretudo para o processamento consciente nos bebês acordados.

Uma prova mais segura de que indivíduos de poucos meses de idade são conscientes provém da aplicação do teste global-local que descrevi no capítulo anterior, que também comprova a existência de uma consciência residual em pacientes adultos em estado vegetativo. Nesse teste simples, os pacientes ouvem séries repetidas de sons como *bip, bip, bip, bip, bup* enquanto nós gravamos suas ondas cerebrais usando o EEG. Ocasionalmente, uma rara sequência contraria a regra, pois termina com um *bip* na quinta posição. Quando essa mudança provoca uma onda P3 global, que invade o córtex pré-frontal e as áreas de trabalho a ele associadas, o paciente tem uma fortíssima chance de estar consciente.

Submeter-se a esse teste não requer nenhuma preparação, nenhuma língua, nenhuma instrução e, portanto, é simples o bastante para ser aplicado em crianças (ou, teoricamente, em qualquer espécie animal). Qualquer criança pode ouvir uma sequência de sons e, se seu cérebro for suficientemente esperto, perceber as regularidades. Potenciais relacionados a eventos podem ser gravados desde os primeiros meses de vida. O único problema é que os bebês ficam rapidamente agitados quando o teste é muito repetitivo. Portanto, para testar essa marca da consciência em bebês, minha esposa Ghislaine, que é neuropediatra e especialista em cognição de bebês, adaptou nosso teste local-global. Ela transformou o tal teste num show multimídia em que rostos atraentes articulavam uma sequência de vogais: *aa aa aa aa ee*. Os rostos, que mudavam constantemente, com suas bocas sempre em movimento, fascinavam os bebês – e assim que conseguimos atrair sua atenção, tivemos o prazer de ver que, aos dois meses de idade, o cérebro já emitia uma resposta global e consciente à novidade – uma marca de consciência.[14]

A maioria dos pais não se surpreenderá ao saber que seu bebê de dois meses já tira notas altas num teste de consciência – mas nossos testes também mostraram que sua consciência difere em um aspecto importante da dos adultos: nos bebês, a latência das respostas do cérebro é dramaticamente mais lenta do que nos adultos. Cada passo do processamento parece tomar um tempo desproporcionalmente mais longo. Os cérebros de nossos bebês precisaram de um terço de segundo para registrar a mudança de vogal e para gerar uma resposta inconsciente de discrepância E um segundo inteiro foi necessário para que seu córtex pré-frontal reagisse à novidade global – três ou quatro vezes mais tempo do que nos adultos. Portanto, a arquitetura dos cérebros dos bebês, nas primeiras semanas de vida, inclui, sim, uma área de trabalho global funcional, só que muito lento.

Meu colega Sid Kouider replicou e ampliou essa descoberta, usando agora a visão. Ele se concentrou no processamento da face, um outro domínio para o qual até mesmo os bebês recém-nascidos têm uma competência inata.[15] Os bebês amam rostos e se orientam em sua direção desde que nascem. Kouider tirou partido dessa tendência natural para estudar se os bebês são sensíveis ao mascaramento visual e se apresentam o mesmo tipo de limite para o acesso consciente que os adultos. Ele adaptou para crianças na idade de 15 meses o paradigma de mascaramento que tínhamos usado para estudar a visão consciente nos adultos.[16] Um rosto atraente foi iluminado por uma duração breve e variável, seguido imediatamente por uma pintura feia e embaralhada que foi usada como máscara. A pergunta era: os bebês viram o rosto? Tiveram consciência dele?

Vocês devem estar lembrados do primeiro capítulo, em que, no mascaramento, os observadores adultos relataram só terem visto algo quando a pintura-alvo permanecia mais do que um vigésimo de segundo. Embora as criancinhas ainda incapazes de falar não possam relatar o que viram, seus olhos, como os de um paciente encarcerado, contam uma história semelhante. Quando a face é iluminada abaixo de uma duração mínima, observou Kouider, eles não a encararam, e isso sugere que não conseguiram vê-la. Assim que o rosto é exposto por um tempo maior, os olhos se voltam em sua direção. Exatamente como os adultos, as crianças sofrem as consequências do mascaramento e percebem o rosto somente quando ele é "supraliminar", apresentada acima do limiar de percepção. Importante observar, então, que o limite de duração é cerca de duas ou três vezes mais longo nos bebês do que nos adultos. Indivíduos na idade de cinco meses detectam o rosto somente quando é mostrado por mais de 100 milissegundos, ao passo que nos adultos o limite de mascaramento cai entre os 40 e 50 milissegundos. Um fato muito interessante é que o limite cai para o valor adulto quando os bebês chegam aos 12 meses de idade, precisamente o tempo em que começam a aparecer os comportamentos que dependem do córtex pré-frontal.[17]

Tendo mostrado que em bebês existe um limiar para o acesso consciente, Sid Kouider, Gislaine Dehaene-Lambertz e eu passamos a gravar as reações dos cérebros de crianças pequenas a rostos projetados. Vimos exatamente as mesmas séries de estágios de processamentos corticais que tínhamos observado nos adultos: uma fase subliminar linear, seguida por uma repentina ignição não linear (Figura 35). Durante a primeira fase, a atividade no fundo do cérebro aumenta constantemente com a permanência da imagem, não fazendo diferença se a imagem está abaixo ou acima do limite: o cérebro da criança claramente acumula a evidência disponível sobre o rosto iluminado. Durante a segunda fase, somente os rostos acima do limite de exposição desencadeiam uma lenta onda negativa sobre o córtex pré-frontal. Funcional e topograficamente, essa ativação tardia compartilha uma grande semelhança com a onda P3 adulta. Sem dúvida, se houver evidência sensorial suficiente, até mesmo o cérebro da criança pequena pode propagá-la pelo córtex pré-frontal adentro, ainda que seja em uma velocidade muito reduzida. Como essa arquitetura em dois estágios é essencialmente a mesma nos adultos conscientes, que podem relatar aquilo que veem, é possível concluir que os bebês já usufruem de visão consciente, embora ainda não sejam capazes de relatá-la verbalizando.

Figura 35

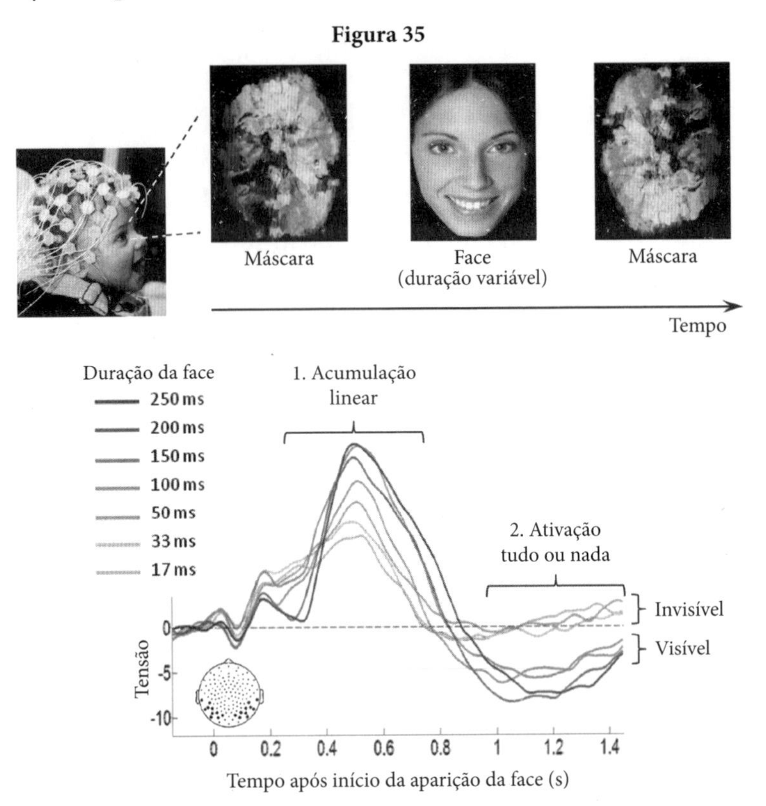

Os bebês exibem as mesmas marcas da percepção consciente que os adultos, mas processam a informação numa velocidade muito mais lenta. Neste experimento, para crianças com idade entre 12 e 15 meses, foram projetadas faces atraentes que tinham sido mascaradas para torná-las visíveis ou invisíveis. O cérebro das crianças mostrou dois estágios de processamento: primeiro uma acumulação linear de evidência sensorial, em seguida uma ativação não linear. Esta ativação pode refletir uma percepção consciente porque só ocorreu quando a apresentação da face durou 100 milissegundos ou mais, precisamente a duração necessária para crianças orientarem o olhar. Note-se que a atenção consciente começou um segundo depois que a face apareceu, ou seja, um tempo três vezes mais longo do que nos adultos.

Na verdade, uma negatividade frontal muito lenta aparece em todos os tipos de experimentos com crianças pequenas em que a atenção é orientada para uma estimulação nova, seja ela auditiva ou visual.[18] Outros pesquisadores perceberam sua semelhança com a onda P3 adulta,[19] que aparece toda vez que ocorre o acesso consciente, independentemente da modalidade sensorial. Por exemplo, a negatividade frontal ocorre quando os bebês ficam atentos a sons desviantes,[20] mas somente se estiverem acordados, não quando estão adormecidos.[21] Com o suceder dos experimentos, essa breve resposta frontal acaba funcionando como uma marca da consciência.

Podemos agora concluir com segurança que o acesso consciente existe nos bebês tanto quanto nos adultos, mas que ocorre nos bebês de forma muito mais lenta, talvez quatro vezes mais lenta. Por que essa lentidão? Lembre-se de que o cérebro infantil é imaturo. Os principais traçados de fibras de longa distância que constituem a área de trabalho global adulta já estão presentes quando do nascimento,[22] mas não estão eletricamente isolados. Os revestimentos de mielina, a membrana adiposa que envolve os axônios continua em processo de maturação durante infância e adolescência. Seu principal papel é fornecer isolamento elétrico e, como resultado, aumentar a velocidade e fidelidade com que as descargas neuronais alcançam pontos distantes. O cérebro do bebê é ligado, mas não isolado; por isso a integração da informação acontece num passo muito mais lento. A lentidão de uma criança talvez seja comparável à de um paciente que volta do coma. Em ambos os casos, podem ser lembradas respostas aproximativas, mas leva um segundo ou dois até que um sorriso, uma careta ou o gaguejo de uma sílaba emerja de seus lábios. Pense nisso como uma mente nebulosa, um pouco perdida, mas definitivamente consciente.

Como os pequenos que nós testamos tinham somente dois meses, ainda não sabemos o momento exato em que a consciência emerge. Um recém-nascido já é consciente ou leva algumas semanas até que sua arquitetura cortical comece a funcionar corretamente? Vou segurar meu palpite para quando tivermos todas as evidências, mas não me surpreenderia se descobríssemos que a consciência já existe na hora do nascimento. Conexões anatômicas de longa distância já se entrecruzam no cérebro do recém-nascido e seu trabalho de processamento não deveria ser subestimado. Poucas horas depois do nascimento, os bebês já exibem um comportamento sofisticado, como a capacidade de distinguir conjuntos de objetos com base em seu número aproximado.[23]

O pediatra sueco Hugo Lagercrantz e o neurobiólogo francês Pierre Changeux propuseram uma hipótese extremamente interessante: o nascimento coincidiria com o primeiro acesso à consciência.[24] No ventre da mãe, disseram eles, o feto é essencialmente sedado, mergulhado em um líquido que, entre outros, inclui medicamentos como "o anestésico neuroesteroide pregnenolone e a prostaglandina D2, indutora do sono, fornecida pela placenta". O nascimento coincide com um grande aumento de hormônios do estresse e neurotransmissores estimulantes como o cotecolaminas; nas horas seguintes ao nascimento, o bebê costuma ficar acordado e energizado, com os olhos arregalados. Estaria ele tendo sua primeira experiência consciente? Se essas inferências farmacológicas forem válidas, o parto é um acontecimento ainda mais significativo do que pensamos: é o autêntico nascimento de uma mente consciente.

ANIMAIS CONSCIENTES?

"Quem compreendesse o babuíno faria mais pela metafísica do que Locke."

Charles Darwin, *Notebooks* (1838)

As mesmas perguntas que fazemos a respeito das crianças pequenas deveriam ser feitas para nossos primos que não falam – os animais. Os animais não são capazes de descrever seus pensamentos conscientes, mas isso prova que eles não têm nenhum? Uma extraordinária variedade de espécies evoluiu sobre a terra, desde predadores perseverantes (chitas, águias, moreias) até cuidadosos planejadores de caminhos (elefantes, gansos), personagens brincalhões (gatos, lontras), solucionadores espertos de problemas (gralhas, polvos), gênios vocais (periquitos) e grão-mestres sociais (morcegos, lobos). Eu ficaria muito surpreso se nenhum deles compartilhasse pelo menos uma parte de nossas experiências conscientes. Minha teoria é que a arquitetura da área de trabalho consciente desempenha um papel essencial na facilitação da troca de informações entre as áreas do cérebro. Portanto, a consciência é um equipamento útil que provavelmente surgiu há muito tempo na evolução e talvez mais de uma vez.

Por que precisaríamos supor, ingenuamente, que o sistema da área de trabalho é exclusivo dos seres humanos? A densa rede de conexões de longa distância que ligam o córtex pré-frontal a outros córtices associativos é evidente no macaco Rhesus, e essa área de trabalho pode, muito bem, estar presente em todos os mamíferos. Até mesmo os camundongos têm pequenos córtices pré-frontais e cingulados que ficam ativados quando o animal mantém informações visuais na mente por um segundo.[25] Uma pergunta instigante é se alguns pássaros, especialmente aqueles capazes de comunicação vocal e imitação, possuem um conjunto de circuitos análogos a esses, com uma função semelhante.[26]

A atribuição da consciência aos animais não precisa basear-se apenas em sua anatomia. Embora lhes falte a linguagem, os macacos podem ser treinados para relatar o que veem pressionando as teclas de um computador. Essa abordagem está acumulando evidências de que eles têm experiências subjetivas muito semelhantes às nossas. Por exemplo, podem ser recompensados por apertar uma determinada tecla quando veem uma luz, e uma outra tecla em caso contrário. Essa ação motora pode, então, ser usada como o substituto de um "relatório" mínimo: um gesto não verbal que conta como se o animal dissesse "Acho que vi uma luz" ou "Não vi nada". Um macaco também pode ser treinado para classificar as imagens que percebe, pressionando uma tecla para as faces e outra tecla para a ausência de faces. Depois de treinado, o animal pode então ser testado com a mesma variedade de paradigmas visuais que exploram os processamentos conscientes e inconscientes nos seres humanos.

Os resultados desses estudos comportamentais provam que os macacos Rhesus, como nós, passam por experiências de ilusões visuais. Se mostrarmos a eles duas imagens diferentes, uma para cada olho, eles acusam a rivalidade binocular: apertam as teclas alternadamente, indicando que também veem somente uma das duas imagens num dado momento. As imagens vão e vêm sem parar, entrando e saindo de sua consciência no mesmo ritmo que em nós.[27] O mascaramento também funciona nos macacos Rhesus. Quando projetamos uma imagem e logo em seguida uma máscara aleatória, os macacos Rhesus relatam que não viram a imagem escondida, embora seu córtex visual ainda apresente uma descarga neuronal passageira e seletiva.[28] Portanto, como nós, eles possuem uma forma de percepção subliminar e também um limite preciso, acima do qual a imagem se torna visível.

Finalmente, quando têm o córtex visual primário danificado, os macacos Rhesus também desenvolvem uma forma de visão cega. Apesar da lesão, ainda podem apontar com precisão uma fonte de luz em seu campo visual deteriorado. Todavia, depois de treinados para relatar a presença ou ausência de luz, qualificam um estímulo apresentado em seu campo visual prejudicado usando a tecla "sem luz", sugerindo que, assim como nos pacientes humanos cegos, sua acuidade visual foi perdida.[29]

Há pouca dúvida de que os macacos Rhesus conseguem usar sua área de trabalho rudimentar para pensar acerca do passado. Eles apresentam bons resultados na tarefa da resposta tardia, que exige manter as informações em mente bem depois de o estímulo ter desaparecido. Como nós, eles fazem isso mantendo uma descarga prolongada em seus neurônios pré-frontais e parietais.[30] A propósito, quando assistem passivamente a um filme, tendem a ativar o córtex pré-frontal mais do que os seres humanos.[31] É possível que sejamos superiores aos macacos na habilidade de inibir a distração e, portanto, quando estamos assistindo a um filme, nosso córtex pré-frontal pode dissociar-se do fluxo em andamento, deixando a mente divagar em liberdade.[32] Mas os macacos Rhesus também possuem uma rede padrão espontânea, que fica ativada durante o repouso[33] – regiões semelhantes àquelas ativadas quando nós refletimos, lembramos ou divagamos com a mente.[34]

E o que se pode dizer a respeito de nosso teste decisivo da percepção auditiva consciente – o teste local-global que usamos para revelar a existência de uma consciência residual em pacientes se recuperando do coma? Meus colegas Bechir Jarraya e Lynn Uhrig testaram se os macacos Rhesus percebem que *bip, bip, bip, bip* é uma sequência anômala quando ocorre no meio de uma enxurrada de sons, *bip, bip, bip, bup*. Os macacos Rhesus claramente têm essa percepção. A RM funcional mostra que o córtex pré-frontal deles é ativado apenas para as sequências globalmente desviantes.[35] Exatamente como nos seres humanos, essa resposta pré-frontal desaparece quando os macacos são anestesiados. Mais uma vez, uma marca da consciência parece existir nos macacos Rhesus.

Numa pesquisa piloto dirigida por Karim Benchenane, os camundongos também parecem sair-se bem nesse teste elementar. Nos próximos anos, à medida que testarmos sistematicamente uma variedade de espécies, eu não ficaria surpreso se descobríssemos que todos os mamíferos, e provavelmente muitas espécies de pássaros e peixes, mostram evidências de uma evolução convergente no mesmo tipo de área de trabalho consciente.

MACACOS AUTOCONSCIENTES?

Os macacos Rhesus possuem indubitavelmente uma áera de trabalho global em grande parte semelhante ao nosso. Semelhante ou idêntico? Neste livro, tratei sobretudo do aspecto mais básico da consciência: o acesso consciente ou a capacidade de se tornar ciente de estímulos sensoriais selecionados. Essa competência é tão básica que nós a compartilhamos com os macacos Rhesus e provavelmente com um grande número de outras espécies. Quando se passa, porém, a funções cognitivas de nível mais elevado, os seres humanos são claramente diferentes. Temos de perguntar se a área de trabalho humano consciente possui propriedades extras que nos distinguem radicalmente de todos os outros animais.

Aparentemente, a autoconsciência privilegia apenas a humanidade. Acaso não somos *sapiens sapiens* – a única espécie que sabe que sabe? Não é a capacidade de refletir sobre nossa própria existência uma façanha unicamente humana? Em *Opiniões fortes* (1983), Vladimir Nabokov, que é um brilhante romancista, mas também um entomologista apaixonado, foi preciso nessa questão:

> Estar consciente de ser consciente de ser... se eu não só sei que *sou*, mas também sei que sei disso, então eu pertenço à espécie humana. Tudo mais vem depois – a glória do pensamento, a poesia, a visão do universo. A este respeito, a distância entre o macaco e o homem é incomensuravelmente maior do que entre uma ameba e um macaco.

Mas Nabokov estava errado. "Conhece-te a ti mesmo", o famoso lema escrito no *prónaon* (o vestíbulo) do templo de Apolo em Delfos, não é privilégio da humanidade. Nos últimos anos, a pesquisa revelou a fantástica sofisticação da autorreflexão dos animais. Mesmo em tarefas que exigem julgamentos de segunda ordem, como quando percebemos nossos erros ou ponderamos sobre nossos êxitos ou fracassos, os animais não são tão incompetentes como poderíamos pensar.

Esse domínio de competência chama-se "metacognição" – a capacidade de ter pensamentos cujo assunto são nossos pensamentos. Donald Rumsfeld, secretário da defesa de George W. Bush, resumiu isso com precisão quando, num informe destinado ao Departamento da Defesa, fez uma famosa distinção entre os conhecidos conhecidos ("as coisas que nós sabemos que sabemos"), os desconhecidos conhecidos ("nós sabemos que há algumas coisas que não sabemos") e os desconhecidos desconhecidos ("aquilo que nós não sabemos que não sabemos"). A metacognição diz respeito a conhecer os limites do conhecimento de si próprio – atribuindo graus de crença ou convicção a nossos próprios pensamentos. E as evidências sugerem que os macacos, os golfinhos e até mesmo os ratos e os pombos possuem rudimentos disso.

Como sabemos que os animais sabem aquilo que eles sabem? Considere-se Natua, um golfinho que nada livremente em seu domicílio – uma piscina de coral no Dolphin Research Center de Marathon, Flórida.[36] O animal foi treinado para classificar sons audíveis debaixo da água conforme suas tonalidades.

O pesquisador estabeleceu o limite entre tonalidades altas e baixas numa frequência de 2.100 hertz. Quando o som está suficientemente longe dessa referência, o animal nada rapidamente para o lado correto. Quando a frequência do som está muito próxima de 2.100 hertz, porém, as respostas de Natua se tornam muito lentas. Ele sacode a cabeça antes de nadar, meio hesitante para um dos lados, frequentemente o lado errado.

Seria esse comportamento hesitante suficiente para indicar que o animal "sabe" que está tendo dificuldade para decidir? Não. Em si mesmo o aumento de dificuldade é bastante banal. Nos seres humanos, assim como em muitos outros animais, o tempo de decisão e o número de erros aumenta sempre que há uma redução na diferença a ser reconhecida. Nos seres humanos, uma distância perceptiva menor claramente provoca um sentimento de segunda ordem de falta de confiança. Quando o som fica muito perto do limite, nós nos damos conta de que estamos diante de uma dificuldade. Sentimo-nos inseguros e sabemos que nossa decisão pode dar errado. Podendo, saímos do apuro, declarando abertamente que não temos ideia de qual é a resposta correta. Isso é típico conhecimento metacognitivo: *Eu sei que não sei.*

Natua teria algum conhecimento de sua própria incerteza? Seria capaz de dizer que sabe a resposta correta ou que está inseguro? Será que confia nas próprias decisões? Para responder a essas perguntas, J. David Smith, da Universidade Estadual de Nova York, inventou um truque brilhante: a resposta "fuga". Depois do treinamento perceptivo inicial, ele apresentou ao golfinho a tecla como uma terceira possibilidade de resposta. Por tentativa e erro, Natua aprendeu que sempre que apertava essa tecla, o som-estímulo era imediatamente substituído por um som fácil, de tonalidade baixa (em 1.200 hertz), que lhe garantia uma recompensa pequena. Assim, sempre que a tecla estava presente,

Natua tinha a opção de fugir da tarefa principal. Contudo, essa opção não lhe era dada em todas as tentativas: a tecla de fuga precisava ser usada com intervalos; se não, a recompensa ficaria muito adiada.

E aqui está o maravilhoso achado experimental: durante essa tarefa com sons, Natua decide espontaneamente usar a resposta-fuga somente em tentativas difíceis. Ele pressiona a tecla apenas quando a estimulação está perto da referência de 2.100 hertz, precisamente as tentativas em que é provável que cometa um erro. Tudo dá a entender que esteja usando a tecla como um "comentário" de segunda ordem a respeito de seu primeiro desempenho. Ao apertar essa tecla, ele "relata" que acha excessivamente difícil responder à primeira tarefa e prefere uma tentativa mais fácil. Como Rumsfeld, ele sabe o que não sabe.

Alguns pesquisadores recusam essa interpretação mentalista. Defendem que a tarefa pode ser mais bem descrita em termos behavioristas: o golfinho simplesmente exibe um comportamento motor treinado, que maximiza a recompensa. A única característica singular foi permitir três respostas em vez de duas. Assim como num treinamento de reforço, o animal percebeu que pressionar a tecla era mais vantajoso – nada mais do que behaviorismo de rotina.

Muitos experimentos do passado caem na armadilha dessa interpretação estreita, e a pesquisa mais recente com macacos Rhesus, ratos e pombos manifesta essa crítica, adotando uma postura metacognitiva. Os animais optam com frequência pela resposta escapatória, mostrando mais argúcia do que se optassem pela recompensa.[37] Por exemplo, quando lhes é dada a opção de fuga *depois de* fazer uma escolha, mas *antes* que lhes digam se estavam certos ou errados, eles detectam com precisão quais tentativas são subjetivamente difíceis para eles. Sabemos disso porque de fato se saem pior em tentativas em que optam pela saída do que nas que mantêm a resposta inicial, mesmo quando o estímulo em ambas as ocasiões é exatamente o mesmo. Eles parecem monitorar internamente seu estado mental e filtrar com precisão as tentativas em que, por um motivo qualquer, foram distraídos e o sinal que processavam não foi tão nítido como de hábito. É como se pudessem verdadeiramente avaliar sua autoconfiança em cada tentativa e optar pela fuga somente quando se sentirem inseguros.[38]

Quão abstrato é o autoconhecimento animal? Nos macacos Rhesus, pelo menos, um experimento recente mostra não ficar ligado a um único contexto supertreinado: os macacos Rhesus usam a tecla de exclusão independentemente dos limites do treino que tiveram. Assim que percebem o que essa tecla significa numa tarefa sensorial, usam-na corretamente no novo contexto de uma tarefa de memória. Tendo aprendido a relatar *Eu não compreendo bem*, eles generalizam para *Eu não lembro bem.*[39]

É evidente que existe algum grau de autoconhecimento nesses animais, mas poderia isso ser totalmente inconsciente? Há que ser cuidadoso a esse respeito, porque, como você deve lembrar do capítulo "Sondando as profundezas do inconsciente", uma grande parte de nosso comportamento se origina em mecanismos inconscientes. Também os mecanismos de automonitoramento poderiam desenvolver-se inconscientemente. Quando digito erradamente uma letra, ou quando meus olhos são atraídos por um alvo errado, meu cérebro registra os erros e os corrige automaticamente, e posso não ter consciência deles.[40] Vários argumentos, porém, sugerem que o autoconhecimento dos macacos Rhesus não se baseia apenas em tais automatismos subliminares. Seus julgamentos que optam pela via de exclusão são flexíveis, e generalizáveis para uma tarefa em que não houve treinamento. Esses julgamentos envolvem refletir sobre uma decisão que levou vários segundos, uma reflexão de longo prazo aparentemente fora dos limites dos processos inconscientes. Requerem o uso de um sinal de resposta arbitrário, a tecla "opto por sair". No nível neurofisiológico, envolvem a lenta acumulação de evidências e mobilizam áreas de alto nível dos lobos parietal e pré-frontal.[41] Extrapolando a partir daquilo que sabemos acerca do cérebro humano, parece improvável que esses juízos lentos e complicados de segunda ordem possam ter sido desenvolvidos na ausência de consciência.

Se essa inferência estiver correta (e ela certamente precisa ser validada por mais pesquisas), então o comportamento dos animais traz a marca de uma mente consciente e reflexiva. Não somos, provavelmente, os únicos a saber que sabemos, e o adjetivo *sapiens sapiens* precisaria não se restringir mais ao gênero *Homo*. Muitas outras espécies animais podem genuinamente refletir sobre seu estado mental.

CONSCIÊNCIA: UNICAMENTE HUMANA?

Embora os macacos Rhesus possuam claramente uma área de trabalho neuronal consciente e possam usá-lo para pensar acerca de si mesmos e do mundo exterior, os seres humanos, indubitavelmente, exibem uma introspecção superior. Mas o que exatamente diferencia o cérebro humano? O tamanho? A linguagem? A cooperação social? A plasticidade de longa duração? A educação?

Responder a essas perguntas é uma das tarefas mais instigantes para o futuro da pesquisa em neurociência cognitiva. Aqui, vou arriscar somente uma resposta exploratória: embora compartilhemos a maior parte, se não todo o cerne de nosso sistema cerebral, com outras espécies animais, o cérebro humano pode ser único em sua capacidade de combinar todos esses sistemas usando uma "linguagem do pensamento" sofisticada. René Descartes estava absolutamente certo a propósito de uma coisa: somente o *Homo sapiens* "usa as palavras ou outros signos compondo-os, como fazemos quando expomos nossos pensamentos a outrem". Essa capacidade de *compor* nossos pensamentos pode ser o ingrediente crucial que potencializa nossos pensamentos interiores. O que os seres humanos têm de único reside na maneira peculiar como formulamos explicitamente nossas ideias, usando estruturas de símbolos encaixadas ou recursivas.

Segundo esse argumento, e de acordo com Noam Chomsky, a linguagem evoluiu como um recurso representacional mais do que como um sistema comunicacional – e a principal vantagem que isso confere é a capacidade de *formular* nova ideias, além e acima da capacidade de compartilhá-las com os outros. Nosso cérebro parece ter um dom especial para aplicar símbolos a qualquer representação mental, e introduzir esses símbolos em combinações inteiramente novas. A área de trabalho neuronal global pode ser única em sua capacidade para formular pensamentos conscientes tais como "mais alto do que Tom", "à esquerda da porta vermelha" ou "não dado a John". Cada um desses exemplos combina vários conceitos elementares que se enquadram em domínios de competência totalmente diferentes: tamanho (alto), pessoa (Tom, John), espaço (esquerda), cor (vermelho), objeto (porta), lógica (não) ou ação (dar). Embora cada um deles seja inicialmente codificado num circuito cerebral diferente, a mente humana junta esses conceitos segundo sua vontade – não só associando-os, como os animais certamente fazem, mas compondo-os, mediante o uso de uma sintaxe sofisticada que distingue, por exemplo, "*my wife's brother*" ("o irmão de minha esposa") de "*my brother's wife*" ("a esposa de meu irmão") ou "*dog bites man*" ("cachorro morde gente") de "*man bites dog*" ("homem morde cachorro").

Suspeito que essa linguagem composicional do pensamento esteja subjacente a muitas habilidades unicamente humanas, desde o planejamento de ferramentas complexas até a criação da matemática superior. E quando se chega na consciência, essa habilidade pode explicar as origens de nossa capacidade sofisticada de autoconsciência. Os seres humanos possuem um senso incrivelmente refinado da mente – aquilo que os psicólogos chamam "teoria da mente", um extenso conjunto de regras intuitivas que nos permitem representar aquilo que os outros pensam, e raciocinar sobre isso. E na verdade toda as línguas humanas têm um vocabulário elaborado para falar de estados mentais. Dentre os dez verbos mais frequentes do inglês, seis se referem a conhecimento, sentimentos ou objetivos (*find, tell, ask, seem, feel, try* = *achar, contar, perguntar, parecer, sentir, tentar*). Aplicamos esses recursos a nós mesmos e aos outros usando construções idênticas com pronomes (*I* = "*eu*" é a 10ª palavra mais frequente em inglês, e *you* = "*tu, você*" é a 18ª). Portanto, podemos representar aquilo que nós sabemos no mesmo formato que aquilo que os outros conhecem ("*I believe X, but you believe Y*" / "Eu penso X, mas você pensa Y"). Essa perspectiva mentalista está presente desde o início: mesmo os bebês de sete meses já generalizam a partir do que sabem para aquilo que os outros sabem.[42] E isso pode muito bem ser uma característica unicamente humana: crianças de dois anos e meio já superam os chimpanzés adultos e os outros primatas na compreensão de eventos sociais.[43]

A função recursiva da linguagem humana pode servir de veículo para pensamentos complexos e agrupados que permanecem inacessíveis a outras espécies. Sem a sintaxe da língua, não fica claro que poderíamos mesmo ter pensamentos conscientes encaixados como "*He thinks that I do not know that he lies*" ("Ele pensa que eu não sei que ele mente"). Pensamentos desse tipo parecem estar muito longe da competência de nossos primos primatas.[44] O metaconhecimento desses nossos primos parece incluir somente dois passos (um pensamento e um grau de crença nele) em lugar da potencial infinidade de conceitos que uma linguagem recursiva faculta.

O sistema de área de trabalho neuronal humano, único na linhagem dos primatas, pode apresentar adaptações exclusivas para a manipulação interna dos pensamentos e crenças composicionais. As evidências neurobiológicas, embora escassas, são compatíveis com essa hipótese. Como discutimos no capítulo "Teorizando a consciência", o córtex pré-frontal, que é uma plataforma estruturante para a área de trabalho consciente, ocupa um espaço considerável no cérebro de qualquer primata – mas na espécie humana é amplamente expandida.[45] Entre primatas, os neurônios pré-frontais humanos são os que apresentam as maiores árvores dendríticas.[46] Consequentemente, nosso córtex pré-frontal é provavelmente muito mais ágil ao recolher e integrar informações vindas de outros lugares do cérebro, e isso pode explicar nossa capacidade incomum para a introspeção e o pensamento auto-orientado, desligado do mundo exterior.

As regiões da linha mediana e do lobo frontal anterior ficam sistematicamente ativadas quando utilizamos nossos talentos para o raciocínio social ou auto-orientado.[47] Uma dessas regiões, chamada córtex frontopolar, ou Área 10 de Brodmann, é maior no *Homo sapiens* do que em qualquer outro símio (os especialistas debatem se ela de fato existe nos macacos Rhesus). A substância branca subjacente, que dá suporte às conexões cerebrais de longa distância, é desproporcionalmente maior em seres humanos em comparação a qualquer outro primata, mesmo depois da grande mudança no tamanho do cérebro como um todo.[48] Todas essas descobertas fazem do córtex pré-frontal anterior o grande candidato a ser o *locus* de nossas habilidades reflexivas especiais.

Outra região especial é a área de Broca, a região frontal inferior esquerda que desempenha um papel especial na linguagem humana. Seus neurônios do patamar 3, que enviam projeções de longa distância, são mais espaçados em humanos do que nos outros símios, permitindo também uma interconexão maior.[49] Nesta área, bem como no cingulado anterior da linha mediana, outra região crucial para o autocontrole, Constantin von Economo descobriu neurônios gigantes que talvez sejam exclusivos dos cérebros humanos e em grandes símios, como os chimpanzés e os bonobos, pois parecem faltar em outros primatas, como os macacos Rhesus.[50] Com seus corpos celulares gigantes e longos axônios, essas células provavelmente prestam uma contribuição significativa para a irradiação de mensagens conscientes no cérebro humano.

Todas essas adaptações apontam para o mesmo percurso evolucionário. Durante a hominização, as redes de nosso córtex pré-frontal foram crescendo cada vez mais densas, numa extensão maior do que teria sido previsível apenas pelo tamanho do cérebro. Os circuitos de nossa área de trabalho expandiram-se de maneira desproporcional, mas é possível que esse aumento seja apenas a ponta do *iceberg*. Somos mais do que primatas com cérebros grandes. Não surpreenderia se, nos próximos anos, cientistas neurocognitivos descobrissem que o cérebro humano possui microcircuitos únicos que dão acesso a novos níveis de operações recursivas semelhantes às da linguagem. Nossos primos primatas possuem certamente uma vida mental interior e a capacidade de apreender conscientemente seus entornos, mas nosso mundo interior é imensamente mais rico, provavelmente por causa de uma faculdade única de ponderar pensamentos articulados.

Em resumo, a consciência humana é o resultado combinado de duas evoluções associadas. Em todos os primatas, a consciência evoluiu inicialmente como mecanismo de comunicação, tendo o córtex pré-frontal e os circuitos de longa distância a ele associados quebrado a modularidade dos circuitos neuronais locais, transmitindo assim informações pelo cérebro todo. Exclusivamente nos seres humanos, o poder desse mecanismo comunicativo foi posteriormente ampliado por uma segunda evolução: a emergência de uma "linguagem do pensamento" que nos permite formular crenças sofisticadas e compartilhá-las com outras pessoas.

DOENÇAS DA CONSCIÊNCIA?

As duas evoluções que ocorreram sucessivamente na área de trabalho humana devem se apoiar em mecanismos biológicos específicos ligados a determinados genes. Portanto, uma pergunta natural é: há doenças que atacam especificamente o mecanismo humano da consciência? Mutações genéticas ou descompassos cerebrais poderiam inverter o percurso evolucionário e produzir disfunções na área de trabalho neuronal global?

As conexões corticais de longa distância que sustentam a consciência tendem a ser frágeis. Comparados com qualquer outro tipo de células no corpo, os neurônios são células-monstro, pois seu axônio pode facilmente se estender por dezenas de centímetros. Sustentar um apêndice com esse comprimento, mais de mil vezes maior do que o corpo principal da célula, cria problemas únicos de expressão do gene e de tráfego molecular. A transcrição do DNA sempre acontece no núcleo da célula, ainda assim seus produtos finais devem ser encaminhados a sinapses localizadas a uma distância de centímetros. Uma mecânica biológica complexa é necessária para resolver esse problema logístico. Podemos, portanto, esperar que o sistema que evoluiu por conta das conexões de longa distância na área de trabalho seja alvo de problemas específicos.

Jean-Pierre Changeux e eu conjecturamos que o misterioso aglomerado de sintomas psiquiátricos conhecido como esquizofrenia pode começar a encontrar uma explicação nesse nível.[51] A esquizofrenia é um problema de saúde comum, que afeta 0,7% dos adultos. É uma doença mental arrasadora na qual adolescentes e adultos ainda jovens perdem o contato com a realidade, desenvolvem ilusões e alucinações (os chamados sintomas positivos) e, ao mesmo tempo, passam por uma redução geral da capacidade intelectual e emocional, que pode incluir uma desorganização da fala e comportamentos repetitivos (os sintomas negativos).

Há tempos vem se mostrando difícil identificar um único princípio que estaria na base dessa variedade de manifestações. Chama a atenção, porém, que esses déficits sempre parecem afetar funções supostamente associadas, nos seres humanos, à área de trabalho global consciente: crenças sociais, automonitoramento, juízos metacognitivos e mesmo o acesso elementar a informações perceptivas.[52]

Clinicamente, os pacientes esquizofrênicos apresentam um excesso de confiança em suas crenças bizarras. A metacognição e a teoria da mente podem estar tão gravemente afetadas que os pacientes não conseguem distinguir seus próprios pensamentos, conhecimentos, ações e memórias dos das outras pessoas. A esquizofrenia altera radicalmente a integração consciente do conhecimento formando uma rede de crenças que leva a delírios e confusões. Por exemplo, as memórias conscientes dos pacientes podem estar claramente erradas – minutos depois de ver uma lista de imagens ou palavras, muitas vezes não se lembram de ter visto alguns itens, e seu metaconhecimento de quando, se e onde viram algo ou ficaram sabendo a respeito é muitas vezes um desastre. Ainda assim – e é notável –, suas memórias inconscientes implícitas podem continuar intactas.[53]

Dado esse pano de fundo, meus colegas e eu nos perguntamos se poderia haver um déficit básico de percepção consciente na esquizofrenia. Investigamos como os esquizofrênicos reagiam à experiência do mascaramento – o desaparecimento subjetivo de uma palavra ou imagem quando elas são seguidas, num curto intervalo de tempo, por outra imagem. Nossos resultados foram muito claros: a duração mínima de apresentação para ver uma palavra mascarada ficava fortemente alterada nos esquizofrênicos.[54] O limite para o acesso consciente era elevado: os esquizofrênicos ficavam na zona subliminar por muito mais tempo e precisavam de muito mais evidências sensoriais antes de relatarem ter visto algo conscientemente. Note-se, porém, que seu processamento inconsciente continuava intacto. Um número subliminar projetado por apenas 29 milissegundos levou a um efeito de preparação inconsciente detectável, exatamente como nos sujeitos normais. A preservação de uma medida tão sutil indica que a cadeia de alimentação progressiva do processamento inconsciente, desde o reconhecimento visual até a atribuição de um significado, permanece bastante preservada apesar da doença. O principal problema dos esquizofrênicos parece residir na integração global das informações recebidas num todo coerente.

Meus colegas e eu temos observado uma dissociação parecida entre o processamento subliminar e o acesso consciente prejudicado em pacientes com esclerose múltipla, uma doença que afeta as conexões do cérebro que usam a substância branca.[55] Nas primeiríssimas fases da doença, antes que surja qualquer outro sintoma mais importante, os pacientes não conseguem ver conscientemente palavras e números faiscados à sua frente, mas ainda podem processá-los inconscientemente. A gravidade desse déficit da percepção pode ser prognosticada a partir do tamanho da avaria nas fibras de longa distância que ligam o córtex pré-frontal às regiões posteriores do córtex visual.[56] Essas descobertas são importantes, em primeiro lugar, porque confirmam que qualquer dano na sustância branca pode afetar seletivamente o acesso consciente; e em segundo lugar, porque uma pequena fração dos pacientes com esclerose múltipla desenvolvem desordens psiquiátricas parecidas com as da esquizofrenia, o que sugere, mais uma vez, que a perda das conexões de longa distância pode desempenhar um papel crucial no início da doença mental.

A neuroimagem dos pacientes esquizofrênicos comprova que sua capacidade para a reflexão consciente fica drasticamente reduzida. Seus primeiros processos visuais e atencionais podem estar bem intactos, mas falta a eles a maciça ativação sincrônica que cria uma onda P3 na superfície da cabeça e assinala uma percepção consciente.[57] Uma outra marca do acesso consciente, o súbito aparecimento de uma rede cerebral coerente com fortes correlações entre regiões corticais distantes na faixa das frequências-beta (13 a 30 hertz), também é, em geral, deficiente.[58]

Haveria uma evidência ainda mais direta de alteração anatômica das redes de trabalho globais na esquizofrenia? Sim. As imagens obtidas por tensor de difusão mostram consideráveis anomalias nos feixes de axônios de longa distância que ligam as regiões corticais. As fibras do *corpus callosum*, que interconectam os dois hemisférios são particularmente danificadas, como o são as conexões que ligam o córtex pré-frontal e as regiões distantes do córtex, do hipocampo e do tálamo.[59] O resultado é uma forte desorganização da conectividade: durante o estado de repouso tranquilo, nos pacientes esquizofrênicos o córtex pré-frontal perde seu *status* como o principal centro interconectado, e as ativações são muito menos integradas em um todo funcional em comparação com os controles normais.[60]

Em um nível mais microscópico, as enormes células piramidais no córtex dorsolateral pré-frontal (camadas 2 e 3), com seus longos dendritos capazes de receber milhares de conexões sinápticas, são muito menores nos pacientes esquizofrênicos. Elas apresentam menos espinhas, os pontos terminais das sinapses excitatórias cuja enorme densidade é característica do cérebro humano. Essa perda de conectividade pode ser um dos grandes causadores da esquizofrenia.

De fato, muitos dos genes que sofrem desorganização na esquizofrenia afetam um ou os dois principais sistemas de neurotransmissão molecular, os receptores de dopamina D2 e do glutamato NMDA, que desempenham um papel fundamental na transmissão sináptica pré-frontal e na plasticidade.[61]

Mais interessante, talvez, é o fato de que os adultos normais têm experiência de uma psicose semelhante à esquizofrenia quando consomem drogas como a fenciclidina (mais conhecida como PCP ou pó dos anjos) e a ketamina. Esses agentes funcionam bloqueando a transmissão neuronal, mais especificamente na altura das sinapses excitatórias de tipo NMDA, que são sabidamente essenciais para a transmissão de mensagens descendentes passando por longas distâncias do córtex.[62] Nas minhas simulações computacionais da área de trabalho global, as sinapses NMDA foram essenciais para a ignição consciente: elas formavam circuitos de longa distância que ligavam áreas corticais elevadas, de cima para baixo, para os processadores de nível inferior que originalmente as haviam ativado. A remoção dos receptores NMDA de nossas simulações resultava numa drástica perda da conectividade, e a ignição desaparecia.[63] Outras simulações mostram que os receptores de NMDA são igualmente importantes para a lenta acumulação de evidências que subjaz à tomada de decisão.[64]

Uma perda global da conectividade de cima para baixo pode explicar em grande parte os sintomas negativos da esquizofrenia. Isso não afetaria a transmissão progressiva da informação sensorial, mas evitaria seletivamente sua integração global via circuito de longa distância, de cima para baixo. Portanto, os pacientes esquizofrênicos apresentariam um processamento inteiramente normal de alimentação no sentido "para frente", incluindo as operações sutis que produzem uma preparação subliminar. Eles apresentariam um déficit somente na ignição e transmissão de informação subsequente, desorganizando suas capacidades de monitoramento consciente, atenção de tipo de cima para baixo, memória de trabalho e tomada de decisão.

E quanto aos sintomas positivos dos pacientes, suas alucinações e delírios? Os neurocientistas cognitivos Paul Fletcher e Chris Frith propuseram um mecanismo de explicação preciso, também baseado numa propagação de informação danificada.[65] Conforme discutimos no capítulo "Sondando pensamentos inconscientes", os cérebros funcionam como um Sherlock Holmes, um detetive que extrai de seus vários *inputs* o maior número possível de inferências, sejam elas perceptivas ou sociais. Esse aprendizado estatístico requer uma troca de informações bidirecional:[66] as regiões sensoriais mandam suas mensagens num sentido ascendente da hierarquia, e as regiões mais altas respondem com predições descendentes, como parte de um algoritmo de aprendizado que se esforça constantemente para destrinchar informações que surgem dos sentidos. O aprendizado se interrompe quando as representações de nível mais elevado são tão precisas que suas predições batem por completo com os *inputs* ascendentes. Nesse ponto, o cérebro percebe um sinal de erro desprezível (a diferença entre os sinais preditos e os sinais observados) e, consequentemente, a surpresa é mínima: o sinal que chega já não é interessante e, portanto, já não desencadeia nenhum aprendizado.

Agora, imagine que na esquizofrenia as mensagens no sentido topo-base são reduzidas, devido às conexões de longa distância avariadas ou receptores NMDA disfuncionais. Isso, argumentam Fletcher e Frith, resultaria em uma forte desafinação dos mecanismos estatísticos de aprendizado. Os *inputs* sensoriais nunca seriam explicados de maneira satisfatória. Sinais de erro permaneceriam para sempre, provocando uma interminável avalanche de interpretações. Os esquizofrênicos continuariam achando que algo ainda precisaria ser explicado, que o mundo contém muitas camadas de sentido escondidas, níveis profundos de explicação que só eles podem perceber e processar. E assim eles continuariam a inventar interpretações mirabolantes para tudo aquilo que os cerca.

Considere, por exemplo, como um cérebro esquizofrênico monitoraria suas próprias ações. Normalmente, sempre que nos movemos, um mecanismo preditivo cancela as consequências sensoriais de nossas ações. Graças a esse mecanismo, não ficamos surpresos quando pegamos numa xícara de café: o toque morno e o peso leve que nossa mão sente são altamente fáceis de predizer, e mesmo antes de agir, nossas áreas motoras mandam uma predição de tipo topo-base para nossas áreas sensoriais para informar que elas estão na iminência de experienciar a ação de segurar algo. Essa antecipação funciona tão bem que, quando agimos, ignoramos geralmente o toque – e só ficamos cientes disso se algo dá errado, por exemplo, a xícara estar quente demais.

Imagine agora estar vivendo num mundo em que as predições em sentido de cima para baixo falham sistematicamente. Até a xícara de café parece errada: quando você a segura, o toque não corresponde exatamente à sua expectativa, obrigando-o a se perguntar quem ou o que está alterando suas sensações. Acima de tudo, falar soa estranho. Você pode ouvir sua própria voz enquanto fala, e os sons da voz soam engraçados. Coisas estranhas no som que chega até você atraem constantemente sua atenção. Você começa a pensar que alguém está se intrometendo em sua fala. A partir desse ponto falta pouco para você ficar convencido de que ouve vozes em sua cabeça e que agentes do mal, quem sabe seu vizinho ou a CIA, controla seu corpo e perturba sua vida. Você se vê constantemente procurando pelas causas secretas de misteriosos acontecimentos que os outros nem sequer notam – eis uma boa descrição dos sintomas esquizofrênicos.

Em poucas palavras, a esquizofrenia parece ser uma forte candidata a uma doença das conexões de longa distância que transmitem sinais através do cérebro e formam o sistema da área de trabalho consciente. Não estou sugerindo, é claro, que os pacientes com esquizofrenia são zumbis inconscientes. Minha opinião é apenas que, na esquizofrenia, a transmissão consciente é muito mais flagrantemente danificada que os outros processos automáticos. As doenças tendem a respeitar as fronteiras do sistema nervoso, e a esquizofrenia pode afetar especificamente os mecanismos biológicos que sustentam conexões neuronais do tipo topo-base.

Nos esquizofrênicos, esse desarranjo não é completo; se fosse, o paciente simplesmente ficaria inconsciente. Pode essa condição médica dramática existir? Em 2007, neurologistas da Universidade da Pensilvânia descobriram uma impressionante doença.[67] Havia jovens dando entrada no hospital com uma variedade de sintomas. Muitos eram mulheres com câncer ovariano, mas outros simplesmente se queixavam de dor de cabeça, febre ou sintomas parecidos com os da gripe. De repente, a doença assumia um aspecto inesperado. Desenvolviam "graves sintomas psiquiátricos, incluindo ansiedade, agitação, comportamento estranho, pensamentos delirantes ou paranoides e alucinações visuais ou auditivas" – uma forma aguda, adquirida e de rápida evolução de esquizofrenia. Ao cabo de três semanas, a consciência dos pacientes começava a declinar. O EEG deles começou a apresentar ondas cerebrais lentas, como quando as pessoas caem no sono ou entram em coma. Acabaram ficando imóveis e pararam de responder à estimulação ou mesmo de respirar autonomamente. Muitos morreram poucos meses depois. Outros se recuperaram mais tarde e tiveram uma vida e saúde mental normais, mas confirmaram que não guardavam lembranças do episódio de inconsciência.

O que estava acontecendo? Uma investigação cuidadosa revelou que todos tinham sofrido uma doença autoimune. Seu sistema imunológico, em vez de ficar de prontidão contra invasores externos como os vírus ou as bactérias, voltou-se contra si mesmo. Ele estava destruindo seletivamente uma molécula dentro do corpo dos pacientes: o NMDA, receptor do neurotransmissor glutamato. Como vimos anteriormente, esse elemento essencial do cérebro desempenha um papel fundamental na transmissão topo-base de informações nas sinapses corticais. Quando uma cultura de neurônios foi exposta ao soro dos pacientes, suas sinapses NMDA literalmente desapareceram num prazo de horas. Assim que o soro letal foi removido, o receptor voltou.

É fascinante que uma única molécula, quando é excluída, baste para causar uma perda seletiva da saúde mental e, por fim, da própria consciência. Podemos estar testemunhando a primeira condição médica em que uma doença destrói as conexões que, de acordo com meu modelo da área de trabalho neuronal global, subjazem a qualquer experiência consciente. Esse ataque pontual destrói rapidamente a consciência, produzindo, de início, uma forma artificial de esquizofrenia e depois destruindo a possibilidade de manter o estado de alerta. Nos próximos anos, essa condição médica pode servir como modelo cujos mecanismos moleculares lançam luz sobre as doenças psiquiátricas, seu começo e suas ligações com a experiência consciente.

MÁQUINAS CONSCIENTES?

Agora que estamos começando a compreender a função da consciência, sua arquitetura cortical, sua base molecular e até suas enfermidades, podemos encarar a iniciativa de sua simulação computacional? Além de não ver nenhum problema lógico nessa possibilidade, considero esse um caminho animador da pesquisa científica – um grande desafio que a ciência da computação pode resolver nas próximas décadas. Não estamos nem um pouco perto de ter a capacidade de construir uma máquina desse tipo, mas o fato de que podemos fazer uma proposta concreta a respeito de algumas de suas características principais indica que a ciência da consciência está avançando.

No capítulo "Teorizando a consciência", tracei um esquema geral para uma simulação computacional do acesso consciente. Aquelas ideias poderiam servir de base para um novo tipo de arquitetura de software. Assim como um computador moderno roda em paralelo muitos programas especializados, nosso software conteria um grande número de programas especializados, cada um dedicado a determinada função, tais como o reconhecimento da face, detecção de movimento, navegação espacial, produção da fala ou orientação motora. Alguns desses programas receberiam seus *inputs* do interior e não do exterior do sistema, dotando-o de uma forma de introspeção e autoconhecimento. Por exemplo, um dispositivo especializado na detecção de erros poderia aprender a predizer se o organismo está propenso a desviar-se de seu alvo habitual. Os computadores atuais possuem os rudimentos dessa ideia, já que vêm cada vez mais equipados com dispositivos automonitorados que testam a vida restante da bateria, o espaço do disco, a integridade da memória ou problemas internos.

Vejo pelo menos três importantes funções que os computadores atuais deixam escapar: comunicação flexível, plasticidade e autonomia. Em primeiro lugar, os programas precisariam comunicar-se uns com os outros de maneira flexível. Em um determinado momento, o *output* de qualquer um dos programas seria selecionado como o foco de interesse para o organismo todo. A informação selecionada entraria na área de trabalho, um sistema de capacidade limitada que opera de maneira lenta e serial, mas tem a enorme vantagem de ser capaz de transmitir a informação de volta a qualquer outro programa. Nos computadores atuais, essas trocas são geralmente proibidas: cada aplicação é executada em uma área de memória separada, e seus *outputs* não podem ser compartilhados. Os programas não têm meios para trocar seu conhecimento especializado – à parte a área de transferência, que é rudimentar e fica subordinada ao controle do usuário. A arquitetura em que estou pensando aumentaria espantosamente a flexibilidade das trocas de informação, fornecendo uma espécie de área de transferência universal e autônoma – a área de trabalho global.

Que uso fariam os programas receptores das informações transmitidas pela área de transferência? Meu segundo componente fundamental é um poderoso algoritmo de aprendizado. Os programas individuais não seriam estáticos, mas sim dotados da capacidade de descobrir o melhor uso que se pode fazer da informação que recebem. Cada programa se ajustaria de acordo com uma regra de aprendizado semelhante às do cérebro, que captaria as muitas relações preditivas que existem entre os *inputs*. Portanto, o sistema se adaptaria às circunstâncias e mesmo aos caprichos de sua própria arquitetura, tornando-a resistente, por exemplo, à falha de um subprograma. Descobriria quais de seus *inputs* são dignos de atenção e como combiná-los a fim de computar funções úteis.

E isso me leva à terceira característica que considero desejável: a autonomia. Mesmo na ausência de qualquer interação com o usuário, o computador usaria seu próprio sistema de valores para decidir quais são os dados que merecem ser objeto de um exame lento e consciente na área de trabalho global. A atividade espontânea deixaria constantemente que "pensamentos" aleatórios entrassem na área de trabalho, para serem retidos ou rejeitados, dependendo de sua adequação aos objetivos básicos do organismo. Mesmo na ausência de *inputs*, surgiria uma corrente serial de estados internos flutuantes.

O comportamento de um organismo simulado desse tipo seria semelhante à nossa própria forma de consciência. Sem nenhuma intervenção humana, ele estabeleceria seus próprios objetivos, exploraria o mundo e aprenderia sobre seus próprios estados interiores. A todo momento, ele dirigiria seus próprios recursos para uma única interpretação interna – o que podemos chamar de seu conteúdo consciente.

Reconheço que essas ideias continuam vagas. Muito trabalho será necessário para se tornar um projeto. Em princípio, no entanto, não vejo por que elas não conduziriam para uma consciência artificial.

Muitos pensadores discordam. Consideremos brevemente seus argumentos. Alguns acreditam que a consciência não pode ser reduzida a um processamento de informações, porque nenhuma quantidade de processamento de informação causará jamais uma experiência subjetiva. O filósofo Ned Block, da Universidade Nova York, por exemplo, admite que os mecanismos da área de trabalho podem explicar o acesso consciente, mas sustenta que são inerentemente incapazes de explicar nossos *qualia* – os estados subjetivos ou sentimentos crus de realmente ter a experiência de um sentimento, de uma dor ou o encanto de assistir a um lindo pôr do sol.[68]

Indo na mesma direção, David Chalmers, filósofo na Universidade do Arizona, sustenta que, mesmo que a área de trabalho explique quais operações podem ou não ser realizadas conscientemente, ela nunca resolverá o enigma da subjetividade em primeira pessoa.[69] Chalmers é famoso por ter introduzido uma distinção entre problemas de consciência fáceis e difíceis. Os problemas de consciência fáceis – diz ele – consistem em explicar as várias funções do cérebro: como reconhecemos um rosto, uma palavra ou um panorama? Como extraímos informações dos sentidos e as usamos para orientar nosso comportamento? Como geramos sentenças para descrever aquilo que sentimos? "Embora todas essas questões estejam associadas à consciência", afirma Chalmers, "elas dizem respeito aos mecanismos objetivos do sistema cognitivo e, portanto, temos todos os motivos para esperar que o trabalho contínuo em Psicologia Cognitiva e Neurociência as responderá".[70] Por outro lado, o problema da consciência difícil é:

> a questão de como os processos físicos no cérebro dão origem à experiência subjetiva [...] a sensação que o sujeito tem das coisas. Quando vemos alguma coisa, por exemplo, temos a experiência de sensações visuais, como as de um azul intenso. Ou pensamos no som inefável de um oboé distante, a agonia de uma dor intensa, a cintilação da felicidade ou a qualidade meditativa de um momento perdido em pensamentos... São esses os fenômenos que evocam o verdadeiro mistério da mente.

Minha opinião é que Chalmers trocou os rótulos: é o problema "fácil" que é difícil, ao passo que o problema difícil só parece difícil porque envolve intuições mal definidas. Assim que nossa intuição for treinada pela Neurociência cognitiva e pelas simulações em computador, o problema difícil de Chalmers evaporará. O conceito hipotético dos *qualia*, mera experiência mental destacada de qualquer papel de processamento de informação, será visto como uma ideia peculiar da era pré-científica, exatamente como o vitalismo – o pensamento equivocado do século XIX segundo o qual, por mais detalhes que venhamos a reunir sobre os mecanismos químicos dos organismos vivos, nunca serão explicadas as qualidades únicas da vida. A biologia molecular moderna reduziu a pó essa crença, mostrando como a engenharia molecular no interior de nossas células forma um autômato que se autorreproduz. Analogamente, a ciência da consciência continuará roendo o difícil problema até que ele desapareça. Por exemplo, os modelos atuais da percepção visual já explicam não só por que o cérebro humano sofre uma variedade de ilusões visuais, mas também por que essas ilusões apareceriam em qualquer máquina racional que fosse defrontada com o mesmo problema computacional.[71] A ciência da consciência já explica parcelas significativas de nossa experiência subjetiva, e eu não consigo imaginar limites óbvios para essa abordagem.

Um argumento filosófico relacionado propõe que, por mais que nos esforcemos para simular o cérebro, sempre faltará a nosso software um traço da consciência humana: o livre-arbítrio. Para algumas pessoas, uma máquina com livre-arbítrio é uma contradição em termos, porque as máquinas são determinísticas; seu comportamento é determinado por sua organização interna e por seu estado inicial. Suas ações podem não ser previsíveis, devido à imprecisão da mensuração e ao caos, mas elas não podem desviar-se da cadeia causal que é ditada por sua organização física. Esse determinismo parece não deixar espaço para a liberdade pessoal. Como o poeta e filósofo Lucrécio escreveu no primeiro século antes de Cristo:

> Se todo movimento é sempre interconectado, o novo derivando do antigo numa ordem determinada, se os átomos nunca se desviam de modo a originar algum movimento novo que possa quebrar as amarras do destino, a eterna sequência de causa e efeito – qual é a fonte de livre-arbítrio das coisas vivas, mundo afora?[72]

Até mesmo alguns cientistas contemporâneos de primeira linha acham esse problema tão insuperável que vão atrás de novas leis da Física. Somente a mecânica quântica, dizem eles, introduz o elemento correto de liberdade. John Eccles (1903-1997), que recebeu o Prêmio Nobel em 1963 por suas descobertas sobre a base química da transmissão por sinal nas sinapses, era um desses neurocéticos. Para ele, o principal problema da Neurociência era entender "como o *eu* controla seu cérebro", como dizia o título de um de seus numerosos livros[73] – uma formulação discutível que dá um tapa no dualismo. Acabou levantando a suposição desnecessária de que pensamentos imateriais da mente agem sobre o cérebro material ao ajustar as probabilidades de eventos quânticos nas sinapses.

Outro brilhante cientista contemporâneo, o grande físico Sir Roger Penrose, também acha que a consciência e o livre-arbítrio requerem a mecânica quântica.[74] Penrose, juntamente com o anestesiologista Stuart Hameroff, desenvolveu a fantasiosa opinião do cérebro como um computador quântico. A possibilidade de que um sistema físico quântico exista em muitos estados superpostos seria utilizada pelo cérebro humano para explorar infinitas opções num tempo finito, explicando a capacidade que têm os matemáticos de enxergar através do teorema de Gödel.

Infelizmente, essas propostas barrocas não têm base em nenhuma Neurobiologia ou ciência cognitiva sólida. Embora a percepção de que nossa mente escolhe suas ações "com toda a liberdade" exija uma explicação, a Física Quântica, versão moderna dos "átomos que se desviam" de Lucrécio, não é uma solução. A maioria dos físicos concordam que o ambiente de sangue morno em que o cérebro está imerso é incompatível com a computação quântica, que exige temperaturas baixas para evitar uma perda rápida da coerência quântica. E a escala de tempo em que nós ficamos conscientes dos aspectos do mundo exterior não tem qualquer relação com a escala de femtossegundos (10^{-15}) na qual essa decoerência quântica ocorre.

Importante: mesmo se os fenômenos quânticos influenciassem algumas das operações mentais, a imprevisibilidade intrínseca delas não satisfaria nossa noção de livre-arbítrio. Como argumentou convincentemente o filósofo contemporâneo Daniel Dennett, uma forma pura de aleatoriedade no cérebro não fornece qualquer "tipo de liberdade que valha a pena ter".[75] Queremos realmente que nossos corpos sejam sacudidos para lá e para cá por oscilações incontroláveis geradas no nível subatômico, como as contorções e tiques de um paciente com síndrome de Tourette? Nada poderia estar mais longe de nosso conceito de liberdade.

Quando discutimos o "livre-arbítrio", temos em mente uma forma de liberdade muito mais interessante. Nossa crença no livre-arbítrio expressa a ideia de que, nas circunstâncias corretas, somos capazes de guiar nossas decisões por nossos pensamentos, crenças, valores e experiências passadas de nível mais elevado e de manter sob controle nossos impulsos indesejados de baixo nível. Sempre que tomamos uma decisão autônoma, exercemos nosso livre-arbítrio considerando todas as opções disponíveis, ponderando-as, escolhendo a preferida. Algum grau de acaso pode entrar numa escolha voluntária, mas isso não é um traço essencial. Na maior parte do tempo, nossos atos voluntários são tudo menos aleatórios: consistem em uma revisão cuidadosa de nossas opções seguida pela seleção deliberada daquela que preferimos.

Essa concepção do livre-arbítrio não exige qualquer apelo à Física Quântica e pode ser implementada num computador comum. Nossa área de trabalho neuronal global permite-nos recolher todas as informações necessárias, vindas tanto de nossos sentidos presentes como de nossas memórias, sintetizá-las, avaliar suas consequências, ponderá-las por todo o tempo que quisermos e, por fim, usar essa reflexão interior para guiar nossas ações. É isso que chamamos uma decisão voluntária.

Quando pensamos em livre-arbítrio é, pois, necessário que distingamos claramente duas percepções sobre nossas decisões: sua indeterminação fundamental (uma ideia duvidosa) e sua autonomia (uma noção respeitável). Nossos estados mentais não estão isentos de segundas intenções e não fogem às leis da Física – nada foge a essas leis. Mas nossas decisões são genuinamente livres quando têm fundamento numa deliberação consciente que procede de maneira autônoma, sem qualquer impedimento, depois que foram pesados cuidadosamente os prós e os contras, antes de embarcar em um curso de ação. Quando tudo isso ocorre, estamos corretos ao falar de uma decisão voluntária – mesmo se essa decisão for, em última análise, causada por nossos genes, nossa história de vida e pelos valores inscritos por esses fatores em nossos circuitos neuronais. Devido às flutuações na atividade cerebral espontânea, nossas decisões podem continuar imprevisíveis, mesmo para nós mesmos. Mas essa imprevisibilidade não é um traço que entra na definição do livre-arbítrio; nem precisa ser confundida com indeterminação absoluta. O que conta é a tomada de decisão autônoma.

Em minha opinião, portanto, uma máquina dotada de livre-arbítrio não é uma contradição em termos, mas apenas uma descrição abreviada daquilo que somos. Não tenho problemas em imaginar um mecanismo artificial capaz de decidir deliberadamente sobre suas ações. Mesmo que a arquitetura de nosso cérebro fosse totalmente determinística, como uma simulação por computador pode ser, ainda seria legítimo afirmar que ele exerce uma forma de livre-arbítrio. Sempre que uma arquitetura neuronal exibe autonomia e deliberação, estamos corretos em denominá-la de "mente livre" – e se aplicarmos nela a engenharia reversa, conseguiremos imitá-la em máquinas artificiais.

Em suma, nem os *qualia* nem o livre-arbítrio parecem colocar problemas sérios para a concepção de uma máquina consciente. Chegando ao fim de nossa caminhada rumo à consciência e ao cérebro, percebemos quão cuidadosos precisamos ser com nossas intuições acerca daquilo que um equipamento neuronal complexo pode realizar. A riqueza do processamento de informações que uma rede de 16 bilhões de neurônios corticais oferece está além de nossa imaginação corrente. Nossos estados neuronais flutuam incessantemente de um modo parcialmente autônomo, criando um mundo interior de pensamentos pessoais. Mesmo quando se deparam com *inputs* sensoriais idênticos, reagem diferentemente, dependendo de nosso estado de espírito, objetivos e lembranças. Nossos códigos neuronais conscientes também variam de cérebro para cérebro. Embora todos nós compartilhemos o mesmo inventário total de neurônios codificando a cor, a forma ou o movimento, sua organização de detalhe resulta de um longo processo de desenvolvimento que esculpe cada cérebro de forma diferente, selecionando e eliminando sinapses sem parar, para criar nossas personalidades únicas.

O código neuronal que resulta desse cruzamento de regras genéticas, experiências passadas e encontros casuais é único a cada momento e para cada pessoa. Seu número imenso de estados cria um rico mundo de representações interiores, conectado ao entorno, mas não imposto por ele. Sentimentos subjetivos de medo, beleza, sensualidade ou remorso correspondem a atratores estáveis nesse panorama dinâmico. São inerentemente subjetivos, porque a dinâmica do cérebro encaixa seus *inputs* presentes em uma tapeçaria de memórias passadas e de objetivos futuros e, assim, acrescenta um patamar de experiência pessoal aos *inputs* sensoriais brutos.

O que surge é um "presente lembrado",[76] uma versão personalizada do aqui e agora, engrossado pelo arrastar-se de memórias e pela antecipação de previsões, no qual uma perspectiva de primeira pessoa é constantemente projetada em seu ambiente: um mundo consciente interior.

Essa requintada maquinaria biológica está funcionando, neste exato momento, dentro de seu cérebro. Enquanto você fecha este livro para ponderar sobre sua própria existência, conjuntos ativados de neurônios literalmente dão forma à sua mente.

Notas

As referências bibliográficas completas podem ser encontradas no item "Material complementar" na página do livro no site da Editora Contexto. Link: <https://www.editoracontexto.com.br/e-assim-que-pensamos>.

Introdução

[1] Jouvet, 1999, 169-71.
[2] Damasio, 1994.
[3] James, 1890.
[4] As citações de Descartes provêm do *Tratado sobre o homem*, escrito aproximadamente em 1632-1633 e publicado pela primeira vez em 1662. Tradução inglesa: Descartes, 1985.
[5] Sem dúvida, outro fator foi o medo de Descartes de um conflito com a Igreja. Ele só tinha 4 anos em 1600, quando Giordano Bruno foi queimado na fogueira, 36 anos quando Galileu escapou por um triz de ter o mesmo destino. Descartes assegurou-se de que sua obra-prima, *O Mundo*, que continha a seção altamente reducionista de *O Homem* não fosse publicada durante sua vida; só foi publicada em 1664, bem depois de sua morte, que ocorreu em 1650. Somente algumas alusões parciais apareceram em *Discurso do método* (1637) e em *Paixões da alma* (1649). E estava certo em ser cauteloso: em 1663, a Santa Sé colocou oficialmente seus trabalhos no Índice dos Livros Proibidos. Portanto, é possível que a insistência de Descartes a respeito da imaterialidade da alma fosse, em parte, uma fachada, uma medida protetiva para salvar sua vida.
[6] Michel de Montaigne, *The Complete* Essays. Trad. De Michael Andrew Screech (New York: Penguin, 1987), 2:12.
[7] Por exemplo, Posner e Snyder, 1975/2004; Shallice, 1979; Shallice, 1972; Marcel, 1983; Libet, Alberts, Wright e Feinstein, 1967; Bisiach, Luzzatti e Perani, 1979 ; Weiskrantz, 1986 ; Frith, 1979 ; Weiskrantz, 1997.
[8] Baars, 1989.
[9] Watson, 1913.
[10] Nisbett e Wilson, 1977; Johansson, Hall, Sikstrom e Olsson, 2005.
[11] O filósofo Daniel Dennett chama essa abordagem de "hetero-fenomenologia" (Dennett, 1991).

Capítulo "A consciência entra no laboratório"

[1] Crick e Koch, 1990a; Crick e Koch, 1990b. Com certeza, muitos outros psicólogos e neurocientistas tinham defendido anteriormente uma agenda reducionista para a pesquisa sobre consciência (ver Churchland, 1986; Changeux, 1983; Baars, 1989; Weiskrantz, 1986; Posner e Snyder, 1975/2004; Shallice, 1972). Mas em minha opinião, os artigos de Crick e Koch, com sua abordagem realista centrada na visão, tiveram um papel essencial em atrair para o campo cientistas experimentais.
[2] Kim e Blake, 2005.
[3] Posner, 1994.
[4] Wyart /Dehaene e Tallon-Baudry, 2012; Wyart e Tallon-Baudry, 2008.
[5] Gallup, 1970.

[6] Plotnik, de Waal e Reiss, 2006; Prior, Schwarz e Gunturkun, 2008; Reiss e Marino, 2001.
[7] Epstein, Lanza e Skinner, 1981
[8] Para uma discussão aprofundada sobre teste do espelho, ver Suddendorf e Butler, 2013.
[9] Hofstader, 2007.
[10] Comte 1830-42.
[11] Alguns cientistas usam o termo *awareness* para referir-se especificamente à forma simples de consciência em que ganhamos acesso a um estado sensorial – aquilo que eu chamo "acesso consciente à informação sensorial". Contudo, a maioria das definições de dicionário não concordam com esse uso restrito do termo, e mesmo os autores contemporâneos tendem a tratar *awareness* e *consciousness* como sinônimos. Neste livro, tenho usado as duas palavras como sinônimas, ao mesmo tempo que tenho proposto uma subdivisão mais exata em termos de *conscious acces, wakefulness, vigilance, self- consciousness e metacognition.*
[12] Baars, 1989.
[13] Schneider e Shiffrin, 1977; Shiffrin e Schneider, 1977; Posner e Snyder, 1975/2004; Reichle, Fiesz, Videen e Mac Leod, 1994; Chein e Schneider, 2005.
[14] New e Scholl, 2008; Ramachandran e Gregory, 1991.
[15] Leopold e Logothetis, 1996; Logotethis, Leopolod e Sheinberg, 1996; Leopold e Logothetis, 1999. Estes estudos pioneiros foram desde então replicados e estendidos com a técnica mais sofisticada da "supressão do flash", que permite um controle muito mais fino sobre o momento em que a imagem é suprimida (ver, por exemplo, Maier, Wilke, Aura,Zhu, Ye e Leopold, 2008; Wilke, Logothetis e Leopold, 2006; Fries, Schroder, Roelfsema, Singere e Engel, 2002). Muitos experimentadores também usaram técnicas de neuroimagem para explorar a destinação neural de imagens vistas e perdidas em humanos (por exemplo, Srinvasan, Russell, Edelman e Tononi, 1999; Lumer, Friston e Rees, 1998; Haynes, Deichmann e Rees, 2005; Haynes, Driver e Rees, 2005).
[16] Wilke, Logothetis e Leopold, 2003; Tsuchiya e Koch, 2005.
[17] Chong, Tadin e Blake, 2005; Chomg e Blake, 2006.
[18] Zhang, Jamison, Engel, He e He, 2011; Brascamp e Blake, 2012.
[19] Zhang, Jamison, Engel, He e He, 2011.
[20] Brascamp e Blake, 2012.
[21] Raymond, Shapiro e Arnell, 1992.
[22] Marti, Sigman e Dehanene, 2012.
[23] Chun e Potter, 1995.
[24] Telford, 1931; Pashler, 1984; Pashler, 1994; Sigman, e Dehanene, 2005.
[25] Marti, Sackur, Sigmas e Dehahene, 2010; Dehaene, Pegado, Braga, Ventura, Nunes Filho, Jobert, Dehahene-Lambertz et al., 2010, Corallo, Sackur, Dehaene e Sigman, 2008.
[26] Marti, Sigmas e Dehahene, 2012; Won,g 2002, Jolicoeur, 1999.
[27] Mack e Rock, 1998.
[28] Simons e Chabris, 1999. Ver o filme em http://www.youtube.com/watch?v=vJG698U2Mvo.
[29] Rensink, O'Regan e Clark, 1997. Para trabalhos mais recentes que exploram esta técnica para estudar os correlatos comportamentais e cerebrais da detecção de mudança, ver Beck, Rees, Frith e Lavie, 2001; Landman, Spekreijse e Lamme, 2003; Simons e Ambinder, 2005; Beck, Muggleton, Walssh e Lavie, 2005, Reddy, Quiroga, Wilken, Kock e Fried, 2006.
[30] Johansson, Hall, Sikstrom e Olsson, 2005.
[31] Ver o filme em http://www.youtube.com/watch?v=ubNF9QNEQLA.
[32] Para discussão, ver Simons e Ambinder, 2005; Landman, Spekreijse e Lamme, 2003; Block 2007.
[33] Woodman e Luk, 2003; Giesbrecht e Di Lollo, 1998; Di Lollo, Enns e Rensink, 2000.
[34] Del Cul, Dehaene e Leboyer, 2006; Gaillard, Del Cul, Naccache, Vinkler, Cohen e Dehahene, 2006; Del Cul, Baillet e Dehaene, 2007; Del Cul, Dehaene, Reyes, Bravo e Slacebsky, 2009; Sergent e Dehahene, 2004.
[35] Dehahene, Naccache, Cohen, Le Bihan, Mangink Poline e Rivière, 2001.
[36] Del Cul, Dehahene, Reyes, Bravo e Slachevsky, 2009, Charles, Van Opstal, Marti e Dehahene, 2013.
[37] Dehaene e Naccache, 2001.
[38] Ffytche, Howard, Brammer, David, Woodruff e Williams, 1998.
[39] Kruger e Dunning, 1999, Johansson, Hall, Sikstrom e Olsson, 2005; Nisbett e Wilson, 1977.
[40] Dehaene, 2009; Dehaene, Naccache, Cohen, Le Bihan, Mangin, Poline e Rivière, 2001.
[41] Blanke, Landis, Spinelli e Seeck, 2004; Blanke,ortigue, Landis e Seeck, 2002.
[42] Lenggenhager, Mouthon e Blanke, 2009; Lenggenhager, Tadi, Metzinger e Blanke, 2007. Ver também Ehrsson, 2007. Um precursor deste experimento é a famosa ilusão da "mão de borracha". Ver Botvinick e Cohen, 1998; Ehrsson, Spence e Passingham, 2004.

[43] Uma descoberta importante e recente é que diferentes paradigmas podem não bloquear o acesso consciente no mesmo estágio de processamento. Por exemplo, o estágio em que a competição interocular interfere no processamento visual é anterior ao estágio em que isso acontece com o mascaramento (Almeida, Mahon, Nakayama e Caramazza, 2008); Breitmeyer, Koc, Ogmen e Ziegler, 2008. Portanto, é essencial comparar múltiplos paradigmas, se o objetivo é compreender as condições necessárias e suficientes para o acesso consciente.

Capítulo "Sondando as profundezas do inconsciente"

[1] Para uma história detalhada das ideias sobre o inconsciente, ver Ellenberger, 1970.
[2] Gauchet, 1992.
[3] Para um tratamento lúcido, detalhado e acessível da história da Neurociência, ver Finger, 2001.
[4] Howard, 1996.
[5] Ibidem.
[6] Maudsley, 1868.
[7] James 1890, 211 e 208. Ver Ellenberger 1870 e Weinberger, 2000.
[8] Vladimir Nabokov, *Strong Opinions* (1973, 1990), 66.
[9] Ledoux, 1996.
[10] Weiskrantz, 1997.
[11] Sahraie, Weiskrantz, Barbur, Simmons, Williams e Brammer, 1997. Ver também Morris, DeGelder, Weiskrantz e Dolan, 2001.
[12] Morland, Le, Carroll, Hoffmann e Pambakian, 2004; Schmid, Mrowka, Turchi, Saunders, Wilke, Peters, Ye e Leopold, 2010; Schmid, Panagiotaropoulos, Augath, Logothetis e Smirnakis, 2009, Goebel, Muckli, Zanella, Singer e Stoerig, 2001.
[13] Goodale, Milner, Jakobson e Carey, 1991; Milner e Goodale, 1995.
[14] Marshall e Halligan, 1988.
[15] Driver e Vuilleumier, 2001; Vuilleumier, Sagiv, Hazeltine, Poldrack, Swick, Rafal e Gabrieli, 2001.
[16] Sackur, Naccache, Pradat-Diehl, Azouvi, Mazevet, Katz, Cohen e Dehaene, 2008 ; McGlinchey-Berroth, Milberg, Verfaellie, Alexander e Kilduff, 1993.
[17] Marcel, 1983; Forster, 1998; Forster e Davis, 1984. Muitos experimentos de preparação subliminar foram resenhados em Kouider e Dehaene, 2007.
[18] Bowers, Vigliocco e Haan, 1998; Forster e Davis, 1984.
[19] Dehaene, Naccache, Le Clec'H, Koechlin, Mueller, Dehaene-Lambertz, van de Moortele e Le Bihan, 1998 ; Dehaene, Naccache, Cohen, LeBihan, Mangin, Poline e Rivière, 2001.
[20] Dehaene, 2009.
[21] Dehaene e Naccache, 2001 ou Dehaene, Naccache, Cohen, Le Bihan, Mangin, Poline e Rivière 2001; Dehaene, Jobert, Nacache, Ciuciu, Poline, Le Bihan e Cohen, 2004.
[22] Goodale, Milner, Jakobson e Carey, 1991; Milner e Goodale, 1995.
[23] Kanwisher, 2001.
[24] Treisman e Gelade, 1980; Kahneman e Treisman, 1984; Treiman e Souther, 1986.
[25] Crick, 2003; Singer, 1998.
[26] Finkel e Edelman, 1989; Edelman, 1989.
[27] Dehaene, Jobert, Naccache, Ciuciu, Poline, Le Bihan e Cohen, 2004.
[28] Henson, Mouchlianitis, Matthews e Kouider, 2008 ; Kouider, Eger, Dolan e Henson, 2009; Dell'Acqua e Grainger, 1999.
[29] De Groot e Gobet, 1996, Gobet e Simon, 1998.
[30] Kiesel, Kunde, Pohl, Berner e Hoffmann, 2009.
[31] Mc Gurk e Mac Donald, 1976.
[32] Ver http://www.youtube.com/watch?v=jtsfidRq2tw para uma demonstração da ilusão de Mc Gurk.
[33] Hasson, Skipper, Nusbaum e Small, 2007.
[34] Singer, 1998.
[35] Tsunoda, Yamane, Nishizaki e Tanifuji, 2001; Baker, Behrmann e Olson, 2002; Bincat e Connor, 2004.
[36] Dehaene, 2009; Dehaene, Pegado, Braga, Ventura, Nunes Filho, Jobert, Dehaene-Lambertz et al., 2010.
[37] Davis, Coleman, Absalom, Rodd, Johnsrude, Mata, Owen e Menon, 2007.
[38] Um precursor muito mais antigo é a demonstração de Sidis de que uma letra ou número pode ainda ser nomeado com um acerto superior ao aleatório quando é colocado tão longe que a pessoa que o vê nega estar vendo o que quer que seja. Sidis, 1898.
[39] Broadbent, 1962.
[40] Moray, 1959.

[41] Lewis, 1970.
[42] Marcel, 1983.
[43] Marcel, 1980.
[44] Schvaneveldt e Meyer, 1976.
[45] Holender, 1986; Holender e Duscherer, 2004.
[46] Del'Acqua e Grainger, 1999; Dehaene, Naccache, Le Clec'H, Koechlin, Mueller, Dehaene-Lambertz, van de Moortele e Le Bihan, 1998; Naccache e Dehaene, 2001b; Merikle, 1992; Merikle e Joordens, 1997.
[47] Abrams e Greenwald, 2000.
[48] Em princípio, a associação poderia também passar a partir das letras *h-a-p-p-y* para a própria resposta motora. Mas Anthony Greenwald e seus colegas refutaram essa interpretação. Quando as mãos indicadas para as categorias de resposta "positivo" e "negativo" foram trocadas, a palavra *happy* continuou preparando a categoria "positivo", muito embora esta categoria estivesse então associada a uma mão diferente. Ver Abrams, Klinger e Greenwald, 2002.
[49] Dehaene, Naccache, LeClec'H, Koechlin, Mueller, Dehaene-Lambertz, van de Moortele e Le Bihan, 1998 ; Naccache e Dehaene, 2001a, Naccache e Dehaene, 2001b; Greenwald, Abrams, Naccache e Dehaene, 2003, Kouider e Dehaene, 2009.
[50] Kouider e Dehaene, 2009.
[51] Naccache e Dehaene, 2001b; Greenwald, Abrams, Naccache e Dehaene, 2003.
[52] Naccache e Dehaene, 2001a.
[53] Dehaene, 2011.
[54] Nieder e Miller, 2004; Piazza, Izard, Pinel, Le Bihan e Dehaene, 2004; Piazza, Pinel, Le Bihan e Dehaene, 2007, Nieder e Dehaene, 2009.
[55] Den Heyer e Briand, 1986; Koechlin, Naccache, Bloch e Dehaene, 1999; Reynvoet e Brysbaer, 1999, Reynvoet, Brysbaert e Fias, 2002; Reynvoet e Brysbaert, 2004; Reynvoet e Gevers e Caessens, 2005.
[56] Van den Bussche e Reynvoet, 2007; Van den Bussche, Notebaert e Reynvoet, 2009.
[57] Naccache, Gaillard, Adam, Hasboun, Clémenceau, Baulac, Dehaene e Cohen, 2005.
[58] Morris, Ohman e Dolan, 1999; Morris, Ohman e Dolan, 1998.
[59] Kiefer e Spitzer, 2000; Kiefer, 2002, Kiefer e Brendel, 2006.
[60] Vogel, Luck e Shapiro 1998, Luck, Vogel e Shapiro 1996.
[61] Van Gaal, Naccache, Meeuwese, Van Loon, Cohen e Dehaene, 2013.
[62] Para uma demonstração do processamento sintático sem controle consciente, ver Batterink e Neville, 2013.
[63] Sergent, Baillet e Dehaene, 2005.
[64] Cohen, Cavanagh, Chun e Nakayama, 2012; Posner e Rothbart, 1998; Posner, 1994.
[65] Para uma resenha das dissociações entre atenção e consciência, ver Koch e Tsuchiya, 2007.
[66] McCormick, 1997.
[67] Bressan e Pizzighello, 2008; Tsushima, Seitz e Watanabe, 2008; Tsushima, Sasaki e Watanabe, 2006.
[68] Posner e Snyder, 1975.
[69] Naccache, Blandin e Dehaene, 2002; ver também Lachter, Forster e Ruthruff, 2004; Kentridge, Nijboer e Heywood, 2008; Kiefer e Brendel, 2006.
[70] Woodman e Luck, 2003.
[71] Marti, Sigman e Dehaene, 2012.
[72] Pessiglione, Schmidt, Draganski, Kalisch, Lau, Dolan e Frith, 2007.
[73] Pessiglione, Petrovic, Daunizeau, Palminteri, Dolan e Frith, 2008.
[74] Jaynes, 1976, 23.
[75] Hadamard, 1945.
[76] Bechara, Damasio, Tranel e Damasio, 1997. As descobertas foram questionadas por Maia e McClelland, 2004, e foram esclarecidas mais tarde por Perseaud, Davidson, Maniscalco, Mobbs, Passing-ham, Cowey e Lau, 2011.
[77] Lawrence, Jollant, O'Daly, Zelya e Phillips, 2009.
[78] Dijksterhuis, Bos, Nordgren e van Baaren, 2006.
[79] Yang e Shadlen, 2007.
[80] De Lange, Van Gaal, Lamme e Dehaene, 2011
[81] Van Opstal, de Lange e Dehaene, 2011.
[82] Wagner, Gais, Haider, Verleger e Born, 2004.
[83] Ji e Wilson, 2007 ; Louie e Wilson, 2001.
[84] Van Gaal, Ridderinkhof, Fahrenfort, Scholte e Lamme, 2008.
[85] Van Gaal, Ridderinkhof, Scholte e Lamme, 2010.

[86] Nieuwenhuis, Ridderinkhof, Blom, Band e Kok, 2001.
[87] Lau e Passingham, 2007, ver também Reuss, Kiesel, Kunde e Hommel, 2011.
[88] Lau e Rosenthal, 2011, Rosenthal, 2008, Barg e Morsella 2008, Velmans, 1991.

Capítulo "Para que serve a consciência?"

[1] Turing, 1952.
[2] Gould, 1974.
[3] Gould e Lewontin, 1979.
[4] Velmans, 1991.
[5] Nørretranders, 1999.
[6] Lau e Rosenthal, 2011; Velmans, 1991; Wegner, 2003. Benjamin Libet expressa uma opinião mais matizada, defendendo que a intervenção consciente não tem nenhum papel em desencadear ações voluntárias, mas ainda pode vetá-las; ver Libet, 2004; Libet, Gleason, Wright e Pearl, 1983.
[7] Peirce, 1901.
[8] Pack e Born, 2001.
[9] Pack, Berezowskii e Born, 2001.
[10] Moreno-Bote, Knill e Pouget, 2011.
[11] Conforme foi discutido no primeiro capítulo. Ver Brascamp e Blake, 2012; Zhang, Jamison, Engel, He e He, 2011.
[12] Norris, 2009; Norris, 2006.
[13] Schvaneveldt e Meyer, 1976.
[14] Vul, Hanus e Kanwisher, 2009; Vul, Nieuwenstein e Kanwisher, 2009.
[15] Vul e Pashler, 2008.
[16] Fuster, 1973; Fuster, 2008; Funahashi, Bruce e Goldman; Rakic 1989; Goldman-Rakic, 1995.
[17] Rounis, Maniscalco, Rothwell, Passingham e Lau 2010; Del Cul, Dehaene, Reyes, Bravo e Slachevsky 2009.
[18] Clark, Manns e Squire, 2002; Clark e Squire, 1998.
[19] Carter, O'Doherty, Seymour, Koch e Dolan, 2006. Ver também Carter, Hofstotter, Tsuchiya e Koch, 2003. Mas o valor do teste de condicionamento do vestígio de memória continua em debate, porque alguns pacientes em estado vegetativo parecem passar no teste. Ver Bekinschtein, Shalom Forcato, Herrera, Coleman, Manes e Sigman, 2009; Bekinschtein, Peters, Shalom e Sigman, 2011.
[20] Edelman, 1989.
[21] Han, O'Tuathaigh, Van Trigt, Quinn, Fanselow, Mongeau, Koch e Anderson, 2003.
[22] Mattler, 2005; Greenwald, Draine e Abrams, 1996; Dupoux, Degardelle e Kouider, 2008.
[23] Naccache, 2006b.
[24] Soto, Mantyla e Silvanto, 2011.
[25] Siegler, 1987; Siegler, 1988; Siegler, 1989; Siegler e Jenkins, 1989.
[26] Um relatório recente e controverso sustenta que os sujeitos humanos são capazes de resolver até problemas de subtração complexos, tais como 9-4-3, mesmo quando eles são tornados invisíveis, iluminando uma série de formas para o outro olho (Sklar, Levy, Goldstein, Mandel, Maril e Hassin, 2012). O formato desse estudo, porém, não excluía a possibilidade de que os sujeitos fizessem somente uma parte do cálculo (por exemplo, somente 9-4). Embora a pesquisa posterior comprovasse a capacidade de combinar vários números num mesmo cálculo, eu ainda prediria que essa combinação se faria de maneiras muito diferentes, em condições conscientes ou inconscientes. Cálculos sofisticados, tais como o da média de até oito números diferentes, podem ocorrer em paralelo, sem uma atuação consciente (De Lange, van Gaal, Lamme e Dehaene, 2011; Van Opstal, De Lange e Dehaene, 2011). Entretanto, o processamento lento, serial, controlado e flexível parece ser prerrogativa do estado de consciência.
[27] Zylberberg, Fernandez, Slezak, Roelfsema e Sigman, 2010.
[28] Zylberberg, Dehaene, Roelfsema e Sigman, 2011; Zylberberg, Fernandez, Slezak, Roelfsema e Sigman, 2010, Zylberberg, Dehaene, Mindlin e Sigman, 2009; Dehaene e Sigman, 2012; ver também Shanahan e Baars, 2005.
[29] Turing, 1936.
[30] Anderson, 1983; Anderson e Lebiere, 1998.
[31] Aschcraft e Stazyk, 1981; Wideman, Geary, Cormier e Little, 1989.
[32] Tombu e Jolicoeur, 2003; Logan e Schulkind, 2000; Moro, Tolboom, Khayat e Roelfsema, 2010.
[33] Sackur e Dehaene, 2009.
[34] Dehaene e Cohen, 2007; Dehaene, 2009.

[35] As crianças que são prodígio no cálculo parecem violar essa previsão. Mas eu objetaria que nós não sabemos até que ponto suas estratégias de cálculo, de fato, se apoiam em estratégias conscientes que exigem esforço. Afinal, seus cálculos demandam vários segundos de atenção focada, um tempo durante o qual elas não podem ser distraídas. Faltam a elas os recursos verbais que seriam necessários para explicar suas estratégias (ou elas se recusam a dar essa explicação), mas isso não implica que elas descrevam uma mente que está em branco. Por exemplo, muitos calculadores relatam ter-se movimentado passando por imagens visuais vívidas e listas de algarismos ou calendários. (Howe e Smith, 1988).
[36] Sakur e Dehaene, 2009.
[37] De Lange, Van Gaal, Lamme e Dehaene, 2011.
[38] Van Opstal, de Lange e Dehaene, 2011.
[39] Dijksterhuis, Bos, Nordgren e van Baaren, 2006.
[40] de Lange, Van Gaal, Lamme e Dehaene, 2011.
[41] Levelt, 1989.
[42] Reed e Durlach 1998.
[43] Dunbar, 1996.
[44] Bahrami, Olsen, Latham, Roepstorff, Rees e Frith 2010.
[45] Buchner, Andrews-Hanna e Shacter, 2008.
[46] Yokoyama, Miura, Watanabe, Takemoto, Uchida, Sugiura, Horie et al., 2010; Kikyo, Ohki e Miyashita, 2002; ver também Rounis, Maniscalco, Rothwell, Passingham e Lau, 2010; Del Cul, Dehaene, Reys, Bravo e Slachewsky, 2009; Flemig, Weil, Nagy, Dolan e Rees, 2010.
[47] Saxe e Powell, 20067; Perner e Aichhorn, 2008.
[48] Ochsner, Knierim, Ludlow, Hanelin, Ramachandran, Glover e Mackey, 2004; Vogeley, Bussfeld, Newen, Herrmann, Happe, Falkai, Maier et al., 2001.
[49] Jenkins, Macrae e Mitchell, 2008.
[50] Ricoeur, 1990.
[51] Frith, 2007.
[52] Marti, Sackur, Sigman e Dehaene, 2010; Corallo, Sackur, Dehaene e Sigman, 2008.

Capítulo "As marcas distintivas de um pensamento consciente"

[1] Ogawa, Lee, Kay e Tank, 1990.
[2] Grill-Spector, Kushnir, Hendler e Malach, 2000.
[3] Dehaene, Naccache, Cohen, Le Bihan, Mangin, Poline e Rivière, 2001.
[4] Naccache e Dehaene, 2001a.
[5] Dehaene, Naccache, Cohen, Le Bihan, Mangin, Poline e Rivière, 2001. Nikos Logothetis e seus colegas têm feito observações semelhantes usando a técnica de gravar um único neurônio de um macaco acordado; ver Leopold e Logothetis 1996, Logothetis, Leopold e Sheinberg, 1996; Logothetis, 1998.
[6] Dehaene, Naccache, Cohen, Le Bihan, Mangin, Poline e Rivière, 2001. Ver também Rodriguez, George, Lachaux, Martinerie, Lachaux, Martininerie, Renault e Varela, 1999; Varela, Lachaux, Rodriguez e Martinerie, 2001, para sugestões semelhantes, mas o contraste entre estímulos vistos e não vistos.
[7] Sadaghiani, Hasselmann e Kleinschmidt, 2009.
[8] van Gaal, Ridderinkhof, Scholte e Lamme, 2010.
[9] Para mais exemplos de atividade pré-frontal e parietal em relação ao processamento consciente do esforço, ver, por exemplo, Marois, Yi e Chun, 2004; Kouider, Dehaene, Jobert e Le Bihan, 2007; Stephan, Thaut, Wunderlich, Schicks, Tian, Tellmann, Schmitz et al., 2002; McIntosch, Rajah e Lobaugh, 1999, Petersen, van Mier, Fiez e Raichle, 1998.
[10] Sergent, Billet e Dehaene, 2005.
[11] Ibidem; Sergent e Dehaene, 2004.
[12] William, Baker, Op de Beeck, Shim, Dang, Triatafyllou e Kanwisher, 2008, Roelfsema, Lamme e Spekreijse, 1998, Roelfsema, Khayat e Spekreijse, 2003, Supèr, Spekreijse e Lamme, 2001a, Supèr, Spekreijse e Lamme, 2001b; Haynes, Driver e Rees, 2005; ver também Williams, Visser, Cunnington e Mattingley, 2008.
[13] Luck, Vogel e Shapiro, 1996.
[14] Os neurocientistas distinguem a onda P3a, que é gerada automaticamente a partir de um subconjunto e regiões localizadas no lobo frontal mesial quando ocorre um acontecimento surpreendente ou inesperado, e a onda P3b, que indica um padrão de atividade neural distribuído pelo córtex afora. A onda P3a pode ainda ser provocada em condições inconscientes, mas a onda P3b parece indicar especificamente estados conscientes.

[15] Ver, por exemplo, Lamy, Salti e Bar-Haim, 2009; Del Cul, Ballet e Dehaene, 2007; Donchin e Cole,1988, Bekinschtein, Dehaene, Rouhaut, Tadel, Cohen e Naccache 2009, Picton, 1992, Melloni, Molina, Pena, Torres, Singer e Rodriguez, 2007. Para uma resenha, ver Dehaene 2011.
[16] Marti, Sackur, Sigman e Dehaenbe, 2010, Sigman e Dehaene, 2008; Marti, Sigman e Dehaene, 2012.
[17] Dehaene, 2008.
[18] Levy, Pashler e Boer, 2006, Strayer, Drews e Johnston, 2003.
[19] Pisella, Grea, Tilikete, Vighetto, Desmurget, Rode, Boisson e Rossetti, 2000.
[20] O exato mecanismo para este efeito ainda é muito debatido. Para exemplos desse fascinante debate, ver Kanai, Carlson, Verstraten e Walsh, 2009; Eagleman e Sejnowski, 2007; Krekelberg e Lappe, 2001; Eagleman e Sejnowski, 2000.
[21] Nieuwenhuis, Ridderinkhof, Blom, Band e Kok, 2001.
[22] Dehaene, Posner e Tucker, 1994, Gehring, Goss, Coles, Meyer e Donchin, 1993.
[23] A ideia de que o estado de consciência [consiousness] surge muito depois do fato foi discutida inicialmente pelo psicólogo californiano Benjamin Libet (ver Libet, 1991; Libet, Gleason, Wright e Pearl, 1983; Libet, Wright, Feinstein e Pearl, 1979; Libet, Alberts, Wright e Feinstein, 1967; Libet, Alberts, Wright, Delattre, Levin e Feinstein, 1964). Seus experimentos criativos estavam bem adiantados em relação ao seu tempo. Por exemplo, já em 1967, ele percebeu que primeiros sinais relacionados a eventos anteriores ficam presentes em testes realizados inconscientemente, e que respostas posteriores do cérebro são correlatos melhores do estado de consciência. Ver Libet, Alberts, Wright e Feinstein, 1967; ver também Libet, 1965; Schiller e Chorover, 1966. Infelizmente, suas conclusões foram excessivas. Ele não se empenhou em explicar minimamente suas descobertas; em vez disso apelou para "campos mentais" imaginários e mecanismos voltados para acontecimentos anteriores; ver Libet, 2004. Consequentemente, seus trabalhos continuaram controversos; só recentemente têm sido propostas interpretações neurofisiológicas de seus achados (por exemplo, Schurger, Sitt e Dehaene, 2012).
[24] Sergent, Baillet e Dehaenbe, 2005.
[25] Lau e Passingham, 2006.
[26] Persaud, Davidson, Maniscalco, Mobbs, Passingham, Cowey e Lau, 2011.
[27] Lamy, Salti e Bar-Haim, 2009.
[28] Dehaene e Naccache, 2001.
[29] Hebb, 1949.
[30] Dehaene, Sergent e Changeux, 2003.
[31] Dehaene e Naccache, 2001.
[32] Del Cul, Baillet e Dehaene, 2007.
[33] Ibidem; Del Cul, Dehaene e Leboyer, 2006. Fizemos observações semelhantes com outros paradigmas: Sergent, Baillet e Dehaene, 2005, Sergent e Dehaene, 2004. A descontinuidade da percepção consciente é ainda discutida; ver Overgaard, Rote, Mouridsen e Ramsøy, 2006. Uma parte da confusão pode ter origem no erro de não distinguir nossa incapacidade de distinguir nosso recurso a um acesso do tipo tudo-ou-nada próprio de um conteúdo fixo (por exemplo, um número) do fato de que os conteúdos da consciência podem mudar gradualmente (o sujeito pode ver uma barra, em seguida uma letra, em seguida a palavra como um todo); ver Kouider, de Gardelle, Sackur e Dupoux, 2010; Kouder e Dupoux, 2004.
[34] Gaillard, Dehaene, Adam, Clemenceau, Hasboun, Baulac, Cohen e Naccache, 2009; Gaillard, Del Cul, Naccache, Vinckler, Cohen e Dehaene, 2006; Gaillard, Naccache, Pinel, Clemenceau, Volle, Hasboun, Dupont et al., 2006.
[35] Fisch, Privman, Ramot, Harel, Nir, Kipervasser, Andelman et al., 2009; Quiroga, Mukamel, Isham, Malach e Fried, 2008; Kreiman, Fried e Koch, 2002.
[36] Gaillard, Dehaene, Adam, Clemenceau, Hasboun, Baulac, Cohen e Naccache, 2009.
[37] Fisch, Privman, Ramot, Herel, Nir, Kipervasser, Andelman et al., 2009.
[38] Gaillard, Dehaene, Adam, Clemenceau, Hasboun, Baulac, Cohen e Naccache, 2009; Fisch, Privman, Ramot, Herel, Nir, Kipervasser, Andelman et al., 2009; Aru. xmacher, Do Lam, Fell, Elger, Singer e Melloni, 2012.
[39] Wittingstall e Logothetis, 2009, Fries, Nikolic e Singer, 2007, Cardin, Carlen, Meletis, Knoblich, Zhang, Deisseroth, Tsai e Moore 2009, Buzsaki, 2006.
[40] Fries, 2005.
[41] Womelsdorf, Schoffelen, Oostenwveld, Singer, Desimone, Engel e Fries, 2007; Fries, 2005; Varela, Lachaux, Rodriquez e Martinerie, 2001.

[42] Rodriguez, George, Lachaux, Martinerie, Renault e Varela, 1999, Gaillard, Dehaene, Adam, Clemenceau, Hasboun, Baulac, Cohen e Naccache, 2009; Gross, Schmitz, Schnitzler, Kessler, Shapiro, Hommel, e Schnitzler, 2004; Melloni, Molina, Pena, Torres, Singer e Rodriguez 2007.
[43] Varela, Lachaux, Rodriguez e Martinerie, 2001.
[44] He, Snyder, Zempel, Smyth e Raichle 2008; He, Snyder, Zempel, Smyth e Raichle, 2010, Canolty, Edwards, Dalal, Soltani, Nagarajan, Kirsch et al., 2006.
[45] Gaillard, Dehaene, Adam, Clemenceau, Hasboun, Baulac, Cohen e Naccache, 2009
[46] Pins e Ffytche, 2003, Paiva, Linkenkaer-Hansen, Naatanen e Paiva 2005; Fahrenfort, Scholte e Lamme, 2007, Railo e Koivisto, 2009; Koivisto, Lahtenmaki, Sorensen, Vangkilde, Overgaard e Revonsuo, 2008.
[47] van Aalderen-Smeets, Oosstenveld e Schwarzbach, 2006; Lamy, Salti e Bar-Haim, 2009.
[48] Wyart, Dehaene e Tallon-Baudry, 2012.
[49] Palva, Linkenkaer-Hansen, Naatanen e Palva, 2005; Wyart e Taollon-Baudry, 2009; Boly, Balteau, Schnakers, Degueldre, Moonen, Luxen, Phillips et al., 2007, Supèr, van der Togt, Spekreijse e Lamme, 2003; Sadaghiani, Hesselmann, Friston e Kleinschmidt, 2010
[50] Nieuwenhuis, Gilzenrat, Holmes e Cohen, 2005.
[51] Lesões dos núcleos do cérebro nas proximidades do *locus coeruleus* podem levar ao coma; ver Parvizi e Damasio, 2003.
[52] Haynes, 2009.
[53] Shady, Macleod e Fischer, 2004; Krolak-Salmon, Henaft, Tallon-Baudry, Yvert, Guenot, Vighetto, Mauguiere e Bertrand 2003.
[54] MacLeod e He 1993; He e MacLeod 2001.
[55] Quiroga, Kreiman, Koch e Fried 2008; Quiroga, Mukamel, Isham, Malach e Fried, 2008.
[56] Wyler, Ojemann e Ward 1982; Heit, Smith e Halgren 1988.
[57] Fried, Mac Donald e Wilson 1997.
[58] Quiroga, Kreiman, Koch e Fried, 2008; Quiroga, Mukamel, Isham, Malach e Fried, 2008; Quiroga, Reddy, Kreiman, Koch e Fried, 2005; Kreiman, Fried e Koch, 2002; Kreiman, Koch e Fried, 2000a; Kreiman, Koch e Fried, 2000b.
[59] Quiroga, Reddy, Kreiman, Koch e Fried, 2007
[60] Quiroga, Mukamel, Isham, Malach e Fried, 2008
[61] Kreiman, Fried e Koch, 2002. Esta pesquisa se baseia numa pesquisa pioneira de Nikos Logothetis e David Leopold sobre macacos Rhesus, em que os animais foram treinados para relatar sobre sua percepção consciente enquanto as descargas neuronais estavam sendo gravadas. Ver Leopold e Logothetis, 1996; Logothetis, Leopold e Sheinberg 1996; Ver Leopold e Logothetis, 1999.
[62] Kreiman, Koch e Fried, 2000b.
[63] Fish, Privman, Ramot, Harel, Nir, Kipervasser, Andelman et al., 2009.
[64] Vogel, McCollough e Machizawa, 2005, Vogel e Machizawa, 2004.
[65] Schurger, Pereira, Treisman e Cohen, 2009.
[66] Dean e Platt, 2006
[67] Derdikman e Moser, 2010.
[68] Jezek, Henriksen, Treves, Moser e Moser, 2011.
[69] Peyrache, Khamassi, Benchenane, Wiener e Battaglia 2009, Li e Wilson, 2007, Louie e Wilson, 2001.
[70] Horikawa, Tamaki, Miyawaki e Kamitani, 2013.
[71] Thompson, 1910; Magnusson e Stevens, 1911.
[72] Barker, Jalinous e Freeston, 1985; Pascual-Leone, Walsh e Rothwell 2000; Hallett, 2000.
[73] Selimbeyoglu e Parvizi, 2010, Parvizi, Jacques, Foster, Withoft, Rangarajan, Weiner e Grill-Spector, 2012.
[74] Selimbeyoglu e Parvizi, 2010.
[75] Blanke, Ortigue, Landis e Seeck, 2002.
[76] Desmurget, Reilly, Richard, Szathmari, Mottolese e Sirigu, 2009.
[77] Taylor, Walsh e Eimer, 2010.
[78] Silvanto, Lavie e Walsh 2005; Silvanto, Cowey, Lavie e Walsh, 2005.
[79] Halelamien, Wu e Shimojo, 2007.
[80] Silvanto e Cattaneo, 2010.
[81] Lamme e Roelfsema, 2000.
[82] Lamme, 2006.
[83] Zedki, 2003, defende na realidade a hipótese de uma "desunidade da consciência", e conjectura que cada região do cérebro codifica uma forma distinta de "microconsciência"
[84] Edelman, 1987, Sporns, Tononi e Edelman, 1991.
[85] Lamme e Roelfsema, 2000; Roelfsema, 2005.

[86] Lamme, Zipser e Spekreijse, 1998; Pack e Born, 2001.
[87] Koivisto, Railo e Salminen-Vaparanta, 2010; Koivisto, Mantyla e Silvanto, 2010.
[88] Sobre cegueira à mudança, ver Beck, Muggleton Walsh e Lavie, 2006. Sobre rivalidade binocular, Carmel, Walsh, Lavie e Rees, 2010. Sobre cegueira por desatenção, ver Babiloni, Vecchio, Rossi, De Capua, Bartalini, Ulivelli e Rossini, 2007. Sobre piscada atencional, Kihara, Ikeda, Matsuyoshi, Hirose, Mima, Fukuyama e Osaka, 2010.
[89] Kanai, Muggleton e Walsh, 2008.
[90] Rounis, Maniscalco, Rothwell, Passingham e Lau 2010. Minha opinião é que, contrariamente à estimulação focal de um único pulso, que parece segura, uma estimulação repetida, intensa e bilateral, tal como foi usada por Rounis, Maniscalco, Rothwell, Passingham e Lau, 2010, teria que ser evitada. Embora se acredite que o efeito desta última estimulação passa depois de uma hora, os psiquiatras aplicam rotineiramente várias estimulações transcranianas por longos períodos, a fim de produzir um alívio para a depressão com duração de um mês; e estas aplicações causam mudanças a longo prazo na anatomia do cérebro (ver por exemplo May, Hajak, Ganssbauer, Steffens, Langguth, Kleinjung e Eichhammer, 2007). No estado atual dos conhecimentos, eu não permitiria que se fizesse isso em meu cérebro.
[91] Carlen, Meletis, Siegle, Cardin, Futai, Vierling-Claassen, Ruhlmann et al., 2011; Cardin, Carlen, Meletis, Knoblich, Zhang, Deisseroth, Tsai e Moore, 2009.
[92] Adamantidis, Zhang, Aravanis, Deisseroth e de Lancea, 2007.

Capítulo "Teorizando a consciência"

[1] Dehaene, Kerzberg e Changeux, 1998; Dehaene, Changeux, Naccache, Sackur e Sergent, 2006; Dehaene e Naccache, 2001. A teoria da área de trabalho neuronal global relaciona-se diretamente a uma teoria anterior de "área de trabalho global" apresentada inicialmente por Bernard Baars em um livro pioneiro: Baars, 1989. Meus colegas e eu encorpamos essa teoria em termos neuronais, mais especificamente propondo que as redes corticais de longa distância desempenham um papel essencial em sua implementação: Dehaene, Kerszberg e Changeux, 1998.
[2] Taine, 1870.
[3] Dennett, 1991.
[4] Dennett, 1978
[5] Broadbent, 1958.
[6] Pashler, 1994.
[7] Chun e Potter, 1995.
[8] Shallice, 1972; Shallice, 1979; Posner e Snyder, 1975; Posner e Rothbart, 1998.
[9] James, 1890.
[10] Esta organização hierárquica, enfatizada pelo neurologista John Hughling Jackson no século XIX, tornou-se conhecimento de manual em Neurologia.
[11] Van Gaal, Ridderinkhof, Fahrenfort, Scholte e Lamme, 2008; Van Gaal, Ridderinkhof, Scholte e Lamme, 2009
[12] Tsao, Freiwald, Tootell e Livingstone, 2006.
[13] Dehaene e Naccache, 2001.
[14] Denton, Shade, Zamirippa, Egan, Blair-West, McKinley, Lancaster e Fox, 1999.
[15] Hagmann, Commoun, Gigandet, Meuli, Honey, Wedeen e Sporns, 2008, Parvizi, VanHoesen, Buckwalter e Damasio, 2006.
[16] Goldman-Rakic, 1988.
[17] Sherman, 2012.
[18] Rigas e Castro-Alamancos, 2007.
[19] Elston, 2003; Elston, 2000.
[20] Elston, Benavides-Piccione e DeFelipe, 2001.
[21] Konopka, Wexler, Rosen, Mukamel, Osborn, Chen, Lu et al., 2012.
[22] Enard, Przeworski, Fisher, Lai, Wiebe, Kitano, Monaco e Paabo, 2002.
[23] Pinel, Fauchereau, Moreno, Barbot, Lathroip, Zelenika, Le Bihan et al., 2012.
[24] Lai, Fischer, Hurst, Vagha-Khadem e Monaco, 2001.
[25] Enard, Gehre, Hammerschmidt, Holter, Blass, Somel, Bruckner et al., 2009; Vernes, Oliver, Spiteri, Lockstone, Puliyadi, Taylor e Ho et al., 2011.
[26] Di Virgilio e Clarke, 1997.
[27] Tononi e Edelman, 1998.
[28] Hebb, 1949.

[29] Tsonuda, Yamane, Nishizaki e Tanifuji, 2001.
[30] Selfridge, 1959.
[31] Felleman e Van Essen 1991; Salin e Bullier, 1995.
[32] Perin, Berger e Markram, 2011.
[33] Hopfield, 1982, Ackley, Hinton e Sejnowski, 1985; Amit, 1989.
[34] Crick, 2003; Koh e Crick, 2001.
[35] Tononi, 2008. Giulio Tononi introduziu um formalismo matemático para a diferenciação e a integração que produz uma medida quantitativa da integração da informação chamada φ. Valores altos dessa quantidade seriam necessários e suficientes para um sistema consciente: "consciência é informação integrada". Fico, porém, reticente diante da possibilidade de aceitar essa conclusão, porque ela leva ao pampsiquismo, a crença de que qualquer sistema conexo, seja ele uma colônia de bactérias ou uma galáxia, tem um determinado grau de consciência. Ele também não consegue explicar por que os processamentos semântico e visual, que são complexos e ainda assim inconscientes, ocorrem rotineiramente no ser humano.
[36] Meyer e Damasio, 2009; Damasio, 1989
[37] Edelman, 1987.
[38] Friston, 2005; Kersten, Mamassian e Yuille, 2004.
[39] Beck, Ma, Kiani, Hanks, Churchland, Roitman, Shadien et al., 2008.
[40] Dehaene, Kerszberg e Changeeux, 1998; Dehaene, Chancgeux, Naccache, Sackur e Sergent, 2006; Dehaene e Naccache, 2001, Dehaene, 2011.
[41] Fries, 2005; Womelsdorf, Schoffelen, Oostenveld, Singer, Desimone, Engel e Fries, 2007; Buschman e Miller, 2007; Engel e Singer, 2001.
[42] He e Raichle, 2009.
[43] Rockstroh, Müller, Cohen e Elbert, 1992.
[44] Vogel, McCollough e Machizawa, 2005; Vogel e Machizawa, 2004.
[45] Dehaene e Changeux, 2005 ; Dehaene, Sergent e Changeux, 2003 ; Dehaene, Kerszberg e Changeux, 1998. Nossas simulações inspiraram-se num modelo anterior (Lumer, Edelman e Tononi, 1997a; Lumer, Edelman e Tononi, 1997b) que se limitava ao córtex visual. Simulações muito mais amplas e realistas das mesmas ideias foram implementadas mais tarde por Ariel Zylberberg e Mariano Sigman na Universidade de Buenos Aires: Zylberberg, Fernandez, Slezak, Roelfsema, Dehaene e Sigman, 2010; Zylberberg, Dehaene, Mindlin e Sigman, 2009. Seguindo linhas semelhantes, Nancy Kopell e seus colegas da Boston University desenvolveram modelos neurofisiológicos detalhados da dinâmica cortical, capazes de simular a anestesia profunda: Ching, Cimenser, Purdon, Brown e Kopell, 2010; McCarthy, Brown e Kopell, 2008.
[46] Mais tarde, Ariel Zylberberg estendeu as simulações a redes muito mais amplas. Ver Zylberberg, Fernandez, Slezad, Roelfsema, Dehaene e Sigman, 2010; Zylbergerg, Dehaene, Mindlin e Sigman, 2009.
[47] A literatura científica contém várias propostas detalhadas de transições de fase correspondentes à anestesia, à vigília e ao acesso consciente. Ver Steyn-Ross, Steyn-Ross e Sleigh, 2004, Breshears, Roland, Sharma, Gaona, Freundenburg, Tempelhoff, Avidan e Leuthardt 2010, Jordan, Stockmanns, Kochs, Pilge e Schneider 2008, Ching, Cimenser, Purdon, Brown e Kopell, 2010, Dehaene e Changeux, 2005.
[48] Portas, Krakow, Allen, Josephs, Armony e Frith, 2000; David, Coleman, Absalom, Rodd, Johnsrude, Matta, Owen e Menon, 2007; Supp, Siegel, Hipp e Engel, 2011.
[49] Tsodyks, Kenet, Grinvald e Arieli, 1999; Kenet, Bibitchkov, Tswodyks, Grinvald e Arieli, 2003.
[50] He, Snyder, Zempel, Smyts e Raichle, 2008; Raichle, MacLeod, Snyder, Powers, Gusnard e Shulman, 2001; Raichle, 2010; Greicius, Krasnow, Reiss e Menon, 2003.
[51] He, Snyder, Zempel, Smyth e Raichle, 2008; Boly, Tshibanda, Vanhaudenhuyse, Noirhomme, Schnakers, Ledoux, Boveroux et al., 2009; Greicius, Kiviniemi, Tervonen, Vainionpaa, Alahuhta, Reiss e Menon, 2008; Vincent, Patel, Fox, Snyder, Baker, Van Essen, Zempel et al., 2007.
[52] Buckner, Andreuws-Hanna e Shacter, 2008.
[53] Mason, Noton, Van Horn, Wegner, Grafton e Macrae, 2007; Christoff, Gordon, Smallwood, Smith e Schooler, 2009.
[54] Smallwood, Beach, Schooler e Handy, 2008.
[55] Dehaene e Changeux, 2005.
[56] Sadaghiani, Hesselmann, Friston e Kleinschmidt, 2010.
[57] Raichle, 2010.
[58] Berkes, Orban, Lengyel e Fiser, 2011.
[59] Changeux, Heidmann e Patte, 1984; Changeux e Danchin, 1976; Edelman, 1987; Changeux e Dehaene, 1989.
[60] Dehaene e Changeux, 1997 ; Dehaene, Kerszberg e Changeux, 1998; Dehaene e Changeux, 1991.

[61] Rougier, Noelle, Braver, Cohen e O'Reilly, 2005.
[62] Dehaene, Changeux, Naccdache, Sackur e Sargent, 2006.
[63] Ibidem.
[64] Sergent, Baillet e Dehaene, 2005, Dehaene ; Sargent e Changeux, 2003 ; Zylberberg, Fernandez Slezak, Roelfsema, Dehaene e Sigman, 2010 ; Zylberberg, Dehaene, Mindlin e Sigman, 2008.
[65] Sergent, Wyart, Babo-Rebelo, Cohen, Naccache e Tallon-Baudry, 2013; Marti, Sigman e Dehaene, 2012.
[66] Ver também Enns e Di Lollo, 2000; Di Lollo, Enns e Rensink, 2000.
[67] Shady, MacLeod e Fischer, 2004; He e MacLeod, 2001.
[68] Gilbert, Sigman e Crist, 2001.
[69] Haynes e Rees, 2005a; Haynes e Rees, 2005b; Haynes, Sakai, Rees, Gilberrt, Frith e Passingham, 2007.
[70] Settler, Das, Bennet e Gilbert, 2002.
[71] Gaser e Schlaug, 2003; Bengtsson, Nagy, Skare, Forsman, Forssberg e Ullen, 2005.
[72] Buckner e Koutstaal, 1998; Buchner, Andrews-Hanna e Schacter, 2008.
[73] Sigala, Kusunoki, Nimmo-Smith, Gaffan e Duncan, 2008; Saga, Iba, Tanji e Hoshi 2011; Shima, Isoda, Mushiake e Tanji, 2007; Fuji e Graybiel; 2003. Para um resenha, ver Dehaene e Sigman; 2012.
[74] Tyler e Marslen-Wilson; 2008; Griffiths, Marslen-Wilson, Stamatakis e Tyler, 2013; Pallier, Devauchelle e Dehaene, 2011; Saur, Schelter, Schnell, Kratochvil, Kupper, Kellmeyer, Kummerer et al., 2010; Fedorenko, Duncan e Kanwisher, 2012.
[75] Davis, Coleman, Absalom, Rodd, Johnsrude, Matta, Owen e Menon, 2007.
[76] Beck, Ma, Kiani, Hanks, Churchland, Roitman, Shadlen et al., 2008, Friston, 2005; Deneve, Latham e Pouget, 2001.
[77] Yang e Shalden, 2007.
[78] Izhikevich e Edelman, 2008.

Capítulo "O teste definitivo"

[1] Laureys, 2005.
[2] Leon-Carrion, van Eekhout, Dominguez-Morales Mdel e Perez-Santamaria, 2002.
[3] Schnakers, Vanhaudenhuyse, Giacino, Ventura, Boly, Majerus, Moonen e Laureys, 2009.
[4] Smedira, Evans, Grais, Cohen, Lo, Cooke, Schecter et al., 1990.
[5] Laureys, Owen e Schiffs, 2004.
[6] Pontifical Academy of Sciences, 2008.
[7] Alving, Moller, Sindrup e Nielsen, 1979; Grindal, Suter e Martinez, 1997; Westmoreland, Klass, Sharbrough e Reagan, 1975.
[8] Hanslmayr, Gross, Klimesch e Shapiro, 2001; Capotosto, Babiloni, Romani e Corbetta, 2009.
[9] Supp, Siegel, Hipp e Engel 2011.
[10] Jennet e Plum, 1972.
[11] Jennett, 2002.
[12] Giacino, 2005.
[13] Giacino, Kezmarsky, De Luca e Cicerone, 1991. Os neurologistas usam agora a Escala Revisada de Recuperação do Coma (CRS-S), tal como é descrita em Giacino, Kalmar e Whyte, 2004. Essa bateria de testes continua a ser debatida e melhorada. Ver, por exemplo, Schnakers, Vanhaudenhuyse, Giacino, Ventura, Boly, Majerus, Moonen e Laureys, 2009.
[14] Giacino, Kalmar e Whyte, 2004; Schnakers, Vanhaudenhuyse, Giacino, Ventura, Boly, Majerus, Moonen e Laureys, 2009.
[15] Bruno, Bernheim, Ledoux, Pellas, Demertzi e Laureys, 2011. Ver, também, Laureys, 2005.
[16] Owen, Coleman, Boly, Davis, Laureys e Pickard, 2006. Como essa paciente deu respostas comportamentais oscilantes à estimulação, está em andamento uma discussão entre os clínicos sobre se ela deveria ter sido classificada, desde o início, como minimamente consciente. Mesmo que esse fosse o caso, o contraste com seus padrões de ativação elevados e altamente normais continuaria impressionante.
[17] Ver, por exemplo, Davis, Coleman, Absalom, Rodd, Johnssrudee, Matta, Owen e Menon, 2007; Portas, Krakow, Allen, Josephs, Armony e Frith, 2000.
[18] Naccache, 2006a; Nachev e Husain, 2007; Greenberg, 2007.
[19] Ropper, 2010.
[20] Owen, Coleman, Boly, Davis, Laureys, Jolles e Pickard, 2007.
[21] Monti, Vanhaudenhuyse, Coleman, Boly, Pickard, Tshibanda, Owen e laureys, 2010.

[22] Cyranoski, 2012.
[23] O pioneiro inconteste do campo da decodificação por EEG e interfaces cérebro-computador é Neils Birbaumer, da Univesidade de Tübingen. Para saber mais, ver Birbaumer, Murguialday e Cohen, 2008.
[24] Cruse, Chennu, Chatelle, Beckinschtein, Fernandez-Espejo, Pickard, Laureys e Owen, 2011.
[25] Goldfine, Victor, Conte, Bardin e Schiff, 2012.
[26] Goldfine, Victor, Conte, Bardin e Schiff, 2011.
[27] Chatelle, Chennu, Noirhomme, Cruse, Owen e Laureys, 2012.
[28] Hochberg, Bacher, Jarosiewicz, Masse, Simeral, Vogel, Haddadin et al., 2012.
[29] Brumberg, Nieto-Castanon, Kennedy e Guenther, 2010.
[30] Squires, Squires e Hillyard, 1975; Squire, Wickens, Squires e Donchin, 1976.
[31] Naatanen, Paavilainen, Rinnen e Alho, 2007.
[32] Vacongne, Changeaux e Dehaene, 2012.
[33] Embora não comprove uma atitude consciente, a resposta descombinada é um sinal clínico útil: os pacientes com respostas que claramente "não batem" têm uma probabilidade maior de recuperação posterior do que os demais: ver Fischer, Luaute, Adeleine e Morlet, 2004; Kane, Curry, Butler e Cummins, 1993; Naccache, Puybasset, Gaillard, Serve e Willer, 2005.
[34] Beckinstein, Dehaene, Rohaut, Tadel, Cohen e Naccache, 2009.
[35] Ibidem.
[36] Faugeras, Rohaut, Weiss, Beckinstein, Galanaud, Puybasset, Bolgert et al., 2012; Faugeras, Rohaut, Weiss, Beckinstein, Galanaud, Puybasset, Bolgert et al., 2011.
[37] Friston, 2005; Vacongne, Labyt, van Wassenhove, Bekinschtein, Naccache e Dehaene, 2011.
[38] King, Faugeras, Gramfort, Schurger, El Karoui, Sitt, Wacongne et al., 2013. Ver, também, Tzovara, Rossetti, Spierer, Grivel, Murray, Oddo e De Lucia, 2012, sobre uma abordagem semelhante.
[39] Massimini, Ferrarelli, Huber, Esser, Singh e Tononi 2005; Massimini, Boly, Casali, Rosanova e Tononi 2009, Ferrarelli, Massimini, Sarasso, Cali, Riedner, Angelini, Tononie Pearce, 2010.
[40] Casali, Gosseries, Rosanova, Boly, Sarasso, Casali, Casarotto et al., 2013.
[41] Rosanova, Gosseries, Casarotto, Boly, Casali, Bruno, Mariotti et al., 2012.
[42] Laureys 2005; Laureys, Lemaire, Maquet, Phillips e Franck, 1999.
[43] Schiff, Ribary, Moreno, Beattie, Kronberg, Blasberg, Giacino et al., 2002; Schiff, Ribary, Plum e Llinas, 1999.
[44] Galanaud, Perlbarg, Gupta, Stevens, Sanchez, Tollard, De Champfleur et al., 2012; Tshibanda, Vanhaudenhuyse, Galanaud, Boly Laureys e Puybasset, 2009; Galanaud, Naccache e Puybasset, 2007.
[45] King, Faugeras, Gramfort, Schurger, El Karoui, Sitt, Wacongne et al., 2013.
[46] Nossa medida do "peso da informação simbólica trocada" foi inspirada em uma proposta mais antiga chamada "entropia de transferência simbólica"; ver Staniek e Lehnhertz, 2008.
[47] Sitt, King, El Karoui, Rohaut, Faugeras, Gramfort, Cohen et al., 2013.
[48] A troca entre altas e baixas frequências entra com grande peso no cálculo do índice biespectral, um sistema comercial que pretende medir a profundidade da inconsciência durante a anestesia. Para uma avaliação crítica, vejam-se, por exemplo Miller, Sleigh, Barnard e Steyn-Ross 2004; Schnakrers, Ledoux. Majerus, Damas, Damas, Labermont, Lami et al., 2008.
[49] Schiff, Giacino, Kalmar, Victor, Baker, Gerber, Fritz et al., 2007. O pioneirismo desta pesquisa foi questionada (Staunton, 2008), já que a estimulação profunda do cérebro foi tentada em casos de coma com pacientes em estado vegetativo a partir dos anos 1960. Ver, por exemplo, Tubokawa, Yamamoto, Katayama, Hirayama, Maejima e Moriya 1990. Para uma réplica, ver Schiff, Giacino, Kalmar, Victor, Baker, Gerber, Fritz et al., 2008.
[50] Moruzzi e Magoumn, 1949.
[51] Shirvalkar, Seth, Schiff e Herrera, 2006.
[52] Giacino, Fins, Machado e Schiff, 2012.
[53] Schiff, Giacino, Kalmar, Victor, Baker, Gerber, Fritz et al., 2007.
[54] Voss, Uluc, Dyke, Watts, Kobylarz, Mc Candliss, Heier et al., 2006. Ver também Sidaros, Engberg, Sidaros, Liptrot, Herning, Petersen, Paulson et al. 2008.
[55] Laureys, Faymonville, Luxen, Lamy, Franck e Maquet, 2000.
[56] Matsuda, Matsumura, Komatsu, Yanaka e Nose, 2003.
[57] Giacino, Fins, Machado e Schiff, 2012.
[58] Brefel-Courbon, Payoux, Ory, Sommet, Slaoui, Raboyeau, Lemesle et al., 2007.
[59] Cohen, Chaaban e Habert, 2004.
[60] Schiff, 2010.
[61] Striem-Amit, Cohen, Dehaene e Amedi, 2012.

Capítulo "O futuro da consciência"

[1] Tooley, 1983.
[2] Tooley, 1972.
[3] Singer, 1993.
[4] Diamond e Doar, 1989; Diamond e Gilbert, 1989; Diamond e Goldman-Rakic ,1989.
[5] Dubois, Dehaene-Lambertz, Perrin, Mangin, Cointepas, Duchesnay, Le Bilhan e Hertz-Pannier, 2007; Jessica Dubois e Ghislaine Dehaene-Lambertz, pesquisa em andamento no laboratório Unicog, NeuroSpin Center, Gif-sur-Yvette, França.
[6] Fransson, Skiold, Horsch, Nordell, Blennow, Lagercrantz e Aden, 2007; Doria, Beckmann, Arichi, Merchant, Groppo, Turkheimer, Counsell et al., 2010; Lagercrantz e Changeux, 2010.
[7] Mehler, Jusczyck, Lambertz, Halsted, Bertoncini e Amiel-Tison, 1988.
[8] Dehaene-Lambertz, Dehaene e Hertz-Pannier, 2002; Dehaene-Lambertz, Hertz-Pannier e Dubois, 2006; Dehaene-Lambertz, Hertz-Pannier, Dubois, Merieux, Roche, Sigman e Dehaene, 2006; Dehaene-Lambertz, Montavont, Jobert, Allirol, Dubois, Hertz-Pannier e Dehaene, 2009.
[9] Dehaene-Lambertz, Montavont, Jobert, Allirol, Dubois, Hertz-Pannier e Dehaene, 2009.
[10] Leroy, Glasel, Dubois, Hertz-Pannier, Thirion, Mangin e Dehene-Lambertz, 2011.
[11] Dehaene-Lambertz, Hertz-Pannier, Dubois, Meriaux, Roche, Sigman e Dehaene, 2006.
[12] Davis, Coleman, Absalom, Rodd, Johnsrude, Matta, Owen e Menon, 2007.
[13] Dehaene-Lambertz, Hertz-Pannier, Dubois, Meriaux, Roche, Sigman e Dehaene, 2006.
[14] Basirat, Dehaene e Dehaene-Lambertz, 2012.
[15] Johnson, Dziurawiec, Ellis e Morton, 1991.
[16] Sobre experimentos com bebês, ver Gelskov e Kouider, 2010; Kouider, Stahlhut, Gelskov, Barbosa, Dutat, de Gardelle, Christophe et al. 2013. O paradigma adulto, que descrevi no capítulo "As marcas distintivas do pensamento consciente", foi publicado em Del Cul, Baillet e Dehaene, 2007.
[17] Diamond e Doar, 1989.
[18] de Haan e Nelson, 1999; Csibra, Kushnerenko e Grossmann, 2008.
[19] Nelson, Thomas, De Haan e Wewerka, 1998.
[20] Dehaene-Lambertz e Dehaene, 1994.
[21] Friederici, Friedrich e Weber, 2002.
[22] Dubois, Dehaene-Lamberz, Perin, Mangin, Cointepas, Duchesnay, Le Biran e Hertz-Pannier, 2007.
[23] Izard, Sann, Spelke e Streri, 2009.
[24] Lagercrantz e Changeaux, 2009.
[25] Han, O'Tuathaigh, van Trigt, Quinn, Fanselow, Mongeau, Koch e Anderson, 2003; Dos Santos Coura e Granon, 2012.
[26] Bolhuis e Gahr, 2006.
[27] Leopold e Logothetis, 1996.
[28] Kovacs, Vogels e Orban, 1995; Macknik e Haglund, 1999.
[29] Cowey e Stoerig, 1995.
[30] Fuster, 2008.
[31] Denys, Vanduffel, Fize, Nelissen, Sawamura, Georgieva, Vogels et al., 2004.
[32] Hasson, Nir, Levy, Fuhrmann e Malach, 2004.
[33] Hayden, Smith e Platt, 2009.
[34] Buchner, Andrews-Hanna e Schacter, 2008.
[35] Meus colegas e eu estamos atualmente dando continuidade a explorações sobre o paradigma local-global em macacos (em colaboração com Lynn Uhrig e Bechir Jarraya) e em camundongos (com Karim Benchenane e Catherine Wacongne).
[36] Smith, Schull, Strote, McGee e Erb, 1995.
[37] Terrace e Son, 2009.
[38] Hampton, 2001; Kornell, Son e Terrace, 2007; Kiani e Shaclen, 2009.
[39] Kornell, Son e Terrace, 2007.
[40] Nieuwenhuis, Ridderinkhof, Blom, Band e Kok, 2001; Logan e Crump, 2010; Charles, Van Opstal, Marti e Dehaene, 2013.
[41] Kiani e Shadlen, 2009; Fleming, Weil, Nagy, Dolan e Rees, 2010. Uma parte específica do tálamo, chamada pulvinar, que fica fortemente interconectada com as áreas pré-frontal e parietal, também desempenha um papel fundamental nos juízos metacognitivos. Ver Komura, Nikkuni, Hirashima, Uetake e Miyamoto, 2013.
[42] Meltzoff e Brooks, 2008; Kovacs, Teglas e Endress, 2010.

[43] Herrmann, Call, Hernandez-Lloreda, Hare e Tomasello, 2007.
[44] Marticorena, Ruiz, Mukerji, Goddu e Santos, 2011.
[45] Fuster, 2008.
[46] Elston, Benavides-Piccione e DeFelipe, 2001; Elston, 2003.
[47] Ochsner, Knierim, Ludlow, Hanelin, Ramachandran, Glover e Mackey, 2004, Saxe e Powell, 2006, Fleming, Weil, Nagy, Dola e Rees, 2010.
[48] Shoenemann, Sheehan e Glotzer, 2005.
[49] Schenker, Buxhoeveden, Blackmon, Amunts, Zilles e Semendeferi, 2008; Schenker, Hopkins, Spocter, Garrison, Stimpson, Erwin, Hof e Sherwood, 2009.
[50] Nimchinsky, Gilissen, Allman, Perl, Erwin e Hof, 1999, Allman, Hakeem e Watson, 2002; Allman, Watson, Tetreault e Hakeem, 2005.
[51] Dehaene e Changeux, 2011.
[52] Frith, 1979; Frith, 1996; Stepan, Friston e Frith, 2009.
[53] Huron, Danion, Giacomoni, Grange, Robert e Rizzo, 1995; Danion, Meulemans, Kauffmann-Muller e Vermaat, 2001; Danion, Cuervo, Piolino, Huron, Riutort, Peretti e Eustache, 2005.
[54] Dehaene, Artiges, Naccache, Martelli, Viard, Schurhoff, Recansens et al., 2003; Del Cul, Dehaene e Leboyer, 2006. Nosso trabalho visou especificamente à dissociação entre acesso consciente prejudicado e processamento subliminal intacto. Para um resumo de pesquisas anteriores sobre o déficit de mascaramento na esquizofrenia, ver McClure, 2001.
[55] Reuter, Del Cul, Audin, Malikova, Naccache, Ranjeva, Lyon-Caen et al., 2007.
[56] Reuter, Del Cul, Malikova, Naccache, Confort-Gouny, Cohen, Cherif et al., 2009.
[57] Luck, Fuller, Braun, Robinson, Summerfelt e Gold, 2006; Luck Kappenman, Fuller, Robinson, Summerfelt e Gold, 2009; Antoine Del Cul, Stanislas, Dehaene, Marion Leboyer et al. Experimentos não publicados.
[58] Uhlhaas, Linden, Singer, Haenschel, Lindner, Maurer e Rodrigues ,2006; Uhlhaas e Singer, 2010.
[59] Kubicki, Park, Westin, Nestor, Mulkern, Maier, Niznikiewicz et al., 2005; Karlsgodt, Sun, Jimenez, Lutkenhoff, Willhite, van Erp e Cannon, 2008; Knochel, Oertel- Knochel, Schonmeyer, Rotarska-Jagiela, Van de Ven, Prvulovic, Haenschel et al., 2012.
[60] Basset, Bullmore, Verchinski, Mattay, Weinberger e Meyer-Lindenberg, 2008; Liu, Liang, Zhou, He, Hao, Song, Yu et al., 2008; Bassett, Bullmore, Meyer Lindenberg, apud Weinberger e Coppola, 2009; Lynal, Bassett, Kerwin, McKenna, Kitzbichler, Mullere Bullmore, 2010.
[61] Ross, Margolis, Reading, Pletinikov e Coyle, 2006; Dickmen e Davis, 2009; Tang, Yang, Chen, Lu, Ji, Roche e Lu, 2009; Shao, Shuai, Wang, Feng, Lu, Li, Zhao et al., 2011.
[62] Self, Kooijmans, Supèr, Lamme e Roelfsema, 2012.
[63] Dehaene, Sergent e Changeux 2003, Dehaene, Sergent e Changeux, 2005.
[64] Wong e Wang, 2006.
[65] Flechter e Frith, 2009; ver, também, Stephan, Friston e Frith, 2009.
[66] Friston, 2005.
[67] Dalmau, Tuzun, Wu, Masjuan, Rossi, Voloschin, Baehring et al., 2007; Dalmau, Gleichman, Hughes, Rossi, Peng, Lai, Dessain et al., 2008.
[68] Block 2001, Block, 2007.
[69] Chalmeres, 1996.
[70] Chalmers, 1995, 81.
[71] Weiss, Simoncelli e Adelson, 2002.
[72] Lucretius, *De Rerum Natura*, livro 2.
[73] Eccles, 1994.
[74] Penrose e Hameroff, 1998.
[75] Dennett, 1984
[76] Edelman, 1989.

Créditos das ilustrações

Figura 1: © Ministère de la Culture—Médiathèque du Patrimoine, Dist. RMN-Grand Palais / image IGN.
Figura 4 (acima à direita): Do autor.
Figura 4 (abaixo): Adaptado pelo autor a partir de D. A. Leopold e N. K. Logothetis. 1999. "Multistable Phenomena: Changing Views in Perception." Trends in Cognitive Sciences 3:254–64. Copyright © 1999. Com permissão de Elsevier.
Figura 5: Do autor.
Figura 6 (acima): D. J. Simons e C. F. Chabris. 1999. "Gorillas in Our Midst: Sustained Inattentional Blindness for Dynamic Events." Perception 28: 1059–74.
Figura 7 (primeira e segunda): Adapted by the author from S. Kouider and S. Dehaene. 2007. "Levels of Processing During Non-conscious Perception: A Critical Review of Visual Masking." Philosophical Transactions of the Royal Society B: Biological Sciences 362 (1481): 857–75. Figura 1, p. 859.
Figura 7 (terceira): Do autor.
Figura 9 (acima): Cortesia de Melvyn Goodale.
Figura 10: Cortesia de Edward Adelson.
Figura 11: Adaptado pelo autor a partir de S. Dehaene et al. 1998. "Imaging Unconscious Semantic Priming." Nature 395: 597–600.
Figura 12: Adaptado pelo autor a partir de M. Pessiglione et al. 2007. "How the Brain Translates Money into Force: A Neuroimaging Study of Subliminal Motivation." Science 316 (5826): 904–6. Cortesia de Mathias Pessiglione.
Figura 13: Do autor.
Figura 14: Do autor.
Figura 15: Adaptado pelo autor a partir de R. Moreno-Bote, D. C. Knill, e A. Pouget. 2011. "Bayesian Sampling in Visual Perception." Proceedings of the National Academy of Sciences of the United States of America 108 (30): 12491–96. Figura 1A.
Figura 16 (acima): Adaptado pelo autor a partir de S. Dehaene et al. 2001. "Cerebral Mechanisms of Word Masking and Unconscious Repetition Priming." Nature Neuroscience 4 (7): 752–58. Figura 2.
Figura 16 (abaixo): Adaptado pelo autor a partir de S. Sadaghiani et al. 2009. "Distributed and Antagonistic Contributions of Ongoing Activity Fluctuations to Auditory Stimulus Detection." Journal of Neuroscience 29 (42): 13410–17. Cortesia de Sepideh Sadaghiani.
Figura 17: Adaptado pelo autor a partir de S. van Gaal et al. 2010. "Unconscious Activation of the Prefrontal No-Go Network." Journal of Neuroscience 30 (11): 4143–50. Figuras 3 e 4. Cortesia de Simon van Gaal.
Figura 18: Adaptado pelo autor a partir de C. Sergent et al. 2005. "Timing of the Brain Events Underlying Access to Consciousness During the Attentional Blink." Nature Neuroscience 8 (10): 1391–400.

Figura 19: Adaptado pelo autor a partir de A. Del Cul et al. 2007. "Brain Dynamics Underlying the Nonlinear Threshold for Access to Consciousness." PLOS Biology 5 (10): e260.
Figura 20: Adaptado pelo autor a partir de L. Fisch, E. Privman, M. Ramot, M. Harel, Y. Nir, S. Kiper-vasser, et al. 2009. "Neural 'Ignition': Enhanced Activation Linked to Perceptual Awareness in Human Ventral Stream Visual Cortex." Neuron 64: 562–74. Com permissão de Elsevier.
Figura 21 (acima): Adaptado pelo autor a partir de E. Rodriguez et al. 1999. "Perception's Shadow: Long-Distance Synchronization of Human Brain Activity." Nature 397 (6718): 430–33. Figuras 1 e 3.
Figura 21 (abaixo): Adaptado pelo autor a partir de R. Gaillard et al. 2009. "Converging Intracranial Markers of Conscious Access." PLOS Biology 7 (3): e61. Figura 8.
Figura 22: Adaptado pelo autor a partir de R. Q. Quiroga, R. Mukamel, E. A. Isham, R. Malach, e I. Fried. 2008. "Human Single-Neuron Responses at the Threshold of Conscious Recognition." Proceedings of the National Academy of Sciences of the United States of America 105 (9): 3599–604. Figura 2. Copyright © 2008 National Academy of Sciences, U.S.A.
Figura 23 (direita): Copyright © 2003 Neuroscience of Attention & Perception Laboratory, Princeton University.
Figura 24 (acima): B. J. Baars. 1989. A Cognitive Theory of Consciousness. Cambridge, U.K.: Cambridge University Press. Cortesia de Bernard Baars.
Figura 24 (abaixo): S. Dehaene, M. Kerszberg, e J. P. Changeux. 1998. "A Neuronal Model of a Global Workspace in Effortful Cognitive Tasks." Proceedings of the National Academy of Sciences of the United States of America 95 (24): 14529–34. Figura 1. Copyright © 1998 National Academy of Sciences, U.S.A.
Figura 25 (direita): Cortesia de Michel Thiebaut de Schotten.
Figura 26 (abaixo): G. N. Elston. 2003. "Cortex, Cognition and the Cell: New Insights into the Pyramidal Neuron and Prefrontal Function." Cerebral Cortex 13 (11): 1124–38. Com a permissão de Oxford University Press.
Figura 27: Adaptado pelo autor a partir de S. Dehaene et al. 2005. "Ongoing Spontaneous Activity Controls Access to Consciousness: A Neuronal Model for Inattentional Blindness." PLOS Biology 3 (5): e141.
Figura 28: Adaptado pelo autor a partir de S. Dehaene et al. 2006. "Conscious, Preconscious, and Subliminal Processing: A Testable Taxonomy." Trends in Cognitive Sciences 10 (5): 204–11.
Figura 29: Adaptado pelo autor a partir de S. Laureys et al. 2004. "Brain Function in Coma, Vegetative State, and Related Disorders." Lancet Neurology 3 (9): 537–46.
Figura 30: Adaptado pelo autor a partir de M. M. Monti, A. Vanhaudenhuyse, M. R. Coleman, M. Boly, J. D. Pickard, L. Tshibanda, et al. 2010. "Willful Modulation of Brain Activity in Disorders of Consciousness." New England Journal of Medicine 362: 579–89. Copyright © 2010 Massachusetts Medical Society. Com a permissão de Massachusetts Medical Society.
Figura 31: Adaptado pelo autor a partir de T. A. Bekinschtein, S. Dehaene, B. Rohaut, F. Tadel, L. Cohen, e L. Naccache. 2009. "Neural Signature of the Conscious Processing of Auditory Regularities." Proceedings of the National Academy of Sciences of the United States of America 106 (5): 1672–77. Figuras 2 e 3.
Figura 32: Cortesia de Steven Laureys.
Figura 33: Adaptado pelo autor a partir de J. R. King, J. D. Sitt, et al. 2013. "Long-Distance Information Sharing Indexes the State of Consciousness of Unresponsive Patients." Current Biology 23: 1914–19. Copyright © 2013. Com a permissão de Elsevier.
Figura 34: Adaptado pelo autor a partir de G. Dehaene-Lambertz, S. Dehaene, e L. Hertz-Pannier. 2002. "Functional Neuroimaging of Speech Perception in Infants." Science 298 (5600): 2013–15.
Figura 35: Adaptado pelo autor a partir de from S. Kouider et al. 2013. "A Neural Marker of Perceptual Consciousness in Infants." Science 340 (6130): 376–80.

Agradecimentos

Meus conhecimentos sobre a consciência não se desenvolveram no vácuo. Ao longo dos últimos 30 anos, estive imerso em muitas ideias e cercado por uma equipe dos sonhos com colegas que frequentemente se tornaram amigos chegados. Tenho uma dívida especial com três deles. No começo dos anos 1990, meu orientador Jean-Pierre Changeux apontou que o estudo da consciência talvez não estivesse fora de alcance, e que nós poderíamos muito altamente pertinentes. Além disso, me apresentou a Lionel Naccache, então um jovem estudante de Medicina, hoje um brilhante neurologista, que se tornou companheiro na exploração dos processamentos subliminares. Nossa colaboração e nossas discussões nunca mais cessaram. Jean-Pierre, Laurent, Lionel, muito obrigado pelo apoio e amizade constantes.

Paris se tornou um centro importante para as pesquisas sobre a consciência. Meu laboratório se beneficiou bastante desse ambiente estimulante, e fico especialmente grato pelas discussões esclarecedoras de que participei com Patrick Cavanagh, Sid Kouider, Jerôme Sackur, Étienne Koechlin, Kevin O'Reagan e Mathias Pessiglione. Muitos estudantes e pós-doutores brilhantes, muitas vezes apoiados pela Fundação Fyssen ou pelo excelente programa de mestrado em ciência cognitiva da École Normale Supérieure enriqueceram meu laboratório com sua energia e criatividade. Tenho uma dívida de gratidão com meus estudantes de doutorado Lucie Charles, Antoine Del Cul, Raphael Gaillard, Jean-Rémy King,

Claire Sergent, Mélanie Strauss, Lynn Uhrig, Catherine Wacongne e Valentin Wyart, e com meus colegas de pós-doutorado Tristan Bekischtein, Floris de Lange, Sébastien Marti, Kimihiro Nakamura, Moti Salti, Aaron Schurger, Jakobo Sitt, Simon Van Gaal e Filip Van Opstal por seus intermináveis questionamentos e ideias. Agradecimentos especiais para Mariano Sigman por dez anos de colaboração proveitosa, compartilhamento generoso, e pura amizade.

As descobertas sobre a consciência provêm de uma grande variedade de disciplinas, laboratórios e pesquisadores mundo afora. Fico particularmente feliz por poder participar de conversas com Bernard Baars (a mente por trás da primeira versão da teoria da área de trabalho global), Moshe Bar, Edoardo Bisiach, Olaf Blanke, Ned Block, Antonio Damasio, Dan Dennett, Derek Denton, Gerry Edelman, Pascal Fries, Karl Friston, Chris Frith, Uta Frith, Mel Goodale, Tony Greenwald, John Dylan Haynes, Bihu Jade He, Nancy Kanwischer, Markus Kiefer, Christof Koch, Victor Lamme, Dominique Lamy, Hakwan Lau, Steve Laureys, Nikos Logotethis, Lucia Melloni, Earl Miller, Adrian Owen, Josef Parvizi, Dan Pollen, Michael Posner, Alex Pouget, Marcus Raichle, Geraint Rees, Pieter Roelfsema, Niko Shiff, Mike Shadlen, Tim Shallice, Kimron Shapiro, Wolf Singe, rElizabeth Spelke, Giulio Tononi, Wim Vanduffel, Larry Weiskrantz, Mark Williams e muitos outros.

Minha pesquisa recebeu financiamentos de longo prazo do Institut National de la Santé et de la Recherche Médicale (INSERM), do Comissariat à l'Energie Atomique et aux Energies Alternatives (CEA), do Collège de France, da Université de Paris-Sud e do Conselho Europeu para as Pesquisas. O centro NeuroSpin, localizado no sul de Paris e chefiado por Denis le Bihan, proporcionou um ambiente estimulante em que foi possível levar adiante as investigações sobre esse tema altamente especulativo, e eu fico grato pelo apoio e pelas avaliações de meus colegas locais, aí incluídos Gilles Bloch, Jean-Robert Deverre, Lucie Hertz-Pannier, Bechir Jarraya, Andreas Kleinschmidt, Jean-François Mangin, Bertrand Thirion, Gaël Varoquaux e Virginie Wassenhove.

Enquanto estava escrevendo este livro, eu me beneficiei da hospitalidade oferecida por muitas outras instituições, nomeadamente o Peter Wall Institut of Advanced Studies em Vancouver, a Macquerie Univesity em Sidney, o Institute for Advanced Studies IUSS em Pavia, a Fontation des Treilles no sul da França, a Pontifical Academy of Sciences no Vaticano... e La Chouannière e La Trinitaine, os refúgios de minha família, nos quais muitas destas linhas foram escritas.

Meu agente John Brockman, juntamente com seu filho Max Brockman, inicialmente tiveram um papel decisivo em levar-me a escrever este livro. Melanie Tortoroli, da Viking, corrigiu pacientemente suas numerosas e sucessivas versões. Também me beneficiei de duas leituras feitas pelos olhos atentos e ainda assim benévolos de Sid Kouider e Lionel Naccache.

Por último, mas não menos importante, minha esposa, Ghislaine Dehaene Lambertz, compartilhou comigo não só seu incrível conhecimento sobre tudo que diz respeito ao cérebro e à mente dos bebês, mas também o amor e a ternura que fazem com que valha a pena viver a vida e ter a consciência.

O autor

Stanislas Dehaene é neurocientista e matemático, professor no Collège de France e diretor do INSERM-CEA Cognitive Neuroimaging Unit, centro de pesquisa francês especializado em cognição humana. Especialista em leitura, aprendizado e educação, ganhou diversos prêmios, como o Grete Lundbeck European Brain Research Prize, considerado o Nobel da Neurociência. É autor de vários livros, entre eles *É assim que aprendemos*, publicado pela Contexto, e de artigos científicos em renomadas publicações internacionais.